学科发展战略研究报告

无机非金属材料学科发展战略研究报告
（2016～2020）

国家自然科学基金委员会工程与材料科学部

U0296525

科学出版社

北 京

内 容 简 介

本书为国家自然科学基金委员会工程与材料科学部组织出版的无机非金属材料学科发展战略研究报告。根据工程与材料科学部的统一部署，本书从学科的国际发展趋势和国家重大需求出发，论述无机非金属学科的总体发展战略，提出 10 个优先发展领域：新能源材料、功能晶体、低维碳及二维材料、新型功能材料、先进结构材料、无机非金属材料制备科学与技术、无机非金属材料科学基础、传统无机非金属材料的节能环保与可持续发展、信息功能材料与器件、生物医用材料，并介绍上述各领域的内涵与研究范围，科学意义与国家战略需求，研究现状、存在问题与发展趋势分析，发展目标，未来 5～10 年研究前沿与重大科学问题，未来 5～10 年优先研究方向。

本书可作为无机非金属材料学科的基础研究顶层设计和科学部署的依据，并为无机非金属材料学科遴选研究方向和项目提供参考，同时，对我国相关领域科学研究人员及社会公众也具有重要参考价值。

图书在版编目(CIP)数据

无机非金属材料学科发展战略研究报告：2016～2020 / 国家自然科学基金委员会工程与材料科学部编 . —北京：科学出版社，2019.1
ISBN 978-7-03-059777-9

Ⅰ.①无… Ⅱ.①国… Ⅲ.①无机非金属材料-发展战略-研究报告-中国- 2016 - 2020 Ⅳ.①TB321

中国版本图书馆 CIP 数据核字(2018)第 277043 号

责任编辑：刘宝莉 牛宇锋 罗 娟 / 责任校对：郭瑞芝
责任印制：徐晓晨 / 封面设计：陈 敬

科 学 出 版 社 出版
北京东黄城根北街 16 号
邮政编码：100717
http://www.sciencep.com

北京厚诚则铭印刷科技有限公司 印刷
科学出版社发行 各地新华书店经销
*
2019 年 1 月第 一 版 开本：720×1000 1/16
2021 年 7 月第三次印刷 印张：17
字数：321 000
定价：120.00 元
（如有印装质量问题，我社负责调换）

无机非金属材料学科发展战略研究顾问组

无机非金属材料学科发展战略研究组

组　长：南策文　中国科学院院士　清华大学
副组长：欧阳世翕　教授　中国建筑材料科学研究总院
　　　　王继扬　教授　山东大学
成　员：（按姓名汉语拼音排序）
　　　　陈弘达　研究员　中国科学院半导体研究所
　　　　陈克新　研究员　国家自然科学基金委员会
　　　　陈湘明　教授　浙江大学
　　　　陈晓峰　教授　华南理工大学
　　　　成会明　中国科学院院士　中国科学院金属研究所
　　　　顾　辉　教授　上海大学
　　　　韩高荣　教授　浙江大学
　　　　李贺军　教授　西北工业大学
　　　　李　泓　研究员　中国科学院物理研究所
　　　　李红霞　研究员　中钢集团洛阳耐火材料研究院有限公司
　　　　李晓光　教授　中国科技大学
　　　　李言荣　中国工程院院士　电子科技大学
　　　　刘昌胜　中国科学院院士　华东理工大学
　　　　刘俊明　教授　南京大学
　　　　刘兴钊　教授　电子科技大学
　　　　孟庆波　研究员　中国科学院物理研究所
　　　　苗鸿雁　教授　国家自然科学基金委员会
　　　　钱觉时　教授　重庆大学
　　　　任文才　研究员　中国科学院金属研究所
　　　　田永君　中国科学院院士　燕山大学
　　　　王迎军　中国工程院院士　华南理工大学
　　　　吴以成　中国工程院院士　中国科学院理化技术研究所
　　　　谢志鹏　教授　清华大学
　　　　俞大鹏　中国科学院院士　北京大学
　　　　张国军　研究员　中国科学院上海硅酸盐研究所
　　　　张文清　教授　上海大学

前　言

　　国家主席习近平出席 2014 年国际工程科技大会时发表了题为"让工程科技造福人类、创造未来"的主旨演讲,其中指出,"当今世界,新发现、新技术、新产品、新材料更新换代周期越来越短,工程科技创新成果层出不穷,社会经济发展的需求动力远远超出预测,人类创新潜能也远远超出想象。信息技术、生物技术、新能源技术、新材料技术等交叉融合正在引发新一轮科技革命和产业变革。这将给人类社会发展带来新的机遇。任何一个领域的重大工程科技突破,都可能为世界发展注入新的活力,引发新的产业变革和社会变革。"新材料是新一轮科技革命和产业变革的物质基础,对于发展我国高技术产业具有重要的先导牵引作用。在新材料中,无机非金属材料品种丰富,已远超出传统无机非金属材料(即玻璃、水泥、陶瓷和耐火材料等量大面广的基础材料)的范畴,特别是随着科学和技术的发展,新的无机非金属材料层出不穷,如半导体、先进结构陶瓷、功能陶瓷、新型功能玻璃、光电功能晶体、新能源材料、低维碳及二维材料等。无机非金属材料在应用上遍布国民经济、国防建设和社会发展各个方面,新的生长点源源不断,其成果转化对国民经济的发展、国防力量的增强和人民生活质量的提高等方面都有重大作用,凸显现代科学与技术发展的时代特征和基础研究对国民经济发展的支撑。在学术上,无机非金属材料科学涉及多门学科,与物理学、化学、力学等基础学科以及工程学科密切交叉融合,已成为当今最活跃的学科领域之一。

　　我国一贯高度重视新材料产业的发展,《国家中长期科学和技术发展规划纲要(2006—2020 年)》专门制定了新材料研究的战略规划,包含新材料产业的多个重点领域、前沿技术、基础研究和工程化专题。《"十三五"国家战略性新兴产业发展规划》和《新材料产业"十三五"发展规划》明确了新材料产业"十三五"发展的目标、措施以及重大政策。

　　主导我国基础研究的国家自然科学基金委员会一直遵循"更注重基础、更注重前沿、更注重人才"(三个注重)的基本思路,对学科发展战略进行研讨规划,加强顶层设计。国家自然科学基金委员会工程与材料科学部无机非金属材料学科制订了四届学科发展战略研究与整体规划,先后有百余名专家学者参与了学科发展战略研讨,并将学科发展战略作为我国无机非金属材料的基础研究顶层设计和科学部署的依据,为我国新兴产业的培育和发展做出了贡献;同时,学科发展战略研究形成的报告为我国本领域科学研究人员,特别是青年科技研究人员,提供了重要参考和指南。1989 年开始组织,于 1995 年完成了本学科领域的第一届发展战略研讨,其发展战略研究报告以"无机非金属材料科学"为名由科学出版社于 1997 年正式出版发行,是我国"九五""十五"期间无机非金属材料学科基础研究的发展战略指南。2004年按照工程与材料科学部整体部署,无机非金属材料学科进行了第二届学科发展战略研讨,2005年11月完成了"十一五"学科发展战略研究报告,同样以"无机非金属材料科学"为名由科学出版社于2006年10月正式出版发行。2009年无机非金属材料学科进行了第三届学科发展战略研讨,2009年10月完成了无机非金属材料学科"十二五"发展战略研究报告(该报告没有公开出版)。

自2006年版《无机非金属材料科学》出版以来,随着科学技术的快速发展,无机非金属材料的研究也发生了很大变化,一些新的无机非金属材料脱颖而出并迅速成为材料科学及相关学科的热点,如以石墨烯为代表的二维材料、铁基超导材料、多铁性材料、杂化钙钛矿太阳能电池材料、纳米孪晶结构超硬材料和无机非金属超构材料等。2014年,根据工程与材料科学部的统一部署,无机非金属材料学科开展了第四届本学科的发展战略研讨与"十三五"规划研讨,并于2014年9月在北京召开了第一次发展战略研讨会,成立了由30余位专家组成的发展战略研究组。战略制订按10个领域进行,包括8个优先发展领域:新能源材料、功能晶体、低维碳及二维材料、新型功能材料、先进结构材料、无机非金属材料制备科学与技术、无机非金属材料科学基础、传统无机非金属材料的节能环保与可持续发展,以及2个跨学科交叉优先领域:信息功能材料与器件、生物医用材料。2014年11月完成了工程与材料科学部部署的学科"优先发展领域"全景式发展地貌图和"优先发展领域"凝练报告。随后,各领域研究小组在调研的基础上,分别进一步完善各领域的发展战略研究报告。2015年12月和2016年4月分别在昆明和洛阳召开了第二次和第三次发展战略研讨会,对前期调研撰写工作进行了充分的研讨交流,初步形成无机非金属材料学科发展战略研究报告稿。2016年10～12月,王继扬教授、欧阳世翕教授等分别在山东章丘和北京进行了统稿,后经多次征求相关领域专家意见、反复修改,于2017年1～3月征求无机非金属材料学科发展战略研究顾问组专家的意见后最终定稿。

两年多来,先后有60余位专家参加了本研究报告书稿的撰写工作,它是一项汇集了我国无机非金属材料学科众多专家智慧和心血的集体劳动成果。我们谨向指导、关心和参加本项研究工作的所有专家表示衷心的感谢。

《无机非金属材料学科发展战略研究报告(2016～2020)》遵循"三个注重",体现了现代基础研究"双力驱动"的基本特征。我们期望,本书能对无机非金属材料科学研究工作者及相关领域的领导干部、科技管理人员有所帮助,并为"十三五"国家自然科学基金资助工作打下良好的基础。

学科发展战略的研究是一项动态的工作,报告还有诸多不尽如人意之处,恳请读者不吝指正。

国家自然科学基金委员会工程与材料科学部

无机非金属材料学科

2017年4月

目　　录

第1章 无机非金属材料学科发展概况

1.1 学科的战略地位

材料是用于制造有用物件的物质,通常可分为无机材料和有机材料两大类。在无机材料中,除金属材料以外都称为无机非金属材料。无机非金属材料包括传统无机非金属材料,如陶瓷、玻璃、水泥和耐火材料等,以及在高技术产业发展中不断涌现的新型无机非金属材料,如先进结构陶瓷、功能陶瓷、功能玻璃、半导体材料、低维碳材料、生物医用材料、光电功能晶体、能源转换与存储材料等。先进无机非金属材料不断涌现,在现代科学技术和人类文明的发展中具有不可替代的重要作用。

无机非金属材料学科是材料科学与工程的一个重要组成部分,具有基础性、交叉性和工程特性。无机非金属材料组成复杂多变,应用遍及国民经济、社会发展和国防建设等各个方面。它不仅是物理、化学、数学和工程等几大学科的交汇点,近年来的发展又使其与生物、医学、信息、能源和环境等学科紧密关联。无机非金属材料的学科内涵极为丰富,涉及从微观、介观至宏观的多层次、大跨度和复杂因素行为,覆盖了从基础科学到工程技术和应用需求的全链条过程。因此,无机非金属材料学科既是一门多学科交叉的前沿综合、探索材料科学自身规律、发展新材料的基础学科,又是与国民经济发展密切相关的应用学科。正是新材料的不断发展和应用,满足了人们安居乐业的需求和对美好生活的向往。近年来,无机非金属材料领域研究热点和新生长点不断涌现,新材料层出不穷,成为当今最活跃的学科领域之一。仅自2000年以来,已有5次基于无机非金属材料科学的重大发现获得诺贝尔物理学奖,包括理论发现拓扑相变和拓扑相物质(2016年)、GaN蓝色发光二极管(2014年)、石墨烯(2010年)、光纤(2009年)、半导体异质结与集成芯片(2000年)。

长期以来,传统无机非金属材料主要作为结构材料,在国民经济发展中起着重要的支撑作用,是量大面广的基础材料,同时也消耗了大量能源和资源。这类材料的科技进步,即使是微小升级和创新,都会为所支撑的行业带来重大变化,对社会可持续发展产生重要影响。传统无机非金属材料的低碳制备是降低我国CO_2总排放量最重要的途径之一,对我国可持续发展有着举足轻重的作用。

新型无机非金属结构材料通常具有高硬度、低密度、耐高温、耐腐蚀、耐磨损等优异性能,在航空航天、兵器、舰船等国民经济和国防等领域得到越来越多的应用,如陶瓷基复合材料、先进结构陶瓷、石英玻璃等已成为武器装备中不可或缺的关键材料,特别是对各种应用于极端环境的先进结构陶瓷的需求急剧提高。这也是所谓的后传统无机非金属材料。

信息功能材料是无机非金属材料的重要组成部分,是现代信息社会发展的基础和先导。20世纪人类的伟大发明,如计算机和激光,其发展均建立在新型信息功能材料发展的基础上。受晶体管发明(1956年诺贝尔物理学奖)及其应用的驱动,硅基半导体的发展引导了电子工业革命;全固态激光器、半导体激光器和光纤(2009年诺贝尔物理学奖)的发明,以及超晶格、量子阱微结构材料和高速器件的成功制备,使人类进入光纤通信、移动通信和高速、宽带信息网络的时代。在半导体发光材料(2014年诺贝尔物理学奖)研制成功基础上发展的全固态新光源,引起了"照明革命",显著节约了能源,美化了人类家园。

无机功能材料是指以功能性质应用为目的的无机材料,包括功能陶瓷、功能晶体、超导材料、多铁性材料、存储材料等。通过这类材料,电、磁、光、热、力等各种能量形式可相互转化。例如,压电材料深刻地改变了传感器、超声技术、表面波通信和精密定位等一系列技术;高温超导氧化物陶瓷的发现(1987年诺贝尔物理学奖),更是成为材料科学与量子材料的里程碑;光电功能晶体的应用促进了激光等技术的快速发展,满足了国防重大工程的急需。看今日世界,无机功能材料已形成支撑国民经济运行和社会进步、规模宏大的高技术产业群,有广阔的发展空间和重要的战略意义,是我国中长期发展的战略重点之一,也是国际材料科学与工程的前沿和国际竞争最为激烈的研究领域之一。

生物医用材料是一类和生物体相容,用于诊断、治疗、修复,乃至替换生物体(主要是人体)病损组织、器官或增进其功能的新型功能材料,与生命健康密切相关。随着生物技术的蓬勃发展和重大突破,生物医用材料和制品产业呈现高速增长的态势,是世界经济中的朝阳产业之一,并将带动多种相关产业的发展,成为21世纪世界经济的一个重要支柱。

自20世纪80年代以来,科学家陆续发现了富勒烯、碳纳米管和石墨烯等碳元素的新型同素异形体,富勒烯和石墨烯的发现者相继获得诺贝尔化学奖(1996年)和物理学奖(2010年),形成了低维碳材料持续的研究热潮。作为主导未来高科技产业竞争的一类超级材料,当前碳纳米管和石墨烯等规模化制备已取得重要突破,逐渐进入产业化阶段,形成以低维碳材料为源头的新兴产业链,引领新兴产业的发展。

无机非金属材料的发展也将为解决当前人类面临的能源和环境污染两大问题发挥重要作用,为实现文明社会可持续发展提供重要的物质基础[1]。

1.2　学科的发展规律和发展态势

无机非金属材料学科的发展规律是材料科学发展的典型,源自化学、固体物理学和工程科学等,在材料大规模生产和使役过程中不断充实与完善,在与其他学科交叉融合中不断升华而独具特色[2]。

1.2.1　学科发展规律

1. 应用需求牵引学科发展,学科发展推动产业升级

作为一门基础和应用结合的新兴学科,无机非金属材料科学一个鲜明的特色就是以基础研究为先导,与国民经济和社会应用需求紧密相关,互为促进。无机非金属材料的大规模应用促使人们不断探索本质、追求完善、发现规律、建立系统理论、指导材料研究和工艺改进,获得更高性能、更低成本的材料。同时,学科水平的不断提升使材料关键技术得以突破,从而进一步发展新材料和相关应用,推动了产业升级,乃至社会的进步和发展。因此,学科发展的动力来自应用需求,应用需求推动了材料的发展,材料发展过程促进基础研究进一步深入,也推动了学科发展。无机非金属材料的发展是自然科学发展与现代工业生产需求相互促进和发展的一个缩影,举例如下:

(1)随着人类健康需求的提高,无机生物医用材料经历了从惰性材料发展到生物活性材料的过程。20 世纪 70 年代,氧化物陶瓷就成为牙种植体、义齿和人工关节的主要材料。基于对新生物医学材料的需求,创制了在生理环境中与骨组织键合的生物玻璃,又先后研发成功羟基磷灰石陶瓷以及体内可降解并为新骨替代的磷酸三钙陶瓷等,生物活性材料概念应运而生,促进了生物医用材料理论的发展。在理论指导下,等离子喷涂、微弧氧化和阳极氧化等技术先后用于制备人工关节及牙种植体表面涂层,这种兼具生物活性和强度的羟基磷灰石或硅灰石涂层材料又成为可用于临床的可承力表面活性材料,推动了产业升级。

(2)功能晶体的发展主流以用于微电子器件和集成电路产业的半导体硅为代表;同时,硅材料又广泛用于太阳能电池等新兴能源产业。光电功能晶体的发展也力求为节能减排、发展新技术做贡献。当前,光电功能晶体在向高质量、大尺寸、低维化、复合化和材料功能一体化方向发展,以满足以全固态激光器为代表的光电器件在扩展波段、高频率、短脉冲和复杂极端条件下使用的要求。同时,要发展新的光电功能晶体以满足国家经济和社会发展、国防和国家安全的需求。

(3)信息技术本身正向数字化和网络化发展,需要超大容量信息传输、超快实时信息处理和超高密度信息存储技术。因此,信息功能材料向低维化和材料器件

一体化方向发展,以满足超高集成电路、超低线宽、器件微型化、多功能化、模块集成化的需求。当前,信息载体也由电子向光子以及光电子结合的方向发展,光通信、光传感、光存储和光转换技术成为发展的重点方向。与此对应,信息功能材料也从体材料异质结构发展到量子阱、超晶格、量子线和量子点等低维异质结构;从自然晶体发展到性能优异的人工晶体,乃至完全的人工晶体——光子晶体;从对光波振幅和相位的控制发展到基于自旋电子学的光子调控;从常规器件中的光学现象发展到表面等离激元效应;各种微电子、光电子、磁电子材料与器件新技术层出不穷。光电子集成技术经过30年艰苦探索,正处于重大突破的前夜。微型化仍是信息技术的主要发展趋势,描述微电子技术发展的摩尔(Moore)定律扩展为“延续摩尔(more Moore)定律”和“超越摩尔(beyond Moore)定律”两条发展途径。微电子技术发展体现在降低单位功能成本的系统级芯片(SoC)和多样化、集成化功能(如射频电路、光电器件、生物芯片和传感器及其功能集成等)两方面。低功耗、低成本、高性能、高可靠性是未来光电子器件必须具备的基本要求,光电子集成是光电子技术发展的必由之路,微纳结构光电子器件是下一代新型光电子器件发展的主攻方向。第三代半导体材料、半导体照明材料、新型显示材料、功能晶体与全固态激光器、磁电子材料、高密度存储和封装及印刷电子等材料将成为全世界信息技术的基础和重要的竞争方向。

2. 多学科交叉融合不断推进学科的发展和新学科分支的产生

作为材料科学与工程学科的重要分支,无机非金属材料科学是一门以物理学和化学为基础,机械、工程乃至生物学等多学科交叉融合的学科。无机非金属材料与信息、电子等学科交叉融合产生了信息功能材料领域;与能源、电力等学科交叉融合产生了新能源材料领域;与生物学、临床医学等学科交叉融合产生了生物医用材料领域,尤其当传统的生物材料发展到高活性组织修复材料、特殊表/界面结构植入材料、多功能纳米缓释/成像材料、基因介导材料等阶段时,更需要从复杂科学角度研究材料在不同空间和时间尺度内与生物活性分子、细胞、组织的动态双向多重相互作用,从材料科学、化学工程学、生命科学以及临床医学融合的视角思考问题,建立开放式的学科交叉研究模式。

随着物理学、化学、数学、信息和计算科学技术的迅猛发展,材料科学研究方式和进程也正在发生深刻的变化。材料科学基础理论和计算技术相结合,开展了过去难以想象的,从宏观-介观尺度直到微观原子分子层次的结构-性能关系模拟计算,取得许多重要成果,催生了“计算材料科学”新分支。近几年来,“集成计算材料科学”和“材料基因组计划”的相继提出,正在改变传统材料科学研究中以大量经验积累和简单循环试错“制备-表征”为特征的“经验寻优”方式,通过高通量材料计算、高通量材料合成和检测试验以及与数据库科学技术的融合和协同,快速甄别决定材料性能的关键基本因素,并用于新材料的性能优化和设计,实现科学化的"系统寻优",革新材料科学的研究模式,促进材料科学研究的创新,是无机非金属材料科学乃至整个材料科学发展的重要趋势。

3. 先进科学仪器装备与技术助推学科的发展

无机非金属材料应用已有数千年历史,然而,制备和应用长期囿于手工艺作坊阶段。直到近代,随着 X 射线等先进测试手段的发现应用和现代科学仪器的发展,人们对材料结构及其与性能之间的关系才有了深入、全面的理解。因此,学科的进步与其专用科学仪器和(分析)技术的发展密切相关。

例如,随着电子显微技术的发展,人们不断发现不同形式的低维碳及二维材料。1991 年发现碳纳米管,发现和证实了许多新奇的物性,当前碳纳米管的规模化制备技术基本成熟,已从基础研究逐步走向应用和产业化。石墨烯的发现较晚,目前集中在发展可控和规模制备技术、发现新奇物性和新物理现象及探索新应用等方面。得益于碳纳米管的研究积累,目前石墨烯规模制备技术也已基本成熟,初步实现了产业化[3]。

1.2.2　学科发展态势

当前无机非金属材料学科的发展态势如下。

1. 更加注重多学科的交叉与融合[4]

综合利用现代科学技术的最新成就,发展现代材料科学与工程;通过多学科交叉融合,不断开拓创新,创建新的学科生长点和交叉学科。特别关注与信息学科交叉的信息功能材料(包括微电子材料、光电子材料、功能陶瓷)、与能源学科交叉的能源转换和存储材料、与生命医学交叉的生物医用材料、与工程学科交叉的先进结构陶瓷材料等。

2. 转变传统研发模式,以材料基因组理念加速材料的发展与应用

变革传统离散式经验试错法研发模式,建立材料理论、计算设计-数据库-试验相融合和协同的新研究方式,揭示控制材料结构与物性最基本的因素(材料基因)、建立基因-基因组合-材料物性关联机制,以期发现新材料、预期新效应;重视以"按需设计材料"为目标的跨尺度材料设计,关注材料微结构的协同设计与制备,加速从材料发现到实际应用的进程。

3. 更加重视材料的合成及制备科学技术

以原子、分子为物质起点合成材料,在微观尺度上精细/精准控制材料成分和

结构,已成为先进材料合成制备技术的重要发展方向;重视环境协调和低成本的合成制备技术、材料合成制备与器件设计制造一体化以及材料制备合成新技术、新装备。集成材料与器件设计已日益显现其重大意义。

4. 材料表征和评价科学技术已成为新材料发展的重要基础

各种测试材料性能、成分和结构关系的技术和装置,以及从宏观到微观不同层次表征材料结构与组织的技术和装置是无机非金属材料科学技术发展的重要基础;未来将更重视材料的全寿命周期评估与预测;更重视发展与材料表征和评价相关的新的方法、技术及装备,包括与材料发展密切相关的大型科学仪器和装备。

5. 关注介观尺度材料与器件科学技术[5]

目前,纳米材料与器件科学技术已获快速发展,在经典、量子、纳米科学相遇的介观尺度范围中,操纵由纳米单元组装的介观结构可能开辟新的材料领域、发现新现象和新功能、发展新材料和新应用。因此,将更加关注介观尺度材料与器件的发展。

6. 新材料的发展方向更加清晰

新材料正向高性能/多功能、低成本和复合化、集成化、低维化、智能化方向发展;一大批重大的、影响深远的新材料相继涌现,对社会发展和人们生活水平的提高发挥重要作用。例如,与柔性有机高分子材料的复合/集成,发展智能化、可穿戴等复合材料与器件已成为一个重要方向。

7. "发展新材料与改进基础材料,材料的更新与材料性能的提高"协调发展

新材料的发展带动和促进了基础材料的升级与更新;材料的更新与原有材料性能的提高两者不可偏废;新材料技术促进了新兴产业的发展,也对传统产业的改造和升级发挥着越来越重要的作用。

8. 重视材料及其制品全寿命循环周期发展观

无机非金属材料和环境科学与工程等学科的发展更加紧密,与生态环境和生态资源的协调性及与人类社会可持续发展的关系更加受到关注。发展资源节约型、能源节约型、可持续发展型的无机非金属材料已在世界范围内引起社会各界的高度重视。

1.3　学科的发展现状

无机非金属材料学科发展迅速,特别是在我国,随着国家国力增强和对基础研

究投入的增长,无机非金属材料学科取得了突出的进展。目前,在国际无机非金属材料学科领域,我国科研队伍人数居全球第一。在我国三大重要科技奖项中,无机非金属材料(E02)类获奖数在材料科学领域中最多。在学术论文产出方面,我国所发表的论文数超过美国而排名世界第一。但是,我国论文的相对引文影响力仍低于世界平均水平,更低于美英等发达国家。

多年来,传统无机非金属材料的产业规模稳居世界第一,是我国传统支柱产业之一。随着国民经济快速发展,我国日益重视节能环保,无机非金属材料的发展必须满足可持续发展的国家战略需求,绿色传统无机非金属材料的研发和利用显得越来越重要。目前,我国从事绿色传统无机非金属材料基础研究的队伍全球最大,在低钙水泥烧制和性能调控、混凝土耐久性设计和评价、高效节能镀膜玻璃和多相、多尺度先进耐火材料等研究方向具有一定的国际影响力。但是多年来偏重工程应用,追求产量的发展,对学科本身发展和具有原创性的基础研究重视不够。

先进的无机非金属材料,如各种先进结构陶瓷、功能陶瓷和功能晶体等新材料的不断出现,给无机非金属材料学科发展带来了蓬勃生机;与其他学科的交叉融合,也使学科发展不断外延拓展,取得了很多成果。

随我国航空航天、先进核能等领域技术的发展和国家重大需求的增长,极端服役环境已成为先进结构陶瓷材料必须面对的"新的"服役条件,因而推动了超高温和强辐照等环境下先进结构陶瓷材料及其制备科学技术的研究。近年来,我国在烧结工艺-致密化机理-微结构控制的内在关系研究中取得显著进展;陶瓷胶态净尺寸成型技术、新型烧结技术、陶瓷基复合材料的复合技术等接近国际先进水平,但高强高韧陶瓷、透明陶瓷及高精密度陶瓷零部件制备技术等与国际先进水平还有较大差距;提升先进结构陶瓷材料高温力学性能及其相关基础研究居国际先进地位;核能材料关键纳米结构和界面的控制机理、辐照及熔盐腐蚀行为的研究已起步。我国在热解炭织构可控的高性能碳/碳(C/C)复合材料研究、高效低成本制备新工艺、抗氧化抗烧蚀研究等方面有较好基础,在超硬材料设计的理论方法和纳米结构超硬材料合成技术领域引领着国际发展方向。近年来,极硬纳米孪晶结构金刚石和立方氮化硼的成功合成将超硬材料的综合性能提高到一个前所未有的水平,有望在先进超硬工具、科学仪器及其相关产业上获得重大突破。

无机非金属功能材料是新材料发展的重要基础和先导,是 21 世纪信息、生物、能源、环保、太空等产业领域的关键材料。我国无机功能材料总体处于国际前沿,在光电功能晶体、生物医用材料、信息功能材料等方面具有特色和优势,若干方面处于国际领先地位。例如,我国在非线性光学晶体及其应用方面居于国际领先地位,我国发展的深紫外非线性光学晶体及其全固态激光器已成功用于系列深紫外科学仪器的研制,初步形成新的科学仪器系列,有可能在与科学仪器相关的产业中获得重大突破。我国激光晶体研究处于国际前沿水平,发展了多种激光晶体新体系,不断完善了各类不同要求和不同波段的重大需求;光学超晶格晶体、复合功能晶体,特别是激光自倍频晶体的研究和应用处于国际领先地位;在国际上率先采用熔体下降法成功生长了大尺寸高质量的弛豫铁电单晶材料。

我国信息功能材料与器件技术发展迅速,但总体来看,前沿跟踪研究较多,原创性的工作较少。我国在国际上有影响的信息功能材料与器件技术主要有反常霍尔效应的量子材料和半导体照明技术等。光通信、第三代半导体材料、光传感材料与器件、高密度存储材料与器件和自旋电子学材料,均紧跟国外技术发展方向,处于追赶阶段,印刷电子材料研究处于起步阶段。

我国功能陶瓷研究队伍规模与论文产出量居世界首位,介电电容器材料与低温共烧等制备技术有很大进展,使我国成为介电电容器制造大国之一。以铁电/压电材料为主的压电驱动器等基础研究方面,我国处于国际前沿,但制备技术尚待实质性突破,微加工与集成制造则已起步,红外半导体的研发已取得重要进展,热释电材料研究紧随其后。我国多铁性材料研究已形成特色,多铁性新材料与异质结研究达到国际先进水平。我国高温超导新材料、限流器、电缆及其理论与设计等获得具有国际先进水平的成果,超导材料的研发与结构性能关系研究有重要的国际影响。在超构材料研究中,我国超构材料理论研究和关于电磁黑洞、隐身及声波负折射的试验研究与材料研发具有特色和国际影响力。

具有"主动修复"和"生物响应调控"功能、能充分调动人体自修复能力、再生和重建被损坏的组织或器官,或恢复和增进其生物功能的第三代生物活性材料是目前生物材料研究的热点。弄清材料的物理化学信号和细胞生物学信号的相互作用机制将有助于揭示生物材料最根本的生物相容性问题,这也是整个生物材料的科学基础。我国在这一领域的研究水平处于国际先进行列,近年来提出的基因介导钙磷材料、组织适配材料、多级结构生物活性材料等学术思路,形成了重要的学术影响。

我国的低维碳材料研究起步早,已形成特色和优势,在国际上占据重要地位。我国在低维碳材料的制备方法和批量生产方面有显著优势,尤其是在碳纳米管和石墨烯的精细结构控制、性能调控及宏量制备方面有一系列原创性和引领性的工作,其应用主要集中于储能、复合材料和透明导电薄膜等方面。我国开展了大量基于低维碳材料的锂离子电池和超级电容器的电极材料设计、制备、性能改善研究,探索了储能机制和低维碳复合材料增强机制,发展了碳基电子器件和新型真空微纳电子器件,重视低维碳材料产业化。此外,我国还发现了一种新型低维碳材料——石墨炔,在低维碳材料发现史上留下了中国人的足迹。我国在低维碳材料方面已积累了深厚的研究基础,形成了创新研究团队和建成了完善研究平台,为迎接竞争和挑战、获得自主知识产权、确定在该领域的引领地位奠定了基础。

我国在新能源材料领域已经形成了一定的研究能力。同时,我国在相关领域的产业规模也居世界前列,这些客观条件为我国新能源材料的研究工作打下了较好的基础。然而,我国在关键的新能源材料和关键技术方面,依然落后于国外先进水平。

经过多年的发展,我国无机非金属材料学科已获得长足的进展,总体基础研究水平处于国际前沿。然而,我国无机非金属材料学科的总体研发水平,特别是在发现新的材料体系方面与国际先进水平仍有相当大的差距,原创性成果不多。在基础研究和技术方面的主要差距体现在以下方面:

(1)源头创新面少、发展后劲不足。除少数材料外,我国拥有的核心专利较少,应用往往受制于人,特别是在新材料探索方面,与国际水平仍有相当大的差距,具有自主知识产权的材料体系较少,即使是在我国处于领先水平的材料方向上,实际使用的一些关键材料和器件也往往受制于西方先进工业国家。

(2)对新材料设计、探索、制备、表征和应用全链条认识不足、重视不够。我国对无机非金属材料的整体发展思路和规划重视不够,特别是对全链条发展认识不足,缺乏关于材料的制备基础研究、应用基础研究及其产业化的整体规划和相应措施,影响了长期持续的高水平发展和整体水平的提高。

(3)材料制备科学基础理论研究、新方法和新技术发展薄弱。目前,我国材料研究往往只强调材料本身,而对具有共性的材料制备科学研究重视不够,对材料制备的新方法、新技术和新装备研究少,投入不足,影响材料学科发展的后劲。

(4)新材料开发模式创新不足,周期长,效率低。我国材料研发长期处于学科离散单一模拟的经验尝试或传统试错模式,一种新材料从发现到获得应用需要大量烦琐性制备、表征、评价试验等反复比对,造成新材料开发周期长、效率低。国内计算材料科学队伍较分散,缺少有自主知识产权的计算软件,计算材料学科与材料工程应用结合不够紧密。

(5)研究工作的评价偏重文章及其"影响因子"。我国研究工作的评价体系偏重文章和影响因子,对机理研究和材料的实际应用重视不够,理论研究成果对实际材料研究的指导作用不明显,材料制备关键技术和技艺多靠经验传承,基础理论研究相对滞后。

1.4　学科的发展布局及发展目标

1.4.1　学科发展布局原则

遵循国家自然科学基金委员会"三个注重"(更注重基础、更注重前沿、更注重人才)基本思路,我国无机非金属材料学科总体发展布局应首先满足国家需求,探索学科内在基本规律,倡导创新性研究,建立可持续发展的人才培养与成长机制,学科发展布局遵循以下原则。

1. 不同种类材料的交叉融合和协同发展

无机非金属材料种类繁多,总体上可分为两大类:结构材料与功能材料。功能材料种类繁多,新材料不断涌现。对应不同的需要和应用,应把握学科发展内在结构,根据国家需要合理布局;同时,应注意两种材料的交叉融合和协同发展。

2. 重视基础共性关键科学问题

重视材料的基础共性关键科学问题,重点是材料设计与计算模拟和材料的合成及制备科学技术,特别是新方法、新原理、新工艺和新技术的探索。重视从原材料到高质量陶瓷前驱粉体、陶瓷成型与制备等各环节的精细/精准控制新原理、新方法和新技术基础研究。

3. 探索性研究与应用研究之间的均衡

在以发现规律为目的的探索性基础科学研究和解决迫切实际应用的技术工艺研究间均衡布局,从无机非金属材料学科来看,其更加侧重于基础和前沿及人才队伍的培养。

4. 传统材料的绿色发展与先进无机非金属材料重点发展的均衡与侧重

先进无机非金属材料是孕育新产业和新增长点、产生学科前沿方向、推动学科发展的源泉与动力,应是学科布局的重点。绿色传统无机非金属材料在节能环保和可持续发展国家战略中变得越来越重要,传统无机非金属材料的低碳制备将成为降低我国 CO_2 总排放量最具潜力的重要途径。因此,应重视均衡布局传统材料的新工艺、新方法探索以及绿色新品种的开发。

1.4.2　学科总体布局

根据无机非金属材料学科的特点和战略地位及其布局,它的资助范围覆盖面宽,其总体布局主要包括以下四大领域。

(1)无机非金属功能材料。

①信息功能材料与器件:半导体、微电子、光电子材料与器件。

②生物医用材料。

③新能源材料:能源转换与存储材料、高效催化材料。

④新型功能材料:电子陶瓷、磁性材料、超导材料、多铁性材料、超构材料等。

⑤低维碳及二维材料。

⑥功能晶体。

(2)无机非金属结构材料。

①先进结构陶瓷材料:复合材料、超硬材料等。

②传统无机非金属材料。

(3)无机非金属材料科学基础:理论、计算设计与模拟、新材料探索。

(4)无机非金属材料制备技术科学。

1.4.3　学科布局重点

在以上功能材料、结构材料、共性科学基础、制备技术科学四大领域布局中,重点布局如下。

1. 信息功能材料与器件

信息产业的发展要求全面提升信息的感知、交换、处理和存储技术,这些技术的提升取决于信息功能材料与器件的突破。随着对器件要求的不断升级,要实现高频、高速、低功耗、微型化和高集成度等性能,解决芯片性能和功耗相互制约的问题,迫切需要开发迁移率更高的新材料体系及与平面工艺相兼容的器件加工技术;为保持信息技术高速发展,需要设计新型信息功能材料,建立全新量子调控技术,从而突破微电子的物理极限。随着信息载体从电子向光电子和光子的转换步伐加快,信息功能材料与器件正向材料、器件、电路一体化功能系统集成芯片材料和纳米结构材料与器件方向发展。材料制备的控制精度也将向单原子、单分子尺度发展。从材料体系来看,化合物半导体微结构材料以其优异的光电性质在高速、低功耗、低噪声器件和电路,特别是光电子器件、光电集成和光子集成等方面发挥越来越重要的作用。低维结构材料的量子效应及其在纳米电子学和纳米光子学领域的应用,特别是基于单光子光源的量子通信技术、基于固态量子比特的量子计算和无机/有机/生命体复合功能结构材料与器件的发展应用,已成为当前最活跃的研究领域。因此,该领域的基础研究布局需要考虑与信息、物理等学科的深度交叉融合。

2. 生物医用材料

与生物技术相结合、赋予材料多种生物功能,使材料能与人体组织产生可控的相互作用,通过激发或调控组织再生和重建过程中的细胞行为,增进材料与生物体的适配性,促进新生组织再生,成为 21 世纪生物医用材料科学的前沿发展方向,并正在对生物材料产业产生越来越大的影响。具有"主动修复"和"生物响应调控"功能,能充分调动人体自修复能力,再生和重建被损坏的组织或器官,或恢复和增进其生物功能的第三代生物活性材料是目前生物材料研究的热点。弄清材料的物理化学信号和细胞生物学信号的相互作用机制将有助于揭示生物材料最根本的生物相容性问题,这也是整个生物材料的科学基础。因此,该领域的基础研究布局需要考虑与生命科学、化学等学科的深度交叉融合。

3. 能源转换与存储材料

能源转换材料是将可再生能源或耗散、废弃的能源转换为可直接利用能源的材料,如太阳能电池材料、太阳能热利用材料、燃料电池材料以及热电转换材料;储能材料则是各类储能装置中不可或缺的关键材料,包括锂离子电池材料、镍氢电池材料、超级电容器材料等。目前我国能源结构仍以化石燃料为主,其消耗的持续增长造成了严重的环境污染,发展新能源已是我国的长期国策。发展新能源,离不开关键材料方面科学与技术的突破。因此,要解决影响新能源技术发展的关键材料以及与之相关的科技问题,需发展具有前瞻性的新型能源材料。能源转换与存储的基本过程都涉及物理与化学变化,需考虑与物理、化学等学科的交叉融合。

4. 新型功能材料

利用无机功能材料(包括电子陶瓷、磁性材料、超导材料、多铁性材料、发光材料、超构材料等),可实现电、磁、声、光、力、热等能量形式相互转换,这类功能材料对信息、能源、航空航天等高技术领域和国防建设起着重要的推动和支撑作用。当前,我国重大工程急需的关键功能材料及器件大部分仍依赖进口。因此,必须强化自主的无机功能材料研发,以满足国家的重大需求,在功能原理等基础研究方面,需考虑与物理、信息等学科的交叉融合。

5. 功能晶体

目前,功能晶体的发展依然是以硅为代表的半导体产业为主流,单晶硅和非单晶硅等广泛应用于太阳能电池等新兴能源产业。光电功能晶体的发展也力求为节能减排和发展新技术做贡献。当前,光学功能晶体在向高质量、大尺寸、低维化、复合化和材料功能一体化方向发展,以满足以全固态激光器为代表的光电器件在扩展波段、高频率、短脉冲和复杂极端条件下使用的要求,以满足国家经济和社会发展、国防和国家安全的需求。同时,发展新的光电功能晶体,如新的铁电/压电晶体、闪烁晶体、衬底晶体等在信息技术、先进制造、航空航天和武器装备等国民经济及国防建设的高新技术领域中具有不可替代的重要作用。

6. 低维碳及二维材料

低维碳材料的发现为科学技术革命带来了新的机遇,可促进国家安全、信息通信、新能源、航空航天、智能交通、资源高效利用、环境保护、生物医药研发及其新兴产业的发展。作为主导未来高科技产业竞争的超级材料之一,低维碳材料(特别是石墨烯)及其他二维材料是材料科学和凝聚态物理等领域的研究热点与前沿,进一步发展已有低维碳及二维材料的可控制备,研究探索其新物性、新效应和新应用,并探索和发现新型低维碳及二维材料,已得到各国政府和企业界的高度重视,通过基础研究的突破,可望形成以低维碳材料为源头的新兴产业链,引领战略新兴产业的发展。

7. 先进结构陶瓷材料

我国航空航天、先进核能等领域技术发展,对超高温陶瓷及其复合材料、碳/碳复合材料、超硬材料等先进结构材料提出了迫切需求。极端条件,如超高温、超大热流、超强腐蚀、超高辐照和超大压强等,已经成为先进结构材料必须面对的"新的"服役条件。因此,必须对这些先进结构陶瓷材料的设计、制备、极端条件环境下的服役行为等开展深入研究,解决相关基础科学问题。

8. 传统无机非金属材料

传统无机非金属材料品种繁多,包括水泥、玻璃、耐火材料和传统陶瓷等,为建筑、水利、电力、交通、冶金和化工等设施建设及工业提供大宗基础材料,在国民经济发展中不可或缺。我国传统无机非金属材料多年来产量稳居世界第一,是我国传统支柱产业之一。随着节能环保和可持续发展的国家战略需求,开发和利用绿色传统无机非金属材料已经越来越重要。传统无机非金属材料量大面广,任何降低资源能源消耗、提高性价比的绿色制备方法和途径,都会对整个社会的可持续发展产生很大影响。这需要对绿色传统无机非金属材料的性能提高和多功能化、低能耗制备新工艺和可持续发展等基础科学问题进行研究布局。

9. 材料理论、计算设计与模拟

传统的无机非金属材料科学研究以经验试错法为主体。计算材料科学可以突破以"积累-试错"为主体的"经验式"研究模式,革新材料科学研发模式,显著缩短材料从发现、制造到应用的周期,显著降低成本。2011 年,美国提出了"材料基因组"的理念,对材料科学领域的发展有极其重要而深远的影响,它第一次清晰地展现了"materials by design"的材料科学之梦。"材料基因组"研究以高通量材料计算为核心,深度融合高通量材料合成和检测试验以及与数据库科学技术,快速甄别决定材料性能的关键基本因素,实现"系统寻优",革新材料研发模式,促进材料科学创新。

10. 材料制备新技术、新方法

无机非金属材料制备科学与技术决定了其材料发展水平和制造能力。先进制备技术的发展不仅会促进和带动一系列新材料的发展,而且可以显著改善现有材料的性能,满足国防和国民经济建设各方面的需要。但无机非金属材料制备科学与技术,特别是制备新技术与新方法,仍是我国无机非金属材料学科的薄弱领域,应进一步予以重视和支持。

1.4.4 学科发展目标

通过合理布局、重点突破、以点带面实现无机非金属材料学科的总体发展目标。

(1)形成无机非金属材料高通量计算设计-数据库科学与技术-试验的深度融合,革新材料科学研究模式,构建基础性研究与工程化应用的无缝链接,探索全链条的跨尺度结构关系与多功能协调的框架规律、研究思路和方法,推动学科基础的整体发展。

(2)发展有我国自主知识产权的新材料体系、新方法、新器件、新技术和新装备,以重点领域的突破带动学科整体跨越,保持和发展若干先进无机非金属材料处于国际前沿水平研究的优势,逐步增强引领作用,使学科的基础研究和应用全面步入国际先进行列。

(3)重视与我国相关产业的结合,为国民经济、国防建设和节能低碳服务,将学科发展的优势转化为产业优势,支撑我国相关产业的可持续发展。

1.5 政策措施

根据无机非金属材料学科发展规律分析、与学科交叉渗透的自身特点,为实现其"十三五"发展战略及可持续发展,并进入世界前列,满足国民经济、社会发展和国防建设的需要,本书提出如下政策措施与建议:

(1)根据学科总体发展布局,均衡发展、重点突破。重点支持新型无机功能材料、先进结构材料、光电功能晶体、低维碳及二维材料、无机非金属材料制备科学与技术等方向;重点鼓励的优势交叉领域包括信息功能材料与器件、生物医用材料、能源转换与存储材料等交叉的优势方向;重点促进材料理论、计算设计与模拟、新材料探索等前沿方向。

(2)变革传统离散式经验试错法研究模式,实现材料理论、高通量计算设计-数据库科学与技术-试验的深度融合,构建基础性研究与工程化应用的无缝链接,探索全链条的跨尺度结构关系与多功能协调的框架规律、研究思路和方法,推动学科基础的整体发展。

(3)鼓励和大力支持跨学科的交叉研究与多学科的交叉、渗透及融合,为科学家开展源头创新提供广阔的空间。从项目立项指南、立项申报、项目评审、经费分配等多方面予以保障。鼓励不同学科的科技人员联合申报各类基金项目,尤其是重点基金项目;对跨学科开展交叉研究的基金项目给予适当倾斜;大力支持自然形成的跨学科交叉研究的创新群体。

(4)营造良好的学术氛围和宽松的工作环境,形成原始创新为先的文化,采取合理的政策措施,鼓励沉淀积累,杜绝任何的急功近利;提倡学术民主,鼓励学术冒尖;宽容失败,克服浮躁;鼓励提出新的学术思想,并为"突发奇想"或"非共识观点""反常试验"提供倾诉和争辩的机会。

(5)加强优秀科技人才的培养力度,加大"优秀青年科学基金""国家杰出青年科学基金"科学"创新研究群体"以及相关优秀科技人才的培养力度;坚持在创新实践中识别人才,在创新活动中培育人才,在创新事业中凝聚人才;大力加强科技创新文化的建设,求真务实,力戒浮躁,严格遵守科技道德规范,旗帜鲜明地反对一切弄虚作假行为。

(6)加强优势学科研究基地和平台建设。充分发挥材料学科国家重点实验室以及地方和部门重点实验室的作用,在较长时间内围绕某重大问题展开持续深入的研究,以期形成鲜明特色,实现突破。将学科建设、基地建设、人才培养结合起来,在学术创新的同时,培养和建设高水平的基础研发队伍和创新基地,提升我国材料学科的自主创新能力。鼓励不同基地联合申报新仪器、新装备的原理研究。

(7)支持构建重点领域合作研究中心。为避免低水平重复研究,提高资源利用效率,实现我国研究的快速创新发展,占据领先地位,鼓励整体协调,支持构建跨单位的重点领域合作科学研究中心,形成相同研究方向各研究组间的合作;科学布局,建立资源共享平台,集中研究力量攻克重要课题。

(8)加强统筹协调,加强学术界与工业界的合作,提高经费使用效益。加强政府相关管理部门、各类基础研究出资主体及研究机构之间的沟通、协调与配合。进一步加强基础研究计划与其他计划的衔接。优化基础研究项目、人才、基地,以及自由探索性研究和定向性研究的经费配置。在加强竞争性项目经费投入的同时,加大对人才和基础研究、公益类科研机构的稳定支持力度。加强基础研究经费的预算和使用管理,进一步提高经费使用效益。基础研究一定要以社会需求为目标,学术界和工业界各有自己的重点,在基础研究阶段就要加强双方的沟通,使有限的资金产生最大的效益。同时,鼓励将基础研究成果向应用、攻关等项目拓展,使基础研究、高技术开发、成果产业化形成有机的链条,体现基础研究成果对建设创新型国家的支撑作用。

(9)体现学科特色,创新立项和管理机制。国家自然科学基金在原始创新和人才培养上具有不可替代的重要作用,不断优化和完善基金项目的立项评审和结题验收程序,把基金建设成为科学原始创新的园地和培养科学家的摇篮。无机非金属材料学科发展很快,很多震撼国际学术界的重要新成果,如高温超导材料、低维碳材料、超大规模集成电路材料、光纤、GaN 基发光二极管外延材料与器件等,大多出自这一学科;无机非金属材料学科的发展也是瞬息万变的,新进展、新成果目不暇接,需要对某些新动向做出快速反应。对某些"突发奇想"的创新思路和国际上的最新进展给予紧急资助是完全必要的。

(10)切实加强国际学术合作与交流。基础性研究须开展广泛的国际合作与交流,这已是学术界的共识。我国的无机非金属材料学科,除少数领域能在国际学术前沿占有一席之地外,其他领域与发达国家相比还有差距,有的差距还很大。要通过多种形式的实质性国际合作研究,发展我国的无机非金属材料学科。

参 考 文 献

[1] 国家自然科学基金委员会. 无机非金属材料科学. 北京:科学出版社,1997.

[2] 国家自然科学基金委员会工程与材料科学部. 无机非金属材料科学. 北京:科学出版社,2006.

[3] 中国科学院文献情报中心. 材料科学十年:中国与世界. 北京,2016.

[4] Materials Genome Initiative for Global Competitiveness(June 2011). http:// www. whitehouse. gov/sites/default/files/microsites/ostp/materials_genome_initiative-final. pdf[2016-12-5].

[5] From Quanta to the Continuum: Opportunities for Mesoscale Science(September 2012). http:// science. energy. gov/bes/news-and-resources/reports[2016-12-5].

(主笔:南策文,王继扬,欧阳世翕)

第2章 信息功能材料与器件

2.1 内涵与研究范围

信息技术是 21 世纪支柱性的高新技术之一。信息功能材料是用于信息获取、传输、存储、处理和显示等过程中的先进材料,信息功能材料与器件是无机非金属材料的重要组成部分,是信息技术发展的基础和先导。每一次信息技术革命,无不得益于信息功能材料与器件领域的重大突破。硅材料与集成电路的问世标志着微电子技术的诞生,而光纤材料及计算机技术的发展则使全球光通信和互联网的发展成为可能。硅基半导体的研制成功,引导了电子工业的革命性变革;全固态激光器、半导体激光器和光纤的发明,超晶格、量子阱微结构材料和高速器件的研制成功,使人类进入光纤通信、移动通信和高速、宽带信息网络的时代,使我们所居住的星球成为"天涯若比邻"的地球村。在成功研制半导体发光材料的基础上发展的全固态新光源,引起了"照明革命",显著节约了能源,美化了家园。目前,人类正处于新一次信息技术革命的前夜,信息技术正在引领人类生活方式的又一次巨变,对信息功能材料的基础研究方向进行研究与布局,可谓正当其时。

信息功能材料与器件涉及信息技术的各个方面,是一个范围广阔、内涵丰富、内容综合的科技前沿领域,主要包括以下内容:

(1)信息获取。信息的获取基于材料对电、磁、光、声、热辐射、压力的物理响应,主要通过电、磁、光等探测器和传感器等来实现。

(2)信息传输。信息传输技术涵盖先进光纤材料、半导体激光器、光纤放大器、光调制器、光滤波器等方面。低维化、小型化是该领域发展的重要方向。

(3)信息存储。信息存储基于通过带有信息的磁或光信号写入存储介质,其发展的趋势是高存储密度、低功耗、高速、非易失性。开发基于阻变、相变等新型存储原理的存储技术并明确其工作机理,是信息存储技术发展的必由之路。

(4)信息处理。以大规模集成电路为基础的计算机技术仍是当前信息处理的主流。但在后摩尔定律时代,传统的技术路线已经难以为继,其发展面临着前所未有的挑战。调整硅基微电子技术发展路径,发展高迁移率绝缘体上的硅材料及技术,是一个重大发展机遇。将微电子材料和工艺与光电子材料和工艺充分融合,大规模集成各种光电子器件和微电子电路,是一条有广阔前途的技术路径。

(5)信息显示。涉及综合显示容量、对比度、亮度、功耗、寿命和成本等基本因素,以第三代半导体为基础的发光二极管(light emitting diode,LED)技术是未来信息显示的主要技术之一。其研究涵盖了从大尺寸衬底、高品质外延薄膜生长到低功耗、高亮度器件制备等各个环节。

《国家中长期科学和技术发展规划纲要(2006—2020年)》(以下简称《纲要》)明确将"新一代信息功能材料和器件"作为我国制造业领域的优先主题之一。自《纲要》实施以来,通过前瞻布局和实施,我国已经获得了以氮化镓基激光器为代表的一系列原创性成果,形成了自主知识产权体系,对促进我国材料和相关产业的可持续发展起到了重要支撑作用。在上述成绩的基础上,围绕新一代信息功能材料与器件研究主题,优化发展策略,抢占战略性前沿制高点,以重点领域的突破带动整体跨越,切实加强我国在相关领域的自主创新能力,切实提高相关产业的核心竞争力,是"十三五"期间该领域的发展思路。

2.2　科学意义与国家战略需求

信息技术产业的发展要求全面提升信息的获取、传输、存储、处理和显示技术。这种提升必须建立在物理硬件突破的基础上,也就是说,信息技术产业发展必须要有信息功能材料与器件的强有力支撑。新的应用要求器件具有高频、高速、低功耗、微型化和高集成度等性能。同时,随着科学技术的发展和国家重大需求的增长,这种要求还在不断升级。因此,迫切需要开发迁移率更高的新材料体系以及与平面工艺兼容的器件加工技术,以解决信息产业进一步发展所面临的芯片性能和功耗相互制约的问题。

信息功能材料与器件处于信息技术产业前端,是信息技术发展的基础。开展信息功能材料与器件技术研究,可以推动跨学科交叉集成与协同创新,将促进我国战略性新兴产业的形成与发展,还将带动传统产业和支柱产业的改造与产品升级换代,并对国家重大工程,如空间站及空间信息系统、大飞机、探月飞行和深空探测以及载人航天等提供强有力的技术支撑。自主创新地发展我国新一代信息技术产业关键材料及器件,是我国经济社会可持续发展和国防建设的迫切需求。

2.2.1　微电子集成电路材料

集成电路技术的高速发展及其广泛应用彻底改变了人类的传统生活方式,是世界第三次科技革命的主要标志之一,在科学技术发展史上产生了空前的深刻影响。目前,我国已经成为全球最大的集成电路市场,2014年占有全球市场份额的52%。然而,国产集成电路芯片自产率很低,大量芯片依赖进口。2014年,我国集成电路进口额已达到2865亿美元,远超石油成为第一大进口商品。另外,2013年斯诺登"棱镜门"事件爆发后,所揭露事实说明信息技术对国家的安全极其重要,发展可满足国家经济社会发展所需的自主集成电路技术和产业已不仅是一个重要的经济问题,而且关乎国家安全和发展。

　　绝缘体上硅(SOI)材料被国际上公认为"21 世纪的硅集成电路技术",与传统硅基半导体材料并称为整个集成电路制造业的基石。自集成电路发明以来,摩尔定律揭示的等比例缩小原则一直指引其持续发展,使电子器件的密度与开关速度不断提升。随着集成电路不断发展,等比例缩小原则日益受到挑战,多项尖端技术包括应变硅技术、高介电常数(k)金属栅已经整合进入半导体工艺中[1,2],使得摩尔定律能够持续。然而,随着集成电路特征尺寸的不断缩小(达到 22nm、14nm 及以下),传统硅材料中载流子迁移率退化问题日益突出,通过延续摩尔定律来继续发展集成电路已经异常艰难,采用具有固有高载流子迁移率的新型沟道材料是最有希望的解决方案之一。SOI 材料自身具有异质结构的优势,能够将高迁移率沟道材料与硅晶圆平台集成,形成具有高迁移率的 SOI 晶圆片。高迁移率 SOI 晶圆片与当前标准集成电路的工艺和架构兼容,是 SOI 技术发展的巨大突破,有望解决集成电路特征尺寸不断缩小所面临的迁移率退化问题。

　　半导体存储器技术是集成电路最重要的技术之一,广泛应用于计算机、消费电子、网络存储、物联网、国家安全等重要领域,是一种重要的、基础性的产品,具有不可替代的地位。存储器性能正向高密度、大容量、高速度和低功耗方向发展,国家重大需求是集成电路设计和制造水平迅速发展的重要推动力。存储器市场空间巨大,但由于缺乏关键自主核心知识产权,存储器技术成为制约我国信息产业自主发展的瓶颈之一。只有发展具有自主知识产权的核心存储器技术,才能确保我国在下一代存储器市场中占有重要的一席之地,实现我国从集成电路消费大国到生产大国和技术强国的转变。必须以下一代新型存储技术为切入点,研究和发展具有我国自主知识产权的先进新型存储器,解决材料、工艺、器件、集成和可靠性等方面的关键科学技术问题,突破基于新材料、新原理和新结构的新型超高密度存储器关键技术,形成我国的核心知识产权体系,这对于我国信息技术及产业的发展具有重要的引领作用和重大的战略意义。

2.2.2　光电子材料

　　下一代计算机、服务器和通信设备等向高频和高速方向发展,要求不断提高硅芯片的集成度。在这种情况下,传统的芯片间电互连遇到了日益严重的问题,如信号延迟、带宽极限、功耗增加、电磁干扰和量子隧穿效应等。国际半导体技术路线图(International Technology Roadmap for Semiconductor,ITRS)指出,芯片性能的增长速度已远远超越了互连性能的增长速度。新一代通信设备和高性能计算机等方面的系统应用需求,随着极紫外光刻技术的日益成熟,有可能将硅芯片的工艺尺寸进一步减小至几纳米,传统的电互连将不能满足大容量数据传输,成为制约芯片性能的瓶颈。光互连具有大容量、高速率、高抗干扰性、低时延和低功耗等优点，将取代基于铜线的电互连，为高性能系统提供物理支撑。基于硅基光子平台的硅基光子学的出现和快速发展，为解决光互连的成本问题提供了良好途径，是公认的实现片上、片间光互连最有前途的解决方案。

随着社会信息化进程不断加速，信息的高速传递与处理需要性能更优良的半导体器件。然而，由于硅材料本身物理性能的限制，面对材料性能和器件制备技术的双重挑战，已难以满足信息光电子、高频和高压电子器件的更高要求。近年来，以碳化硅(SiC)和氮化镓(GaN)为代表的宽禁带第三代半导体材料，与第一代和第二代半导体材料，如硅(Si)、砷化镓(GaAs)、磷化铟(InP)等的性质和优势互补，在高频、高压电子器件以及短波长光电子器件等方面具有明显优势，受到极大关注。用第三代半导体材料制作的光电子器件，可以高效率发射或探测能量更高的光子，其波长可以扩展到更短的绿、蓝、紫乃至紫外波段；用第三代半导体材料制作的微电子器件，具有击穿电场高、热导率高、电子饱和速率高等性质。如图 2.1 所示，这类器件具备优越的耐高电压、耐高温、抗辐射、高频、大功率的工作性能，制备出的功率模块可以显著降低电能的消耗，提高能量的转化效率。第三代半导体材料具有上述诸多优势，被誉为固态光源、电力电子、微波射频器件以及光电子和微电子产业的"新发动机"，在半导体照明、移动通信、智能电网、高速轨道交通、新能源汽车、新一代通用电源和国防工业等领域有广阔的应用前景，能够支撑电子信息产业可持续发展，属于国家发展必争的高新技术。第三代半导体材料的研究必将有助于突破新一代电子信息器件的关键技术瓶颈，全面支撑以互联网为标志的新一代信息技术的可持续发展。

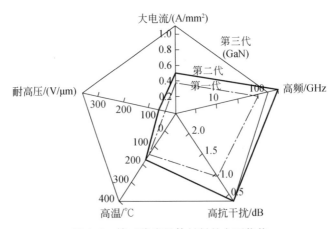

图 2.1　第三代半导体材料的主要优势

低维异质结构材料是在原子、分子尺度上设计、构建的半导体人工材料，对这类材料的研究有利于人们认知纳米尺度内半导体的物理、化学性质的变化规律及其衍生特性;低维异质结构光电子材料是构筑纳米光电子器件的基本单元,是新原理光电/电光转换的基本载体,可以覆盖红外到太赫兹(THz)全谱(1～300μm)特征的低维异质结构材料一直是信息功能材料的重要发展方向。近红外宽光谱低维异质结构光电子材料是高密度光学信息存储、光纤通信用宽带半导体光放大器的基础,是一种具有带动性、辐射性的高技术材料。趋势是发展可以实现红外全波段覆盖、高效率和低噪声的器件及其相关材料。在国防高技术领域中红外光电材料更是无处不在,精确制导武器的红外制导和红外对抗技术的核心就是红外光电材料,相关材料与器件长期处于严格的技术禁运之中。目前,红外装备正处于向第三代技术换代发展的关键时期,亟须发展全链条、采用国产化制备技术的低成本、高效率、多波段、大面阵和可高速读写的红外成像材料,同时还急需大功率红外激光材料。

中远红外波段的量子级联激光器、探测器在远距离探测、红外雷达、红外对抗、自由空间通信、实时大气污染监控和无损伤医学诊断等军民用领域有着十分广泛的用途。此外,太赫兹波的频率是目前手机通信频率的 1000 倍左右,利用太赫兹波进行无线电通信,可以极大地增宽无线电通信网络的频带,有望使无线移动高速信息网络成为现实,对保密通信等国家安全非常重要。

锑化物半导体低维材料是近年来高速发展的一类Ⅲ-Ⅴ族半导体材料体系,在中远红外方面有明显优势,成为发展新型高性能红外探测成像和大功率激光器件的热点。受低维结构制备工艺技术所限,长期以来材料质量和器件性能难获突破。近十年来,原子级精度外延技术的发展,在锑化物界面控制和掺杂等方面取得了一系列技术突破,极大地带动了锑化物低维材料的快速进展,在基础物理的能带量子计算模型、低维结构的设计和制备、相关光电信息功能器件研究等方面取得进展,一系列红外探测技术和对抗装置的试验演示获得成功,证实了这类材料的重大发展前景及其满足国家重大战略需求的能力。

2.3 研究现状、存在问题与发展趋势分析

随着信息载体从电子向光电子和光子的转换步伐加快,信息功能材料与器件正向材料、器件、电路一体化的功能系统集成芯片材料和纳米结构材料方向发展。材料生长制备的控制精度也在向单原子、单分子的尺度发展。从材料体系上看,化合物半导体微结构材料以其优异的光电性质在高效率、低功耗、低噪声器件和电路,特别是光电子器件、光电集成和光子集成等方面发挥越来越重要的作用;近年来,Si、GaAs、InP 等Ⅲ-Ⅴ族化合物混合集成技术取得重大进展,硅基混合光电集成得到快速发展。GaN 基紫、蓝、绿异质结构发光材料和器件的研制成功,不仅可

以使光存储密度成倍增长,更重要的是引起了照明光源的革命,经济和社会效益巨大。航空航天及国防建设的需求推动了宽带隙、高温微电子材料和中远红外激光材料的发展。探索低维结构材料的量子效应及其在未来纳米电子学和纳米光子学方面的应用,特别是基于单光子光源的量子通信技术、基于固态量子比特的量子计算和无机/有机/生命体复合功能结构材料与器件发展应用,已成为目前信息功能材料与器件最活跃的研究领域。

2.3.1　研究现状与问题

微电子技术发展使集成电路芯片集成度日益提高,器件尺寸越来越小。特征尺寸缩小后,沟道内载流子迁移率降低,必须提高沟道内载流子的迁移率以弥补沟道高掺杂等因素引起的迁移率退化。高速发展的微电子技术对 SOI 衬底材料提出了更高的需求:一方面"延续摩尔定律"和"超越摩尔定律"的快速并行发展,对 SOI 材料提出了更多功能化需求,需要使用非硅半导体材料替代 SOI 材料中的顶层硅;另一方面,针对集成电路特征尺寸缩小所面临迁移率退化的物理问题,要获得高迁移率 SOI 材料,必须采用更高迁移率的材料替代 Si。在持续推进传统 SOI 材料研发的基础上,研发具有更高迁移率的新型 SOI 材料,如绝缘体上应变硅(sSOI)、绝缘体上锗(GeOI)、绝缘体上Ⅲ-Ⅴ(Ⅲ-ⅤOI)、绝缘体上Ⅲ-Ⅴ/GeOI[3,4]和绝缘体上石墨烯(GrOI)[5,6]等,是国际研究热点,得到科学和产业界的高度重视。其中,法国 Soitec 公司、英国 IQE 公司已经可以制备出 sSOI 和 GeOI 样片,法国 Soitec 公司与 ASM International NV 公司联合开发出具有双轴全局应变的 300mm sSOI 晶圆[7]。我国从 2001 年开始开展 sSOI、GeOI 以及绝缘体上锗化硅(SGOI)的研究,已成功制备出 4in① GeOI 材料及 5in SGOI 材料,解决了实现应变 Si 结构所需衬底材料的瓶颈问题[8]。国产 SOI 材料的产业化促进了国内单位抗辐射加固 SOI 集成电路的研发,成功开发了静态随机存储器(static random access memory,SRAM)、中小规模现场可编程门阵列(field programmable gate array,FPGA)等关键电路。在高迁移率 SOI 材料研究方面,目前我国与国际先进水平的差距正在逐步缩小。

超高密度、超大容量非易失性半导体存储技术是实现海量信息存储的关键,是支撑我国网络通信、高性能计算和数字应用等电子信息产业发展的核心技术,也是制约我国微电子产业全面平衡发展的关键瓶颈之一。磁存储仍是目前最主要的信息存储方式,随着存储单元的缩小,获得可实现多值存储、利于实现器件按比例缩小和三维集成的半导体存储器新材料及新器件结构成为新型存储技术研究的主要

---

①　1in＝2.54cm。

内容。目前广受业界关注的新型存储技术包括电荷陷阱存储（charge trapping memory，CTM）技术、阻变随机存储（resistive random access memory，RRAM）技术、相变随机存储（phase change random access memory，PCRAM）技术和磁性随机存储（magnetic random access memory，MRAM）技术。我国在"十二五"期间关于 CTM、RRAM、PCRAM 和 MRAM 的材料、工艺、器件、表征、机理、可靠性、小规模阵列及三维集成的研究取得了一系列成果，具有重要的国际影响力[9~13]，得到国际同行的高度评价。在存储器的应用方面，通过产学研合作，开展了新型存储器集成技术研究，集成工艺取得多项突破，通过试制原型芯片掌握了存储芯片的设计和制备关键技术，获得了自主 IP 存储技术系统的解决方案。在大生产平台上首次完成了从纳米晶材料制备、集成工艺开发、可靠性研究到最终芯片集成的系统研究，制备了 8MB 纳米晶浮栅存储器测试芯片，获得了具有自主知识产权的纳米晶存储技术整体方案。我国还开发了 32nm 或非（NOR）型闪存成套工艺，在 32nm 生产平台上研制了十亿字节（GB）NOR 型闪存测试芯片；完成了基于氧化铪（HfO_x）的 RRAM 工艺流程，开发了互补金属氧化物半导体（complementary metal oxide semiconductor，CMOS）＋RRAM 的混合集成工艺，制备了多款 RRAM 测试芯片。基于上述研究成果，在新型存储器领域形成了材料、单元器件、性能优化、集成技术和电路设计等方面的专利体系，部分专利已在中芯国际及武汉新芯等企业实现应用。目前，CTM、RRAM、PCRAM 和 MRAM 的基础研究进展主要集中在材料体系、存储机制、器件性能和选通器件研制等方面；在集成应用方面，已报道的研究成果均为试验芯片，主要还停留在小规模演示电路的水平。这些新型存储技术目前均未成熟，离大规模的市场应用尚有相当距离。这些新型存储器实现量产的障碍，主要是不断提高存储密度所面临的集成和芯片良率等难题，还包括一系列重要的基础科学问题，如降低操作功耗需要、改善器件均匀性和可靠性，尤其是高密度阵列中的热串扰等可靠性，需阐明部分器件的工作机理、发展可靠性预测模型等。在三维集成方面，需要提出可实现三维集成的存储单元及选通器件的材料和结构优化方案，给出三维存储阵列架构及外围电路的解决方案。

　　光互连具有容量大、速率高、时延低和功耗低等优点，将取代基于集成电路中铜线的电互连，以提高系统的性能。根据互连的距离，光互连可以实现从框架间到板与板间、板上芯片间、核与核间，一直到芯片上的互连。在片内光互连方面，我国提出并实现了与标准微电子工艺兼容的硅基单片光电集成回路，研制的单片光电集成回路已初步具备片上光互连功能。在光互连器件与系统研究方面，我国已研制出一系列基于垂直腔面发射激光器（vertical cavity surface emitting laser，VCSEL）阵列的多路并行光发射模块，以及基于 PIN 阵列的多路并行光接收模块及 40Gbit/s 准单片集成高速并行光接收器件，并开展了 40Gbit/s 甚短距离光互连试验系统、基于甚短距离高速并行光传输的 IP 核、硅基单片光电子集成回路

(optoelectronic integrated circuit,OEIC)的关键技术及相关理论研究。我国还搭建了太比特每秒(Tbit/s)速率等级的芯片间光互连试验平台,并研制出带光接口的中央处理器(central processing unit,CPU)芯片,为银河、天河巨型机后续机型中的光互连应用提供了技术支持。在片内光互连研究方面,要求器件的能耗在100fJ/bit以下,甚至低达10fJ/bit。硅上低能耗高速微纳腔激光器以及纳光探测器是实现片内光互连的理想方案。Ⅲ-Ⅴ族材料与硅基材料键合,研制与硅光波导耦合的微纳腔激光器是实现这一目标的现实途径,也是目前国际研究的热点。硅基光互连的核心器件包括硅基激光器、耦合器、波导、调制器、阵列波导光栅、探测器等,硅基光电集成开始进入实用化阶段[14]。

在硅基锗材料和相关器件研究方面,Intel、IBM、麻省理工学院、斯坦福大学水平基本相当。中国科学院半导体研究所外延材料质量处于国际先进水平,并与麻省理工学院和斯坦福大学几乎同时报道了室温电注入硅基锗发光二极管,研制出硅基锗高速光电探测器及其阵列。

以 GaN 和 SiC 为代表的第三代半导体材料具有禁带宽度大、击穿电压高、热导率大、电子饱和漂移速率高、抗辐射能力强及化学稳定性良好等优越性质,已成为制备宽波谱、高功率、高效率的微电子、电力电子和光电子器件的关键基础材料,在国防、信息、机电和能源等工业领域有重要应用,已成为各国竞相占领的战略高技术制高点。美国 CREE 公司最早开展 SiC 单晶研究和产业化,目前处于市场主导地位;美国Ⅱ-Ⅵ公司于 2015 年展示了目前最大的 8in SiC 晶圆。在第三代半导体材料单晶制备及工程化方面,我国已经掌握了 SiC 和 GaN 晶体生长的核心技术,实现了 4in SiC 晶片的小批量生产,各项技术指标达到了同质和异质外延的要求,利用氢化物气相外延(hydride vapor phase epitaxy,HVPE)技术实现了位错密度低于 $10^6\,cm^{-2}$ 的 2in GaN 晶片的制备,各项指标达到国际先进水平。半导体照明是目前第三代半导体材料最为重要的应用,美国、日本、欧洲在基于蓝宝石衬底及 SiC 衬底的 GaN 基 LED 领域,长期居于技术和产业领先地位。我国已形成外延片、芯片、封装及应用的完整产业链,产业规模达到 4000 亿元人民币。其中材料与芯片部分单项技术国际领先,蓝宝石衬底白光 LED 光效极值已超过 220lm/W,封装及应用技术达到国际先进水平,在医疗、农业和航空航天等领域有多项应用示范,并逐步走向实用化。目前 LED 作为半导体照明光源存在的主要问题是:发光效率与理论预期差距较大,可靠性尚待提高,成本还高于传统照明光源。

在第三代半导体材料研究中,另一个研究热点是高频大功率的高电子迁移率晶体管(high electron mobility transistor,HEMT)和大功率电力电子器件。相比 GaAs/InP 基 HEMT,新一代 GaN 基 HEMT 器件兼顾高功率密度和高频特性。2016 年美国利用金属有机化学气相沉积(metal organic chemical vapor deposition,MOCVD)在蓝宝石衬底上制备出 N 极性面 GaN 基 HEMT 器件,截止频率 f_T 为

103GHz,最高频率 f_{max} 为 248GHz,截止电压达 114V[15]。器件制备工艺方面,基于内侧墙的自对准栅技术[16]、分子束外延(molecular beam epitaxy, MBE)或 MOCVD 二次外延生长重掺杂 GaN[17]是实现更精确形状栅电极和更小栅长、获得极小源漏接触电阻的重要技术。目前制约 GaN 基高频 HEMT 器件性能达到理论预期的问题是:薄势垒层器件制造工艺和器件表面态对二维电子气沟道损伤造成的可靠性问题;另外,高质量铟掺杂氮化铝(InAlN)材料及 N 极性面上 GaN 材料生长同样极具挑战。美国 CREE 公司继 2010 年推出 1700V 的 SiC 肖特基二极管之后,2014 年推出了 1700V 的 SiC 半桥模块和 1200V/25mΩ 的金属氧化物半导体场效应二极管(metal-oxide-semiconductor field-effect transistor, MOSFET)。目前,GaN 功率器件耐压可达 600V,最高电流可达 100A。我国泰科天润半导体科技(北京)有限责任公司 2014 年实现了 600～3300V 多款 SiC 肖特基二极管产品量产,部分产品成品率达到国际先进水平。

锑化物材料具有较小的带隙、极高的载流子迁移率和较低的热导率,在红外焦平面芯片、红外半导体激光器、高速低功耗电子器件、太赫兹器件、热光伏电池、热电电池和制冷器及拓扑绝缘体等高性能器件制造中起着关键作用。锑化物单晶和基片材料是制备光电功能器件的基础,国际上 IQE 公司等已实现锑化镓(GaSb)单晶、衬底及外延材料的量产,但对中国禁运。截止到 2015 年,6in GaSb 衬底及外延技术已成熟,7in 以上的 GaSb 衬底及外延技术已经进入试验阶段[18,19]。锑化物超晶格中长波红外探测器已取得了长足发展:①面阵规模,中长波双色探测器阵列已达 640×512[20,21],单色探测器阵列达 1024×1024[22];②探测效率,3～16μm探测器的探测率(D^*)已经接近碲镉汞(MCT)探测器液氮温度(78K)时的理论值,中红外探测器的 D^* 达到 $1×10^{13}$ cm·Hz·W,量子效率为 85%,8μm 以上长波及甚长波探测率均匀性明显优于 MCT[23];③工作温度,中波段超晶格探测器工作温度处于 77～185K[24],长波、甚长波探测器工作的温度性能优于 MCT 探测器[25];④暗电流,3～16μm锑化物探测器 R_{0ASL} 与 MCT 探测器阻抗值 R_{0AMCT} 接近,而长波段的阻抗/暗电流性能明显优于 MCT。我国在锑化物低维结构半导体材料的能带设计、材料外延、器件工艺等方面取得了显著成果。在锑化物红外焦平面的研制中,我国有多家单位能演示可实用的焦平面相机,同时开展了激光器、热电器件和热光伏电池等的研究,均已完成实验室演示样机的研制。目前世界各国的研究水平大致可分为两档,德国、美国、以色列、瑞典和英国属第一梯队,已从锑化物红外焦平面和激光器研究转向批量生产,更关注其在国防高技术领域里的实际应用。中国、法国、俄罗斯、土耳其、韩国和日本属第二梯队,大部分研究处于实验室阶段,尚未进入应用和商业化阶段。

在自组装量子点材料方面,已实现 GaAs、InP、Si 和 GaN 衬底的各种自组装量子点材料的生长及其控制,量子点材料的光谱覆盖了从可见光(400nm)到红外光(2μm)的光谱范围。日本 QD Laser 公司研制出高性能的 GaAs 基 1.3μm 量子点激光器,可实现 10GHz 的高速调制,且对环境温度变化不敏感,从－40℃到 100℃都可稳定工作,其器件已应用于局域网光纤通信系统中。硅基激光器一直是制约光电集成发展的一个关键因素,2005 年硅基 InAs 量子点激光器首次实现了室温脉冲激射,2016 年英国研制出 Si 衬底上直接外延 1.3μm 的超低阈值、长寿命、室温连续工作的 InAs/GaAs 量子点激光器,室温连续输出功率超过 105mW,具有诱人的实用前景[26]。基于半导体耦合量子阱子带间电子跃迁而产生激光量子级联激光器的波长可在 2.6～300μm 调节,已实现 3.5～11μm 室温连续输出,部分波段可达到 3W 输出并可应用于红外干扰与对抗、医学诊断等军事和民用领域,而太赫兹量子级联激光器也实现了低温 1W 输出。具有极低暗电流噪声的量子级联探测器是深空探测的最佳器件,国际上已研制出响应波长 4.0～19μm 的一系列低噪声、高探测率的中远红外量子级联探测器。进一步加强材料设计、实现新构思量子点材料可控制备是当前值得考虑的深层次问题。

　　总之,近年来我国信息功能材料与器件技术发展迅速,但前沿跟踪研究多,原创性工作较少,在成果转化和产业化方面差距更大。我国在国际上有影响的信息功能材料与器件技术主要有反常霍尔效应的量子化材料、半导体照明技术等。对于光通信、第三代半导体材料、光传感材料与器件、红外半导体材料与器件、高密度存储材料与器件和自旋电子学材料等,我国均在紧跟国外技术发展方向,处于追赶阶段,印刷电子材料研究处于起步阶段。有关调查表明,我国信息功能材料和器件与国外先进水平平均相差 7.4 年,激光显示技术相差 3.7 年,高密度存储材料与器件、先进封装材料与技术相差 10.3 年,除高密度存储材料和器件与国外先进水平差距在扩大以外,其他技术与国外先进水平差距均在缩小。

2.3.2　发展趋势分析

　　随着信息技术向数字化、网络化迅速发展,以及探测器和传感器的大规模应用与信息获取网的建立,超大容量信息传输、超快实时信息处理和超高密度信息存储已成为信息技术要实现的目标。目前,信息功能材料向超高集成电路、超低线宽、器件微型化、多功能化、模块集成化发展,光通信、光传感、光存储和光转换技术是发展的重点方向,而信息的载体正由电子向光子和光电子结合的方向发展。与此对应,信息功能材料也从三维材料异质结构向量子阱、超晶格、量子线和量子点等低维异质结构发展,从自然晶体向性能优异的人工晶体发展,从电子学意义上的晶体向光子晶体发展,从对光波振幅和相位的控制向基于自旋电子学的光子调控发展。微型化仍然是信息技术的主要发展趋势,如图 2.2 所示,描述微电子技术发展的摩尔定律也扩展为"延续摩尔定律"和"超越摩尔定律"两条发展途径。微电子技术的发展体现在降低单位功能成本的系统级芯片(SoC)和功能多样化、集成化(如射频电路、光电器件、无源器件、高压器件、大功率电路、生物芯片和传感器及其功能集成等)上。低功耗、低成本、高性能和高可靠性是未来光电子器件必须具备的基本要求,光电子集成是光电子技术发展的必经之路,微纳结构光电子器件是下一代新型光电子器件发展的主攻方向。未来十年,第三代半导体材料、半导体照明技术、新型显示技术、人工晶体与全固态激光器、微电子、光电子、磁电子、高密度存储、高密度封装和印刷电子将成为全世界信息技术竞争的重要舞台。

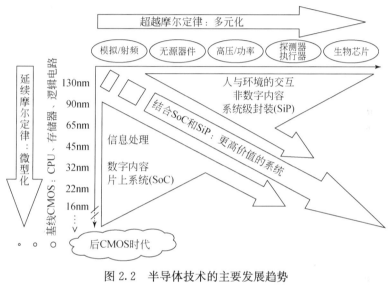

图 2.2　半导体技术的主要发展趋势

(来源:2011 ITRS,Exec. Summary 图 4)

集成电路技术进入纳米尺度,现有的 CMOS 技术已接近其技术极限,现在发展的高介电常数(k)栅介质材料和高迁移率衬底及沟道材料,可望未来十年在硅晶体管中延续摩尔定律;在寻求新的沟道材料过程中,人们对Ⅲ-Ⅴ族化合物半导体材料寄予厚望。另外,各种高迁移率材料技术,如应变 Si 材料、Ge 材料、Ⅲ-Ⅴ族材料,将与 Si 材料结合,形成 SOI 结构的复合衬底材料,这也是目前高迁移率衬底材料的发展趋势。大尺寸 SOI 的研究重点是加强 200mm SOI 研发,增强制造能力,巩固和发展 SOI 在射频和高压器件等重点领域的应用,同时开展更大尺寸 SOI 技术研发,实现 SOI 及 sSOI 制备技术从 200mm 向 300mm 技术的延伸。相比于 SOI 和 GeOI,Ⅲ-ⅤOI 制备难度更大,施主材料的制备多基于 MBE 技术生长,大尺寸Ⅲ-ⅤOI 材料制备及薄膜转移技术是需要重点解决的问题。

在高密度存储材料研究方面,为顺利延续摩尔定律,实现集成电路技术发展的预期目标,基于浮栅结构的闪存存储器已成为当代非易失性存储技术的核心。目前主流的硅基浮栅存储技术面临一系列技术限制和理论极限,难以维持持续的尺寸缩小;同时,平面集成架构难以进一步提高密度来满足大数据时代对存储器的需求。通过引入和利用新材料、新结构、新原理和新集成方法探索具有更好微缩能力及更高集成密度的新型存储技术成为高密度存储技术发展的关键及主要趋势。目前,国际上非易失闪存技术的研发有两个主要方向,一个方向是引入新材料,在现有闪存技术的基础上推进发展,以新型 CTM 为代表;另一个方向是开展新原理存储技术的研发,包括 RRAM、PCRAM 和 MRAM 等。近年来,垂直集成技术或多层堆叠三维存储技术得到广泛关注,成为存储器一个重要的研究领域。三维存储技术已被国际半导体技术路线图确立为未来 5～15 年闪存器件的主流技术,并成为存储技术领域研究的热点和重点。基于电荷俘获技术的三维存储器是面向 15nm 及以下节点的主流闪存存储技术,也是韩国三星电子和 SK 海力士、日本东芝和美国美光等存储巨头技术研发的重点方向。与此同时,阻变随机存储器具有结构简单、易于三维集成等特点,近些年成为各大存储公司、研究机构和学术界关注的焦点。由于相变随机存储器在低压、低功耗、高速、高密度和嵌入式存储方面具有优势,国际半导体产业协会已将其列为未来存储技术的重大突破之一。

芯片内光互连目前刚刚起步,是光互连的象牙塔和追求目标。硅基光电子器件不但具有低成本的优势,而且可望实现高速、大容量的数据传输,是实现高速片上光互连和光计算的基础。基于硅基光子平台的硅基光子学的出现和快速发展为解决光互连的成本问题提供了良好途径。该方案用光波导替代空间光路的传播,不需要任何透镜,并且调制器、探测器、阵列波导光栅等器件与硅波导无缝连接,具有广阔的应用前景。硅基光子学基于硅的 CMOS 成熟工艺和设备,可以显著降低单片成本。另外,硅的 CMOS 工艺制作精度已经达到十几纳米,足以满足微米、亚微米级别的光电子器件制作要求。硅基光子学是公认的实现片上、片间光互连最有前途的解决方案。III-V 族材料与硅基材料键合可以融合硅基 CMOS 集成电路和 III-V 族器件的高速度、低功耗及光学功能,研制与硅光波导耦合的微纳腔激光器是实现硅基片上光互连这一目标的现实途径,也是目前国际研究热点。通过交叉集成有源 III-V 族器件与硅基集成电路及微系统,开发具备创新功能的更智能、更小型化的光电子器件,是硅基光互连应用发展的趋势。提高选区外延、对接外延的可控性和功能单元的容错能力是大规模光子集成的发展趋势。

第三代半导体衬底材料的发展趋势是进一步改善高 In、高 Al 组分 GaN 外延材料质量,制备大尺寸 SiC 衬底,减少微管,降低厚膜 SiC 外延材料的位错密度等。以 LED 为核心的半导体照明理论极限发光效率达 400lm/W,预测可实现的目标将大于 200lm/W,以 GaN 为核心的第三代半导体材料制备技术获得突破,半导体照明实现可见光全光谱发光。在 LED 器件领域,第三代半导体照明技术将实现光电子与微电子技术融合,开发超越传统照明功能的新产品、新应用和新市场,使半导体照明渗透到医疗、文化、农业、交通和通信等领域。在电力电子器件领域,SiC

器件将使电力电子变换器向更高效率、更高工作温度、更大功率密度和更高可靠性的方向发展。GaN 器件将突破基于硅衬底的高压、高可靠、大尺寸和低成本芯片技术，实现与硅 CMOS 器件的集成。在射频器件领域，高频大功率的 GaN HEMT 将成为取代硅高压场效应管及 GaAs 赝配高电子迁移率晶体管（pseudomorphic HEMT, pHEMT）的新技术，应用于后 4G 和 5G 移动通信基站等民用移动通信领域和有源相控阵雷达等军用雷达领域。为独立自主地发展我国的第三代半导体材料，需要以高品质的第三代半导体材料的制备技术作为核心突破口，攻克 SiC 和 GaN 材料的规模生产技术并完成工程化验证。

锑化物微电子器件是实现下一代低功耗、超高速微电子集成电路的理想体系。锑化物低维半导体材料的发展趋势是：为满足第三代红外焦平面和其他新一代光电子器件发展需要，制备更大尺寸、更高表面平整度和更低位错密度的 GaSb 单晶和衬底，并在此衬底上发展高质量外延材料的生长技术；针对高性能红外光电器件和高速电子器件的发展需求，利用能带工程和外延技术改进材料性能。锑化物二类超晶格材料 InAs/GaSb 是下一代高性能红外探测和显示技术的核心。近年来，材料生长质量、器件结构设计和器件制备技术都获得了长足进步，探测器和焦平面阵列的性能已接近实用化水平，并在甚长波波段和双波段红外探测方面有非常大的潜力。锑化物太赫兹器件的发展方向是进一步扩大其阵列尺寸并配备读出电路模块。低维结构锑化物热光伏材料将热光伏材料的吸收波段拓展到中红外光区，能显著降低供电系统的设计难度，可提高电池对废热的回收效率，这也是一个重要的发展方向。

此外，低维结构材料的量子效应及其在纳米电子学和纳米光子学方面的应用，特别是基于单光子光源的量子通信技术，基于固态量子比特的量子计算和无机/有机/生命体复合功能材料与器件的发展应用，已成为目前最活跃的前沿研究领域。拓展量子点激光器的发光波长并提高增益，研制波长在 $2\mu m$ 以上的量子点激光器、宽带波长可调谐量子点激光器、超短脉冲量子点激光器和高速量子点激光器是量子点激光材料的发展趋势。将量子点探测器的响应波长拓展到长波红外、远红外乃至太赫兹波段，提高响应率、探测率和工作温度等是量子点探测材料的发展趋势。量子级联材料面临从原理上突破现有的电光/光电转换效率瓶颈问题，发展趋势是提高甚长波及太赫兹波段的量子级联激光器的输出功率和工作温度，实现远红外到太赫兹的量子点级联探测器的正入射响应。

2.4　发展目标

图 2.3 给出了我国未来 15 年信息功能材料与器件的发展路线图，预期到 2020 年我国信息功能材料产业将拥有大量具有自主知识产权的核心技术，大部分重要的

微电子、光电子材料基本实现自给,技术水平处于国际并跑期;到 2030 年,争取在大部分信息功能材料与器件方面处于领跑期。各研究方向的目标简述如下:

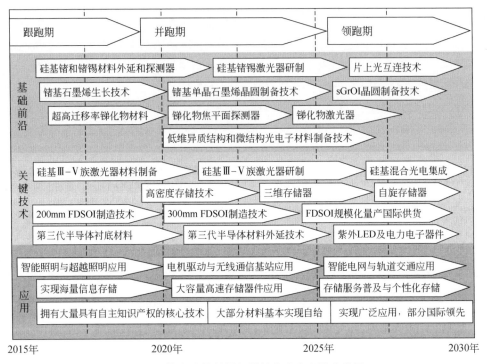

图 2.3　信息功能材料与器件的未来发展路线图

(1)针对集成电路超越摩尔定律发展模式,发展满足多功能集成需求的 SOI 晶圆,实现 200mm SOI 制造技术向 300mm SOI 技术的提升;针对集成电路延续摩尔定律发展模式,发展与 SOI 架构集成的新型沟道材料,发展 III-V/Ge-OI、sGrOI 等高端 SOI 技术,保持我国在 SOI 材料领域的国际领先地位。具体目标包括:研制面向新一代微电子以及光电集成的高迁移率 SOI 基材料,实现 8in sSOI 衬底材料的工程化,为 90nm 以下半导体工艺节点提供衬底材料,具备小批量生产 8in SGOI 的能力;研制出 6～8in GOI、4～8in GOI/III-V 并具备小批量生产的能力;研制成功面向特殊应用的工程化 SOI 材料,形成成熟的 BEST-SOI 制备工艺流程,6～8in 抗辐射加固 SOI 材料抗总剂量辐射能力 1Mrad[①](Si)以上;建立 SOI 基材料的质量表征体系,完成几个典型 SOI 基材料的器件验证。

(2)以高密度存储器领域前沿探索和技术发展及应用需求为导向,重点从材

---

① 1Mrad＝10000J/kg。

料、器件、工艺、集成等方面开展 CTM、RRAM、PCRAM 和 MRAM 等新型存储器技术的研究,解决信息存储中的能耗、速度和可靠性等一系列关键的科学问题;建立完善的超快阻变和相变理论体系,为筛选高速高密度阻变和相变材料提供理论支撑,研究支持新一代信息存储模式的器件、阵列架构和集成方案;最终实现 RRAM 和 PCRAM 在高密度、大容量、高速等技术方向的自主知识产权布局,并为下一代新型半导体存储技术的产业化提供系统的,包含新材料、新结构、新工艺等内容的数据库。

(3)发展硅衬底上的Ⅳ族材料和Ⅲ-Ⅴ材料,为硅基光互连用光电集成芯片的研制提供优质的光电子材料。这种材料主要包括 CMOS 兼容硅基锗和锗锡等Ⅳ族材料、外延型和键合型硅基Ⅲ-Ⅴ族激光器材料。具体目标包括:在充分融合微电子和光电子材料及工艺的基础上,快速发展硅基混合光电集成;在光互连材料的发展中,大规模集成各种光电子器件和微电子电路,研究光电集成芯片,在硅发光、硅调制、硅探测以及光互连专用集成电路方面形成关键技术储备,实现微光电单片集成芯片及片上光互连;光互连器件方面,实现高效的硅基激光器、高性能的硅基近红外探测器和低功耗小尺寸的光调制器,重点发展高效 CMOS 兼容的硅基锗锡激光器,进一步降低硅基锗和锗锡近红外探测器的暗电流,提高响应度和带宽。

(4)实现高质量大尺寸第三代半导体单晶衬底的制备及其工程化,促进高性能深紫外光电器件、高功率微波器件和低能耗电力电子器件的研制,对我国在相关领域实现跨越式发展起到重要支撑作用。具体目标包括:解决高质量第三代半导体材料生长的关键问题,系统掌握第三代半导体材料的外延生长动力学规律、应力/缺陷控制规律、异质结构和量子阱中载流子的输运/复合/跃迁及其调控规律;掌握 6～8in SiC 单晶衬底、4～6in GaN 单晶衬底、2in AlN 单晶衬底制备关键技术,关键指标达到国际先进水平;实现白光 LED 光效提高到 150lm/W(350mA),白光 LED 寿命突破 50000h,制备的 4in 白光有机发光二极管(organic light-emitting diode,OLED)发光板,在 1000cd/m² 亮度下效率达到 60lm/W,寿命超过 20000h,显色指数达到 80。

(5)突破低维异质结构光电子材料与器件制备关键技术瓶颈,为我国红外装备保持国际先进水平提供技术支撑。具体目标包括:发展更大尺寸低位错密度衬底及可控性低维结构异质外延技术,研制高探测率、大面阵和多波段高性能红外探测器及集成芯片,研制锡化物低维半导体红外焦平面和瓦级输出的锡化物激光器。发展千层异质结构材料的组分、界面、应力和调制掺杂的控制理论及技术,揭示全波段半导体光电材料中的载流子动力学过程及其量子输运调控机理,建立特定异质结构与性能的对应关系;深入研究不同结构、不同波段材料中各种缺陷的演化特征、对光电性能的影响规律及其抑制方法;深入理解量子结构功能材料中电子、光子、声子及其他元激发粒子的相互作用和能量转换的深层次物理内涵,从原理层面提高低维异质结构和微结构光电子材料的电光/光电转换效率。

2.5　未来5～10年研究前沿与重大科学问题

2.5.1　研究前沿

高迁移率 SOI 基材料方面的研究前沿包括:针对射频、抗辐射和可穿戴设备等多种应用需求,结合离子注入改性、电荷陷阱和真空键合等技术实现 SOI 材料结构的定制化,将射频 SOI、抗辐射 SOI 和全耗尽 SOI 制造技术由 200mm 提升至 300mm;针对集成电路进入非硅时代的需求,整合 Ge、Sb 基Ⅲ-Ⅴ等高空穴迁移率材料和 As 基或 P 基Ⅲ-Ⅴ高电子迁移率材料,发展具有高载流子迁移率沟道材料 Ge/Ⅲ-Ⅴ混合集成 SOI;集成晶圆级单晶石墨烯材料及其他潜力二维晶体材料,发展新型二维 SOI 材料,特别是 sGrOI 晶圆。

高密度存储材料方面的研究前沿包括:影响新型高密度纳米存储器材料和器件结构优化的介观物理机制;新型纳米存储器高密度三维集成的限制因素;利用新型高密度存储阵列实现数据存储与计算的方法。

光互连材料与器件方面的研究前沿包括:提高锗锡合金的晶体质量以及锡含量,进一步提高锗锡探测器的响应度和扩展探测波长;研究单通道速率 20Gbit/s 的光互连模块,在已研制的光互连材料和器件基础上实现高速低功耗的片上光互连。

第三代半导体材料方面的研究前沿包括:大尺寸、低位错密度的第三代半导体单晶衬底制备技术,以及如何在大失配衬底上和在强极化的材料体系中,实现高质量材料外延并且深刻揭示强极化材料体系中的微观物理规律。

低维异质结构光电子材料方面的研究前沿包括:超晶格、量子级联材料光电输运过程、光场控制机理,影响器件量子效率的机制;探测器材料能带结构设计与暗电流拟制机理,材料微纳结构创新设计及物理实现途径,分子束外延形成超晶格结构过程中纳米结构的形成机制与控制方法。

2.5.2　重大科学问题

未来5～10年我们需要关注的重大科学问题如下。

在高迁移率 SOI 基材料方面,包括以下内容:非硅沟道材料(Ge、Ⅲ-Ⅴ、石墨烯)与 SOI 架构集成形成高迁移率 SOI 材料以及相关栅工程、源漏工程等工艺集成方法;射频信号隔离、插入损耗与射频 SOI 架构的物理相关性,纳米晶粒对空间粒子辐射的抑制效应,以及基于超薄氧化埋层的键合转移机制;Ge 和Ⅲ-Ⅴ的异质选择性外延控制方法和机理,极性/非极性异质集成反相畴抑制,Ge/Ⅲ-Ⅴ混合集成 SOI 制造及其栅工程、源漏工程和工艺集成方法；半导体基单晶石墨烯及单晶二维晶体的大尺寸快速生长机理，大尺寸石墨烯及二维晶体材料褶皱控制方法。

在高密度存储方面，研制 PCRAM 目前最大的困难是寻求一种性能稳定的新型相变随机存储材料，解决当前所用的 $Ge_2Sb_2Te_5$（GST）材料存在的数据保持力不高、稳定性和冗余性不佳等问题。研制 RRAM 的主要问题是电阻转变机理不明确，限制了 RRAM 性能，尤其是稳定性（如可擦写次数）的提高。因此，在众多材料中寻找性能、制造性、拓展性、成本都满足要求且具有自主知识产权的材料，仍是 RRAM 和 PCRAM 发展的关键。

大失配、强极化第三代半导体材料体系外延生长动力学和载流子调控规律方面包括以下内容：非平衡、多尺度条件下第三代半导体材料薄膜及其低维量子结构的外延生长动力学、缺陷形成和控制、应变调控；异质结构和量子阱中载流子输运、复合、跃迁及其调控等第三代半导体材料共性规律；核/壳异质结构和量子阱、金属/介质微纳结构与量子阱的耦合效应。

在锗锡材料方面，需要研究锗锡低温生长中的位错产生和应变释放、锡分凝的机理和过程、锗锡的低温掺杂和杂质激活。目前锗锡在低温下已经观察到光泵浦激射现象，锗锡的能带结构以及锡团簇、晶体缺陷等因素对辐射复合寿命的影响需要进一步研究，以获得可在室温工作的锗锡激光器。此外，常见锗锡的外延方法为 MBE 和 CVD 两种，新的锗锡生长方法对锗锡的生长机理和应变控制等方面会有更深入的理解，因此锗锡的外延方法也需要进一步创新。

在低维结构半导体材料物性调控机理和制备关键技术研究方面，具体包括以下内容：微结构光电子材料的原子、分子尺度协同设计原理，波长覆盖 $1\sim300\mu m$ 的全谱红外微结构光电子材料电光/光电的转换机理和效率；锑化物半导体低维异质结构材料能带特性、锑化物低维异质结构中载流子跃迁与输运机制和调控方法，锑化物低维异质结构中噪声产生机制及抑制方法，大尺寸外延异质结缺陷形成机制及其界面、应变和组分厚度均匀性的控制方法；锑化物半导体材料表面性能控制及其对材料光电性能的影响机理。

2.6　未来 5～10 年优先研究方向

2.6.1　面向新一代微电子的高迁移率 SOI 基材料

高迁移率 SOI 基材料方面优先研究方向包括：满足射频、抗辐射等应用需求的 200mm 及以上射频 SOI 和抗辐射 SOI 研制，以及满足物联网等低功耗需求的 300mm 全耗尽 SOI 晶圆研制；满足非硅时代集成电路对高迁移率沟道材料的需求，优先发展 Ge/III-V 混合集成 SOI，以及相关栅、源漏工程等工艺集成方案；满足沟道材料工作模式从三维向二维转变的需求,发展单晶二维晶体材料,特别是单晶石墨烯与硅基集成,形成晶圆级二维 SOI 材料,重点发展 sGrOI 晶圆。

2.6.2　新型超高密度存储材料与器件

存储材料与器件方面,重点研究新型非易失存储器及三维集成中的基础科学问题,在新型非易失存储器及三维集成中的基础理论、存储材料、基础单元、关键集成和应用探索层面开展研究。具体包括以下优先研究方向:①新型存储器及三维集成中的基础理论;②存储新材料优化及高性能器件研制;③三维集成关键工艺研究;④产学研联合研发新型存储器芯片,重视新型高密度存储技术的转移和应用。

2.6.3　光互连材料与器件

硅基锗锡已经观察到光泵浦激射现象,实现锗锡的电泵浦激射乃至室温电泵浦连续激射则是未来 5～10 年的优先研究方向。电泵浦面临的困难远多于光泵浦激射,如掺杂区的形成、载流子的注入、载流子和电极等引起的光损耗等,因此需深入研究器件光学和电学结构的设计和优化。借助Ⅲ-Ⅴ族材料在发光器件方面的优势,制备高质量的硅基外延型和键合型硅基Ⅲ-Ⅴ族激光器材料,也是硅基光互连研究需要优先发展的方向。

2.6.4　第三代半导体材料

在面向新一代移动通信的 GaN 基材料方面,应优先研究大失配、强极化条件下高质量 GaN 基 HEMT 外延结构设计及制备技术,探索可抑制短沟道效应的新结构和新材料;研究 GaN 基 HEMT 材料中缺陷、界/表面态的抑制机制,研究更高频率的毫米波/太赫兹 GaN 基 HEMT 材料和器件;研究具有高增益系数、高截止频率的 GaN 基异质结双极型晶体管(heterojunction bipolar transistor,HBT)材料与器件;研究面向 5G 移动通信系统的体声波谐振器。

在面向短波长紫外半导体激光器的 AlGaN 基材料方面,应优先研究高质量高 Al 组分 AlGaN 材料的外延生长技术,研究 AlGaN 材料的缺陷产生和演化机制;研究高 Al 组分 AlGaN 材料的高效掺杂技术,探索施主和受主在 AlGaN 材料中的能级与激活机理;研究 AlGaN 多量子阱结构设计、发光特性调控技术;研究面向高效光限制因子的 Al(In,Ga)N 新型光波导结构;研究用于提升电注入效率的短周期超晶格等新型电子阻挡层的结构设计。

在半导体单晶金刚石材料和器件方面,研究半导体金刚石的生长动力学和热力学,探索金刚石生长的新技术,特别是 2～3in 金刚石衬底制备技术;研究半导体金刚石的 n 型掺杂技术及其掺杂机制;研究金刚石基异质结构和异质外延生长机理;研究金刚石的欧姆接触、肖特基接触等器件工艺,研制金刚石高频大功率微波器件、大功率电力电子器件、深紫外和高能粒子探测器。

2.6.5　低维异质结构光电子材料

低维异质结构光电子材料未来 5～10 年应优先研究直径 4in 以上的高纯度低位错密度 GaSb、InAs 和 InSb 单晶衬底的制备技术;研究大面积高均匀性宽谱甚长波红外锑化物探测材料外延生长技术;研究 2～10μm 锑化物雪崩 LED 材料的外延,发展高增益低噪声雪崩 LED;研究高效率(＞30％)锑化物中波红外大功率激光材料,以及锑化物二型超晶格带间级联激光材料;研究具有高电子迁移率的 InAs/AlSb 晶体管材料和具有高电子/高空穴迁移率的 InGaSb/AlSb 晶体管材料。

此外还应研究 InP、GaAs 基中远红外及太赫兹的量子级联激光材料和探测材料,以及长波长量子点激光器、宽调谐量子点激光器、超短脉冲量子点激光器;研究 Si 基 InAs/GaAs 量子点激光器和量子点探测器及其集成;研究远红外到太赫兹的量子点探测器、量子点级联探测器;研究量子点、量子阱组合的混维材料与光电子器件。

2.6.6　量子信息材料

量子信息材料方面,应探索在新型材料体系(如半导体量子点结构、材料的单个杂质中心、稀土离子掺杂等)中制备光通信波段单光子源和纠缠光源及电驱动器件,要求制备的量子光源满足的条件为高的亮度(10MHz 以上)、高的单光子纯度(大于 99％),且本征谱线线宽满足傅里叶变换条件;研制理论设计和试验制备具有高度单一方向性光子发射器件(与微腔、辐射天线等耦合),生长具有高对称性的量子点,以满足单光子源和纠缠光子的使用需求。

参 考 文 献

[1] Ghani T, Armstrong M, Auth C, et al. A 90nm high volume manufacturing logic technology featuring novel 45nm gate length strained silicon CMOS transistors//IEEE International Electron Devices Meeting,IEDM'03 Technical Digest,Washington D C,2003;11. 6. 1—11. 6. 3.

[2] Mistry K, Allen C, Auth C, et al. A 45nm logic technology with high-k metal gate transistors, strained silicon,9 Cu interconnect layers,193nm dry patterning, and 100％ Pb-free packaging//IEEE International Electron Devices Meeting,Washington D C,2007;247—250.

[3] Takagi S, Kim S H, Yokoyama M, et al. High mobility CMOS technologies using Ⅲ-Ⅴ/Ge channels on Si platform. Solid-state Electronics,2013,88;2—8.

[4] Madsen M, Takei K, Kapadia R, et al. Nanoscale semiconductor "X" on substrate "Y"-processes, devices, and applications. Advanced Materials,2011,23;3115—3127.

[5] Wang G, Zhang M, Zhu Y, et al. Direct growth of graphene film on germanium substrate. Scientific

Reports,2013,3:2465.

[6] Lee J H, Lee E K, Joo W J, et al. Wafer-scale growth of single-crystal monolayer graphene on reusable hydrogen-terminated germanium. Science,2014,344:286—289.

[7] Yoshimi M, Cayrefourcq I, Mazure C. Strained-SOI (sSOI) technology for high-performance CMOSFETs in 45nm-or-below technology node//The 8th International Conference on Solid-State and Integrated Circuit Technology Proceedings,Shanghai,2006:96—99.

[8] Mu Z Q, Xue Z Y, Wei X, et al. Fabrication of ultra-thin strained silicon on insulator by He implantation and ion cut techniques and characterization. Thin Solid Films,2014,557:101—105.

[9] 刘明,龙世兵,刘琦,等. 新型阻变存储技术. 北京:科学出版社,2014.

[10] Xu X, Luo Q, Gong T, et al. Fully CMOS compatible 3D vertical RRAM with self-aligned self-selective cell enabling sub-5nm scaling//IEEE Symposium on VLSI Technology, Honolulu, 2016:81.

[11] Yu N N, Tong H, Zhou J, et al. Local order of Ge atoms in amorphous GeTe nanoscale ultrathin films. Applied Physics Letters,2013,103:061910.

[12] Yan B, Tong H, Qian H, et al. Threshold-voltage modulated phase change heterojunction for application of high density memory. Applied Physics Letters,2015,107:133506.

[13] Han X F, Wen Z C, Wang Y, et al. Nanoelliptic ring-shaped magnetic tunnel junction and its application in MRAM design with spin-polarized current switching. IEEE Transactions on Magnetics,2011,47(10): 2957—2961.

[14] Sun C, Wade M T, Lee Y, et al. Single-chip microprocessor that communicates directly using light. Nature,2015,528(7583):534—538.

[15] Zheng X, Guidry M, Li H, et al. N-polar GaN MIS-HEMTs on sapphire with high combination of power gain cutoff frequency and three-terminal breakdown voltage. IEEE Electron Device Letters, 2016,37:77—79.

[16] Saunier P. GaN for next generation electronics//IEEE Compound Semiconductor Integrated Circuit Symposium(CSICs), La Jolla,2014:1—4.

[17] Shinohara K, Regan D, Corrion A, et al. Self-aligned-gate GaN-HEMTs with heavily-doped n$^+$-GaN ohmic contacts to 2DEG//2012 IEEE International Electron Devices Meeting,San Francisco, 2012:27.2.1—27.2.4.

[18] Furlong M J, Martinez B, Tybjerg M, et al. Growth and characterization of $\geqslant$6" epitaxy-ready GaSb substrates for use in large-area infrared detector applications. Proceedings of SPIE,2015, 9451:94510S.

[19] Liu A W K, Lubyshev D, Qiu Y, et al. MBE growth of Sb-based bulk nBn infrared photodetector structures on 6-inch GaSb substrates. Proceedings of SPIE,2015,9451:94510T.

[20] Rogalski A, Antoszewski J, Faraone L. Third-generation infrared photodetector arrays. Journal of Applied Physics,2009,105(9):091101.

[21] Huang E K, Razeghi M. World's first demonstration of type-II superlattice dual band 640×512 LWIR focal plane array. Proceedings of SPIE,2012,8268:82680Z.

[22] Haddadi A, Darvish S R, Chen G, et al. High operability 1024×1024 long wavelength infrared focal plane array base on type-II InAs/GaSb superlattice. IEEE Journal of Quantum Electronics,2012,

48:221—228.

[23] Rogalski A. New material systems for third generation infrared photodetectors. Opto-Electronics Review,2008,16(4):458—482.

[24] Pour S A,Huang E K,Chen G,et al. High operating temperature midwave infrared photodiodes and focal plane arrays based on type-II InAs/GaSb superlattices. Applied Physics Letters,2011, 98:143501.

[25] Becker L. Current and future trends in infrared focal plane array technology. Proceedings of SPIE, 2005,5881:588105.

[26] Chen S,Li W,Wu J,et al. Electrically pumped continuous-wave Ⅲ-Ⅴ quantum dot lasers on silicon. Nature Photonics,2016,10:307—311.

（主笔：陈弘达，陈宇）

第3章　新型功能材料

3.1　内涵与研究范围

无机功能材料是指具有特定应用功能的无机材料,包括功能陶瓷、超导材料、多铁性材料、发光与存储材料等。在这类材料中,电、磁、光、热和力等能量形式可相互转化。对这些前沿新型功能材料的研究有重要的科学意义和实际应用(见图3.1)。例如,压电陶瓷的应用深刻改变了传感器、超声技术、表面波通信和精密定位等一系列技术;高温超导氧化物的发现被认为是新一轮工业技术革命的里程碑。新型无机功能材料是信息、能源、航空航天等高技术领域和国防建设以及国民日常生活不可或缺的关键基础材料,已形成支撑国民经济运行和社会进步且规模宏大的高技术产业群,有广阔的发展空间和重要的战略意义,是我国中长期发展的战略重点之一。无机功能材料的研发和应用已成为国际材料科学与工程的前沿与热点,也是材料领域中发展最快、国际竞争最为激烈的方向之一。

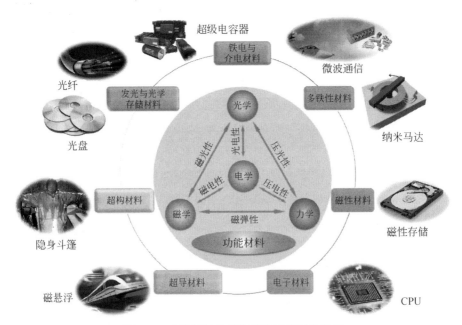

图 3.1　功能材料物理性质及其广阔的应用

　　我国在无机功能材料研发和应用方面已获长足进展,在若干领域取得了一系列具有世界领先水平的研究成果,总体发展处于国际前沿。目前,我国在无机功能材料领域具有示范性的材料主要有铁电与介电、多铁性、磁性、超导、发光以及超构材料等。本章将重点阐述几类需要优先发展的无机功能材料。

3.2　科学意义与国家战略需求

　　新型无机功能材料对信息、能源、航空航天等高技术领域和国防建设起着重要支撑与推动作用。强化功能材料研发,满足国家在能源、交通、医疗、科学仪器、国防军工和重大科学工程(如导弹、卫星、潜艇、舰船、雷达、微波通信和电子战系统)等方面的需求,是我国材料科学与工程领域的迫切任务。

　　在电子材料领域,压电与铁电材料在国家急需的精密驱动机械产业中占据主导地位。但环境问题使无铅压电材料的产业化更为迫切;同时,探索高储能密度($>10 \mathrm{J/cm^3}$)电介质材料意义重大。稀土及稀土替代磁性材料有广泛且重要的应用,但稀土矿储量有限,有效利用稀土资源具有重要战略意义,我国新型稀土磁性材料的研究长期落后于高技术发展需求,制约国家安全保障。多铁性材料有望实现高效磁电集成及耦合,在有源无源探测、高密度信息存储与处理等方面有重要前景,是后摩尔定律时代电子技术发展方向之一。超导材料是 21 世纪战略高技术领域特需材料,电力传输、微波通信、太赫兹技术和量子计算及心磁图等应用亟须发展与突破高临界参数超导材料及其制备技术。发光材料作为高能束探测器核心及发光体在国家安全、疾病诊断及疗效跟踪、无损探伤、节能照明等方面有重要应用,其发展水平凸显国家科技实力和竞争力。超构材料具有自然材料所没有的超常特性,通过人工设计"结构基因"可获得优异的隐身、电磁黑洞和声波负折射等特性,是未来光电信息等新兴产业的生长点。

　　我国无机功能材料研发起步较晚,20 世纪 80 年代之后研究规模逐步扩大。大量国外先进科技产品的引进、消化和吸收进程对我国无机功能材料研发提出了迫切的需求,促进了我国从事无机功能材料的科研院所研发工作的全面发展。无机非金属材料的研发工作不但要为尖端国防事业服务,还要与国民经济产业的各个层面对接。四十多年来,得益于国家对无机功能材料及其相关联的物理、化学、电子和机械制造等学科的大量投入,我国在铁电压电及多铁性材料、磁性与自旋电子材料、超导材料和发光存储材料与技术等方面的基础研究形成了特色和优势,有重要的国际影响。为保持和发展我国已有的优势,提高国家核心技术竞争力,必须从战略高度认识其重要性,要进一步加强对新型无机功能材料重点研究的支持。

3.2.1 铁电与介电材料

电介质是指以电极化的形式响应、储存与传递外电场作用的材料,其主要物理效应包括介电、压电、热释电、铁电与反铁电效应等。以这些物理效应为基础制作的电子元器件主要有谐振器、滤波器、天线、电容器、传感器、驱动器和近年发展起来的储能元件等,在现代电子信息和能源技术中有着十分重要的应用。以线性电介质为主体的介电材料主要应用于微波元器件、基板与电容器等,微波介质陶瓷与储能陶瓷是其两大前沿方向。由于微波通信不断向微波高端与毫米波方向发展,迫切需要探索超低损耗微波介质陶瓷新体系,特别是随着 100GHz 以上特定频段向民用开放,可能需要全新的微波介质陶瓷材料。由于具有高功率密度特性,陶瓷电容器作为储能元件的应用正受到越来越多的关注。高储能密度($>$10J/cm^3)介电陶瓷的开发也已成为本领域的重要课题,其在脉冲功率器件中的应用意义重大。

铁电材料的基本特征是具有可随外电场翻转的自发极化。利用铁电体所具有的电畴开关和极化反转特性,可制备具有广阔应用前景的铁电薄膜存储器和各种电光器件。经极化处理的铁电陶瓷表现出优异的压电和热释电性能,据此发展了各种压电陶瓷驱动器、传感器和热释电探测器,它们在现代先进机电系统、热敏探测和空天探测中具有重要应用。压电材料作为重要的功能材料在电子材料和精密机械行业领域占据相当大的比例。近几年来,压电陶瓷的全球销售量以每年 15% 左右的速度增长。随着电子整机向数字化、高频化、多功能化和小型化便携式的方向发展,压电陶瓷器件也在向片式化、多层化和微型化方向发展。一批新型压电陶瓷器件不断研制成功,包括多层压电变压器、多层压电驱动器、片式化压电频率器件和声表面波器件等,广泛应用于微机电系统和电子信息领域。国际上,美国已通过压电效应成功在红外摄像与接收器件中实现了焦平面单元上下极板反射距离的可调谐,意味着多波段与宽波段的红外摄像与接收器件有可能在五年内问世,将对国防、安全、天体观测、工业探伤与气体检测等领域产生革命性的变化。

我国拥有国际最大的铁电与介电材料研究队伍,论文产出量居首,国际学术地位稳步上升,涌现出一批有影响的科学家。我国在介电电容器材料与低温共烧等制备技术方面进展显著,已成为介电电容器制造大国之一。我国在微波介质陶瓷的研究领域后来居上,在超低损耗化与微波介质陶瓷新体系探索方面取得重要突破,有望在下一代微波元器件的竞争中取得领先。从 20 世纪 90 年代起,我国重点支持以铁电介电材料为主的铁电存储器、热电探测器和压电驱动等研究。但在铁电存储器领域囿于基础研究,尚未在制备技术上取得实质突破,微加工与集成制造还处在初级阶段。在压电材料及其驱动和探测领域,我国培养了若干高端与立于前沿方向的人才,在压电 MEMS、超细压电电机等方面曾经研发了一批领先的原型器件,但德日等国的高端机电驱动产品仍具有优势[1～5]。

总体而言,我国在铁电介电材料研发领域有强大的研究队伍与良好的条件,材料研究有若干重要突破。然而,多数企业自主创新意识薄弱,对科研重视程度不够,投入少,产品仍以中低端为主;研究机构与企业之间的研发合作不足,在一定程度上影响了我国在铁电介电领域的科技成果转化和技术创新能力。

3.2.2 多铁性材料

多铁性材料可用于制作集铁电性与磁性于一体的新一代多功能器件,包括新型磁电传感器件、自旋电子器件和高性能信息存储器件等。多铁性材料具有多重量子序参量的竞争和共存特性,有利于实现多场量子调控。量子调控材料的多物理场行为是不同于传统半导体微电子学的全新方法,是后摩尔定律时代电子技术发展方向之一。例如,在信息存储领域,磁存储技术仍是目前大容量数据存储(如个人机算机、超级计算机)的主导技术,但其突出的瓶颈问题是磁写速度慢、能耗高。此外,人们认为 20 世纪 90 年代中期基于磁存储技术提出的磁性随机存储器(MRAM)有希望取代目前其他所有随机存储器件,成为可满足所有电子设备中信息存储需要的"通用存储器",有巨大的商业前景。然而,MRAM 发展中所遇瓶颈在于数据写入过程中电流产生的大量焦耳热耗散。多铁性磁电耦合材料是绝缘体,可利用电压而非电流来调控磁化方向,实现 MRAM 器件的全部功能,从而将焦耳热耗散量降至最低,可从根本上解决高能耗问题,实现新一代超低功耗、快速的信息存储和处理等,与目前基于电流驱动的磁存储技术相比,具有重大发展性意义。

得益于近十年的深入研究,研究者在多铁性材料领域取得了丰硕的研究成果,并提出一系列重要的科学技术问题与挑战。这些成果丰富与拓宽了传统铁电材料、磁性材料的内涵,提出了新的概念和理论,发展了新的材料设计原理与制备方法;同时,显著拓展了铁电性、磁性及相关特性的应用领域。早在 2007 年底,《科学》(Science)期刊就将多铁性材料列为世界范围内最值得关注的七大热点研究领域之一,是整个材料领域的唯一入选项[6],凸显其重要意义。

目前,美国、欧盟及日本等发达国家和地区投入大量资源开展多铁性材料研究。我国多铁性材料研究也在蓬勃发展,在国家支持下已具备高水平的研究队伍和很强的研究实力,在若干方向有出色的研究成果,成为我国材料科学中少有的几个具有国际领先水平的研究领域之一[7~11]。按照材料品种分类,多铁性材料可分为复合材料和单相材料两大类;从维度上可分为块体(三维)、薄膜(二维)等类别。我国块体复合磁电材料的研究有很高水平和较多知识产权储备,表现在材料制备与性能指标及针对不同应用所需的原型器件研制等各方面,是未来可能占据国际制高点且与国家需求密切相关的领域之一,有望引领国际研究和发展;在磁电材料的理论计算与设计方面也有所积累,处于国际先进水平。然而,由于上下游技术脱节,高性能先进器件研制与集成应用研究基本停留在实验室阶段,只有少量产品技术应用于生产。因此,要继续保持引领优势,尚面临很大的挑战。近年来,我国在多铁性薄膜复合、异质结材料设计理论与制备方面也有若干国际领先的进展。存在的问题主要是研究队伍水平仍待加强,在注重基础研究的同时,应强化研究成果的应用和产业化。事实上,国际上单相多铁性材料目前也多停留于基础研究阶段,一些原理性器件虽经实验室演示,但离走向应用还有一定的距离。在这一相持阶段,进一步优化研究队伍与平台,加强创新,在保持基础研究领先的前提下,做好成果的示范应用乃至技术转化,是在本领域孕育重大突破的基础。

总体而言,我国在多铁性材料研究领域与国际先进水平同步,块体复合材料研究领先于国际,磁电复合薄膜异质结研究保持国际先进水平,单相多铁性材料研究则相对落后。我国多铁性研究队伍集中度稍差,表征技术和持续性高强度支持不足。材料设计方面,多铁性畴动力学的相场计算、第一性原理计算和唯象理论研究方面已有很好积累,但尚待建设大规模计算平台;制备与表征方面,材料合成、磁电响应与电控磁性方面的研究以上游材料探索与微结构表征为主,缺乏高水平微观机制研究的平台支撑,器件物理的研究平台则更待发展和完善。

3.2.3　磁性材料

磁性材料,特别是稀土永磁材料,已广泛应用于国民经济和国防领域的各个方面,基于稀土磁致冷、稀土磁智能和稀土高频微波等特性的产品开始进入人们的日常生活。而新技术发展,如航空航天、微波通信、电子系统、导弹、舰船和雷达等对新型稀土磁性材料提出更高要求。我国是稀土资源大国,稀土磁性材料研究领域在国际上占有重要地位。然而,多年来我国稀土资源的利用处于产业链的低端,以原材料和半成品出口为主;在新型稀土磁性材料领域,我国缺少原始创新,在结构-性能关系优化与工艺过程严格控制技术等方面相对落后,材料与产品制造之间脱节。这些问题已成为制约我国稀土磁性材料及器件创新的新瓶颈。当前,除亟须借助多种手段探索、设计超高磁能积、适用于极端环境的永磁材料外,还应加快稀土磁致冷材料、稀土磁智能材料、稀土微波磁性等材料的制备和应用研究,以期节约、高效地利用我国稀土资源,并注重稀土替代材料的研发,满足国家在科研、医疗、军事和大科学工程等领域对新型磁性材料的需求,全方位提升与发展我国高端机电电子信息等相关产业[12,13]。

自旋电子学是与磁性材料相关的另一个重点发展领域,当前主要关注磁性半导体、半金属和过渡金属磁性氧化物的自旋特性及其应用等[14,15]。磁性随机内存、自旋场发射晶体管和自旋发光二极管等新的自旋电子学器件正在迅速兴起,已经投放市场应用的有磁头等商业化产品。目前,这一领域尚待发展,与材料科学相关的问题包括:缺乏高自旋极化率和长弛豫时间的磁性材料,异质结结构制备过程中不确定的结构-性能关系,自旋调控中调控电流和焦耳热关系等。这些前沿问题长期困惑研究者,国内外尚无成熟的解决方案。我国自旋电子学研究与国际基本同步,在自旋电子学理论与材料设计、磁性异质结和隧道结制备与原型器件研发、高自旋极化率磁性材料探索、金属与半导体自旋电子学材料和垂直磁记录材料等方向上都有很好的基础工作积累。然而,鲜有具有我国自主知识产权且有良好应用前景的新材料,以及缺乏竞争力强且稳定可靠的实用材料及其制备技术。目前,国际自旋电子学发展处在关键阶段,能够大规模产业化的新材料和器件仍然尚未问世。尽管我国科技工作者面临的挑战依然严峻,但机遇与挑战并存,自旋电子学仍有很大的发展空间。

3.2.4　先进电子材料

在电子材料及器件领域,忆阻器是新发展起来的除电阻、电容和电感之外第四种基本无源电路元件,代表磁通量与电荷量之间的逻辑关系。2008 年,惠普公司实验室在纳米尺度的电子系统中发现了忆阻效应,并成功设计出一个能工作的忆阻器实物模型。忆阻器具有独特的非线性电学特性,即其阻值可随流经电荷而发生动态变化,因此在非线性电路、新型存储、逻辑运算和人工智能等领域展现出巨大的应用潜力[16~18]。根据忆阻器阻态变化行为可将所制备器件分为数字型(高低阻态突变)和模拟型(多阻态连续缓变)两类。数字型忆阻器件高低阻态间的转变可快于 10ns,是当前闪存技术擦写速度的 1000 倍;存储单元尺度在纳米量级,可极大提升器件的存储密度和集成度。同时,忆阻器件还具有功耗低、结构简单及与现有工艺兼容等优势,已成为下一代存储技术的重要备选方案。模拟型忆阻器件的阻值可随外界电激励发生连续动态变化,这与生物体大脑神经突触的非线性传输特性高度相似。因此,可用于开发具有自主学习能力的人工神经突触器件,从而促进神经形态模拟计算机系统的发展。相对于由大量电子元件构筑的传统人工神经网络,忆阻器具有自主学习功能,将会明显降低神经电路的复杂性与功耗,提高器件的集成度,有望在单一芯片中实现可比拟人类大脑容量的神经网络[19~21]。目前,忆阻器的研究尚处于起步阶段,在忆阻器件的工作机理、材料体系、器件结构和应用拓展等方面需要开展大量的开拓性工作。同时,需要大力发展忆阻器件集成技术以及与现有微电子/光电子器件整合的技术。目前,虽然我国通过巨额投资已经在中低端芯片制造领域产生了良好效果,能够流片生产中低端高质量芯片,为国防安全和若干国家核心产业提供了可选方案,但发展空间存在较大挑战;我国在高端芯片制造领域几乎空白,形势严峻,亟须变革。因此,通过发展诸如新型忆阻器材料与器件制备技术等前沿技术,迎头赶上,争取在国际新一代存储处理技术以及新型计算系统领域占据重要的一席之地。

3.2.5　超导材料

超导材料最基本的特性是当其处于超导态时表现出零电阻、抗磁性及宏观量子化现象,具有独特性和不可替代性。超导技术是 21 世纪的战略高技术,可广泛应用于能源、交通、医疗、科学仪器、国防和重大科学工程等。例如,超导材料的零电阻特性可用于无损耗传输电能,未来电力工业变革之一将依赖高临界参数超导体;抗磁特性可实现超导磁悬浮,实现快速交通。但是,超导材料的大规模应用仍然取决于基础科学研究。尽管公认的超导体 $HgBa_2Ca_2Cu_3O_{2+\delta}$ 在常压下最高的超导温度为 134K,在高压下可达 164K[22],而新发现的 H_2S 在高压下可在 203K 时发生超导转变[23],已逐步接近室温,然而已发现的一些高温超导体在制备成导线或薄膜以后,临界电流或临界磁场尚未达到实用要求。因此,亟须发现新的高临界温度超导体,同时提高已发现超导体的临界电流和临界磁场,以满足应用需求。

我国超导领域研究的基础厚实,在国际上长期处于并跑和领跑水平。我国在铜氧化物、二硼化镁以及铁基超导材料等主流方向做了大量工作[24～26];尤其在铁基超导材料研究中,有很重要的影响,例如,最近我国发现 FeSe 单层薄膜超导温度可达到 100K 以上[27],为国际瞩目。此外,在高温超导限流器、超导电缆等方面我国也有国际先进水平的实验研究工作,为进一步开展高临界参数超导材料和物理研究打下了良好基础。

虽然我国在超导材料研究中取得了突出成就,在铜基和铁基超导材料方面的研究水平居世界领先,但是近期研究多为掺杂及性能优化,迄今尚未发现全新的高温超导材料体系。在应用基础研究中,用于强电的二代带材和用于弱电的薄膜制备工艺上还有许多有待解决的问题,如缺陷和尺寸等。除少数研究方向外,我国整体研究基础与发达国家仍有差距。

目前,美国、日本和德国等先进工业国家已建立了高水平超导薄膜与带材生产厂家,不断提高制备技术与性能,将高温超导材料推向应用,而我国专长于超导材料制备与器件生产的企业规模小、知识产权结构不合理、缺乏国际竞争力。我国大面积高温超导体薄膜主要靠进口,限制了我国高探测灵敏度及微波通信等方面的技术研究。

3.2.6　超构材料

超构材料(metamaterial)是一类具有自然材料所不具备的超常特性的新型人工材料,其超常特性源于人工结构,且往往具有人工设计的可调控"结构基因"。广义的超构材料包括左手材料、光子晶体和非正定介质等。超构材料的设计思想为人们提供了一种全新的思维方法,为新型功能材料设计与调控提供了广阔空间,即在不违背自然规律的前提下,人们可以设计和制备自然界不存在但具有超常性质的"新物质",从而引起广泛关注。"超构材料"的概念于 20 世纪末首次被提出,用来描述自然界不存在的、人工制造的、三维的、具有周期性结构的复合材料。2010年,超构材料被《科学》期刊列为 21 世纪前 10 年自然科学领域 10 项重大突破之一[28],可能对光电信息、军工、新能源和微细加工等领域产生革命性影响,是未来新兴产业一个极具潜力的生长点[29]。

　　尽管超构材料的理念和设计超前,但也逐步得到材料科学界的理解与重视,我国已有众多科研人员投入该领域研究。截至 2016 年,我国超构材料年发表学术论文数量仅次于美国,居国际第二,约占相关领域论文总量的 20%,研究成果在国际上占有一席之地,有一定的原创性、影响力和特色。我国的研究成果主要有对左手材料和超构材料隐身的理论研究,对电磁黑洞、介质基超构材料、声波负折射以及对单相负指数材料和多功能超构材料的研究等[30,31]。此外,我国超构材料及器件的应用也取得了进展,已形成一定的产业基础。目前存在的问题是主要研究集中在较为成熟的电磁波超构材料领域,开拓性工作和实际应用较少。

3.2.7　发光与光存储材料

　　发光材料在国家安全监测、癌症/心血管疾病影像诊断及疗效跟踪、节能照明等领域有重要应用,其发展水平凸显国家的科技、经济和国防实力。

　　无机半导体发光材料的一个重要发展趋势是向紫外波段推进,所涉及材料体系主要包括Ⅲ-Ⅴ族和Ⅱ-Ⅵ族化合物宽禁带半导体。美国已在 2007 年研制成功 GaN 基 3D p-n 结,电-光转换效率比传统平面结构提高 50% 以上,且正向工业化推进,而我国在这一领域的产业化鲜有进展。目前,我国薄膜材料外延生长研究已具基础,实现了 MOCVD 制备 GaN 晶片的产业化,但晶片质量和生产规模仍有较大差距。对于近年来发展起来的 ZnO 材料,制约其实用化的瓶颈仍然是 p 型掺杂的稳定性和可控性,主要表现在 ZnO 中氧空位的形成能很低,在光照和载流子注入过程中易形成 n 型空位陷阱,发光效率显著下降[32,33]。

　　纳米科技的发展为发光材料研究注入了新思想和新动力。量子点纳米发光探针具有光化学长期稳定性[34],开始应用于活体内细胞的靶向标记;此外,在单细胞级水平监测肿瘤的转移和生长规律研究方面也有进展。目前,大部分商业高亮度量子点探针是镉系量子点(镉与硒、硫、碲等元素合金构成的纳米晶),镉、碲在光照激发下易被氧化或还原而析出,形成光漂白效应并有较强的生物毒性,通过量子点外的保护性包覆也难以解决问题。发光量子点与光热材料或磁性材料结合形成的多功能探针,在最终解决生物毒性问题后,可实现定位诊断和无损伤治疗的一体化,是目前美国和欧盟在纳米生物传感器研究的前沿方向。国际上在研制高量子效率的无毒探针方面已有大量投入,我国在这些方面的实验室研究工作也有进展[35],但市场化推广还很薄弱。

在光存储器件方面,基于三维光子晶体结构的新型光学存储器模型已经问世,国外正在将三维光子晶体与超构材料设计相结合,以制备具有多种光学能带的新型光存储器[36]。我国在这一领域有一定研究基础,但还没有实用模型;在金属-半导体-氧化物复合体系的光全息存储器方面已具备一定的研究基础,但尚未实现光信息存储的集成化和实用化。今后,应加强对这些方面研究的支持。

3.3　研究现状、存在问题与发展趋势分析

材料是人类文明的物质基础。自 20 世纪 60 年代以来,人们已从对天然存在物质特性研究出发去利用和开发材料,逐渐发展为根据实际应用需求去探索和设计具有所需特性的材料,从而使其具有工程学特征。由此,材料从以制备和应用为特征的学科发展为材料科学与工程这样一门新的学科和研究领域。

当前,为应对不同的应用需求,也为发展新的功能,材料正向复合化、功能化和材料器件一体化方向发展。功能材料是高技术产业的基础和先导,一代材料、一代器件、一代整机、一代应用,共同促进信息社会的高速发展。材料制备技术的革新和完善,有效提高了已有材料的使役性,同时促使新功能材料不断涌现。在功能材料研究中,设计和制备了一些具有特殊性质和功能,甚至是自然界不存在的完全人工材料,扩展了材料的研究范围。材料科学与工程学的结合,往往会对现有的材料理论提出挑战,使材料制备、检测和应用研究的任务更为繁重。

功能材料是涉及信息、生物、能源、环保和空天等领域发展的关键材料。我国无机功能材料基础研究总体处于国际先进水平,在磁性、发光、超导、铁电/压电及多铁性材料等方面形成了特色和优势,若干方向上已处于国际领先地位。例如,已形成有我国特色的多铁性材料研究,在多铁性异质结方面有国际先进的理论和实验研究成果。我国超导研究在国际上有重要影响和地位,高温超导新材料、超导电子学器件、限流器、电缆等理论与设计处于国际先进水平。以Ⅲ-Ⅴ和Ⅱ-Ⅵ族为代表的宽禁带半导体等重要发光材料居于国际前沿,已广泛应用于短波光发射、高密度信息存储、照明、紫外固化和生物医药等领域,但材料质量和器件研发与发达国家尚存在较大差距。在超构材料研究中,有特色和影响的工作包括超构材料的理论研究和关于电磁黑洞、隐身、声波负折射的实验研究与材料研发等。此外,发展磁性材料新体系、进一步满足不同领域的重大需求是发展趋势。

虽然我国在无机功能材料基础研究方面有一定实力,在相关材料研究中做出了突出贡献,但是我国功能材料研究整体上自主创新不足,仍然是以跟踪研究为主,先进材料研究及产业水平与发达国家仍有较大差距,部分先进光电及电子材料和器件研发尚未取得突破。据统计,我国目前关键材料的自给率只有 14% 左右,国家急需的大部分高端制造业关键材料或部件依靠进口,如高端稀土磁性材料,并

受限于国外技术封锁,亟待自主创新研发。关键问题在于我国材料基础和实力相对薄弱,材料研发处于学科离散单一模拟的经验尝试或传统试错模式。一种新材料从发现到获得应用的研发周期长、效率低。我国快速、低耗、创新研发先进材料的科技基础尚待建立。当前,国际竞争形势逼人,必须建立新的研发理念,变革研发模式,开创先进无机功能材料自主创新的新时代。

历史见证,新材料的发现和应用已成为影响人类文明进程的里程碑。21 世纪开端,伴随着计算数学与计算机技术、软件技术以及信息科学和基础科学的迅猛发展,国际科技领域科学研究方式和进程发生了划时代的深刻变化。计算科学与先进实验科学理论并行地推动着近代科学技术的发展。材料基因组计划蕴含着巨大挑战性和历史机遇,引导材料科学和工程走向创新时代,必须抓住机遇,迎接挑战。

3.3.1　铁电与介电材料

铁电与介电材料总体上正向高介电常数、低损耗、多功能以及无铅化的方向发展。高储能密度陶瓷电容器、无铅压电/铁电陶瓷及电热材料已成为该领域应用牵引的重要方向。微波高端(>100GHz)若干频段向民用开放对微波介质陶瓷全新材料探索提出了迫切需求。压电材料在精密驱动机械产业占据主导地位,在高端、低压和长寿命多元精密驱动元器件及集成机械系统的应用方面有迫切的产业化需求。随着环境问题越来越受到关注,以无铅压电材料取代含铅材料更为迫切。与此同时,无铅铁电、反铁电与电致伸缩材料的探索也为人们所重视。

电介质材料能源领域最重要的研究方向之一是高储能密度电介质材料及其应用。在保证高功率密度与高储能效率的前提下实现高储能密度是其最核心的科学问题。电介质材料能源应用的另一重要研究方向是电热材料,涉及清洁制冷技术的发展,有重要的战略意义。弛豫铁电体系是重要的电热材料体系,实现可调制的巨电热效应($\Delta T > 30K$)是该领域最大的挑战。弛豫铁电体从基础理论、制备到应用的研究一直受到人们关注。在基础理论方面,充满型钨青铜材料独特的低温介电弛豫行为在很大程度上加深了对弛豫铁电体物理本质的理解。弛豫铁电体的巨电热效应与巨电致伸缩效应,预示了其在清洁制冷与微位移器等方面的应用前景。同时,关于反铁电性与一级铁电相变物理本质的理论探索有可能取得突破性进展。

3.3.2　多铁性材料

经过近十年的发展,研究者在多铁性材料领域取得了一批丰硕的研究成果,丰富并拓宽了传统铁电材料、磁性材料等的内涵,拓展了铁电性、磁性及其他多参量化相关特性材料的应用领域;同时,也面临一系列重要科学技术问题与挑战。有鉴于此,美国、欧盟和日本等国家及地区过去十年来均投入大量资源开展多铁性材料的研究。

单相多铁性材料的合成、磁电耦合机理与应用的研究目标是探寻铁电性与磁性共存和具有显著磁电耦合效应的新材料体系。多铁性材料属于典型的关联电子系统,探索与挖掘多铁性材料中源于关联电子物理的相关新效应是多铁性研究的重要内容。第I类多铁性材料通常具有较高的铁电居里温度和极化强度、较高的磁性居里温度与磁化强度;第II类多铁性材料的铁电性源于特定自旋构型以及与自旋关联的自旋-轨道和自旋-晶格耦合,这类材料通常具有内禀而显著的磁电交叉调控效应。另外,非本征铁电性等也受到越来越广泛的关注,其在构筑新型室温多铁性材料等方面有着重要意义。然而,目前还没有发现在室温下有明显本征磁电耦合效应的单相多铁性材料。

多铁性异质结的设计、制备与磁电调控器件的研究目标是发展异质结磁电调控新原理与新概念,设计与制备多铁性异质结,以实现室温电控磁性,并结合微电子技术研制新型多铁性多态存储新器件。

多铁性材料综合了铁电体和磁性材料的特性,其能隙介于典型铁电体的宽带隙($2.5\sim5.0eV$)与自旋系统的窄带隙(约$1.0eV$)之间,对外部激励表现出巨大响应,包括磁致电阻、电致电阻等阻变效应。多铁性材料复杂的能带结构本身对光子激发有很强的响应,光子激发可调控自旋和电极化并由此影响能带,对研制新型光电功能材料有巨大的潜在价值。多数多铁性材料的能带结构与可见光能量匹配,且铁电极化能够有效调控能带结构与载流子输运行为,因此多铁性材料在能源光伏领域可能有广泛应用。

在多铁性新材料研发中,除大规模实验探索外,多尺度模拟计算与第一性原理计算不可或缺,这为多铁性新材料电子结构设计与合成提供了有力的分析指导工具。理论计算为多铁性新材料的实验现象做出合理解释,为实验研究提供参考数据,跨尺度相场计算为新型多铁性异质结器件设计提供了理论基础。

3.3.3 磁性材料

稀土矿储资源有限,但稀土磁性材料应用广泛,对国家经济和社会发展具有重要的战略意义。美国、日本及欧盟等国家和地区均极度重视对稀土磁性材料的研发投入,并取得显著成效。日本为摆脱对我国稀土资源的依赖,2012年起政府开始用技术研发补助和税制优惠等措施,促进稀土替代功能材料的研究。丰田、大金等11家企业成立了高能马达磁性材料技术研究组织,共同研发无稀土强磁材料,以氮化铁作为替代稀土材料的强磁铁材料首次获得克量级的产出。2013年,美国能源部向埃姆斯实验室投资1.2亿美元成立关键材料研究院(Critical Materials Institute,CMI),并联合十几家国家实验室、大学和行业伙伴,以期通过增加国内稀土产量、研究稀土替代材料和鼓励稀土回收再利用等手段,摆脱对我国稀土的依赖。

新型磁性材料的突破依赖于人们对磁性起源、磁性交换作用产生和磁性相变等的理解及在材料制备和性质调控方面的深入研究。以稀土过渡金属复杂化合物为代表的关联电子体系中存在自旋、轨道、电荷和晶格多自由度关联与耦合,表现出丰富的物理内涵和复杂的磁电相图。电子关联使得体系的自旋态与电子态对各种形式的外部/内部物理场非常敏感,从而可能实现物质磁性的多场调控。人们注意到磁性材料的物理特征长度,如交换长度、自旋扩散长度及电子平均自由程,均在 1~100nm 尺度范围内,当磁性物质尺寸与特征尺度可比拟或更小时,量子尺寸效应、维度效应和表面/界面效应的增强可能导致一系列新磁性的出现。

由于自旋电子学基础物理的拓展,自旋电子学材料研究得到不断深化。自旋电子学由最初的磁性异质结、交换偏置与隧道结制备,发展到高自旋极化率体系、垂直磁记录、畴壁动力学和拓扑自旋结构的探索与研究。发达国家磁性功能材料的领先地位在很大程度上取决于所采用的先进研究模式,其中高通量计算及组合材料芯片技术已成为研究新材料不可或缺的手段,它能取代一部分试验筛选工作。目前,美国、欧盟和日本等国家和地区在材料计算与高通量筛选方面均得到了快速发展,并开发出相关计算的软件包,极大地促进了材料设计及性能预测方面的发展。

3.3.4 忆阻材料

当前,基于忆阻效应的信息存储器件的单项性能指标已高于现有闪存等存储技术,其单元尺寸小于 $4F^2$(F 为器件的特征尺寸),擦写速度低于 10ns,功耗低至 3pJ/bit,耐受性更是高于 10^{10} 次。然而,尚未能在单一器件上同时实现这些高水平的性能指标。因此,从选择忆阻材料和设计器件结构的角度来看,调控忆阻行为,进而实现各种高水平性能指标的统一与整合是发展数字型忆阻器件的关键问题。在材料体系上,传统的忆阻材料主要集中在氧化物和硫化物。近来,一些新兴材料(如二维电子材料、多孔材料、无机-有机钙钛矿材料和非晶氧化物等)为忆阻器件的制备注入了新的活力。这些新材料不但具有优异的离子迁移性能,而且可以很好地控制导电通道的形成,在优化器件性能的同时,也为忆阻器件增添了新功能和新形态。在器件结构上,多层结构、界面调制、粒子包埋和曲面电极等器件设计思路有助于增强阻变位置的局域化,提高器件的稳定性、耐受性和一致性。此外,加深对忆阻现象物理化学机制的认识是选择材料与优化结构的重要前提,特别是器件失效机制的研究。目前,我国在忆阻材料的设计和制备方面与发达国家的差距不大,但是器件的设计和集成化相对落后。2012 年,惠普公司已开始发展基于忆阻器和硅基光子晶体元件的全新计算系统,其中忆阻器将代替现有的 RAM 和闪存。利用硅基光子器件来突破摩尔定律的限制,这一全新的设计理念将彻底打破 Intel x86 系统的垄断,带来计算机系统的革新。集成化技术是忆阻器件从基础研究走向实用化必须跨过的关键门槛,诸如交叉开关(crossbar)构架下的串生电流干扰、忆阻器与现有微电子/光电子技术的整合等问题是集成化过程中的关键难点。

2013 年,美国及欧盟相继开展了"脑"计划,其中开发具有神经形态的智能计算机是一项重要的研究内容。利用模拟型忆阻器件构筑可自主学习的神经智能元器件则被认为是完成该计划的优先研究内容之一,构筑基于忆阻效应的人工神经突触器件是重要前提。2015 年,美国加利福尼亚大学研究组首次使用忆阻器件成功创建了神经网络芯片。同年,IBM 公司在国际电子器件会议(IEDM)上报道了具有模式识别功能的忆阻器芯片。当前,基于忆阻行为的人工突触器件在时域参数和电学参量上很难与生物神经突触相匹配,降低了突触仿生的准确性和功能性。因此,突破传统思路,发展模拟型忆阻器件的新构架和新机制是当前的重要科学问题。诸如 p-n 结耗尽层宽度调制、1T1R 构架、双电层晶体管等新型忆阻器件模型是极具前景的发展方向。此外,基于忆阻器件构筑具有模式识别功能的智能硬件也是重要的发展趋势。

总之,我国目前对忆阻器的研究主要集中在基础研究上。针对忆阻器的发展现状,我国应向基础研究与实用化相结合,以及器件小型化、实用化向大规模电路的集成方向发展;同时,应大力开发忆阻器的新应用,如开发非线性电子元件、人工神经元器件和模式识别器件等,为生物神经元修复、大脑功能仿真、"模拟型"存储与计算探索可行道路,并在此基础上,探索发展忆容器、忆感器的可能性。

3.3.5　超导材料

长期以来,超导材料研究是最富活力和充满挑战与机遇的领域之一。百年来已有六次共二十位研究超导电性的科学家获得诺贝尔奖,充分体现了超导的重要科学意义。人们普遍认为高温超导电性研究会给材料科学、物理学乃至日常生活带来颠覆性变化。国际上关于超导材料的研究是向探寻转变温度更高、临界电流和临界磁场更大、应用性能更好的高温超导材料方向发展。

目前所发现的高温超导材料(铜氧化物超导体和铁基超导体)有许多共性,如同属过渡金属的氧化物、硫化物或磷化物层状材料,具有四方和正交结构,超导与反铁磁相毗邻等,这些共性可用于指导新型高温超导材料的探索和研发。然而,到目前为止,高温超导机理仍是个谜,传统的电子-声子耦合超导理论尚难以很好地解释高温超导电性。随着研究的深入,人们已能够从微观层面直接获得信息,深入研究非常规超导体超导态的低能激发、正常态的非费米液体行为等,直至解决高温超导机理问题。

在超导材料实用化研究方面,由于第一代高温超导 Bi 系带材在液氮温区的不可逆场较低、交流损耗大,不符合交流传输和变化磁场的强电应用,国际上已逐步放弃在电力传输中利用第一代超导材料。目前,研究重点已转移到开发基于 Y 系的第二代高温超导带材,其性价比高,有可能在电力工程中广泛应用。因此,要建立第二代带材制备和超导性能控制机理及结构、性能表征的理论和技术体系,发展高性能超导线带材制备的关键技术和方法。在弱电研究方面,国际上更加关注微波通信、太赫兹技术和量子计算以及心磁图应用等所需的单晶超导薄膜和超导结。目前,一方面需要提高薄膜质量,另一方面则需要制备满足各种需求的超导结器件,关注制备中的共性问题。

3.3.6 超构材料

美国、欧盟及日本等国家和地区在超构材料领域开展了大量的研究,进展迅速。美国国防部、国防高级研究计划局、空军实验室等都启动了超构材料研究计划,旨在汇聚美国大学和研究机构的优势进行材料攻关,确保美国在超构材料及相关器件开发和应用方面的领先地位。美国最大的 6 家半导体公司,包括 Intel、AMD 和 IBM 等也成立了联合基金支持研究。欧盟已组织 50 多位相关领域顶尖科学家聚焦这一方向,并给予高额支持。日本出台的 10 个大研究计划项目(每个项目约为 30 亿日元,是日本对单一项目支持力度最大的)中至少有 2 个领域研究涉及超构材料。

随着材料设计和微纳加工能力的提高,超构材料研究涉及各个电磁波频段:在微波波段主要发展天线、主动微波调谐器件、隐身和完美吸收材料等,其中超构材料天线可望近期在手机通信中实现产业化;在太赫兹波段的发展类似于微波,但主要集中于主动调谐器件;在光学波段,主要发展负指数材料、超棱镜、光学探测器、纳米光学和能量转换器件,如太阳能电池等;在声学波段,主要发展与水下声呐相关的器件。

目前发展超构材料的最大瓶颈是高损耗问题,通过优化设计尚不能突破这一瓶颈,因而发展了利用柔性力学性能、利用新型多功能材料代替金属材料、利用能量转换增益等新方法作为解决损耗问题的有效手段。与此同时,超结构的制备成本与效率也是一个挑战,发展具有竞争力的高效制备技术也是亟待解决的问题。超构材料的发展方向包括弹性超构材料、多功能超构材料和可增益超构材料及其制备技术等。

超构材料与常规材料的融合是超构材料发展的另一个重要趋势。一方面,通过在超构材料系统中引入功能材料,赋予超构材料新的功能(如可调性),同时利用自然材料自身的一些特性(如本征电磁谐振、强各向异性等),简化超构材料的人工结构;另一方面,利用超构材料所提供的新物理环境(如光子带隙、态密度调制)改进与提高常规材料的性能,最终利用超构材料构造实现常规材料功能的新机制。

3.3.7 发光与光存储材料

以 III-V 和 II-VI 族及其多元化合物为代表的宽禁带半导体是一大类重要的发

光材料,在短波长光发射器件、高密度信息存储、半导体照明、紫外固化和生物医药等领域有广阔的应用前景。其中,GaN 基材料已经在 LED 照明领域得到广泛应用。Ⅱ-Ⅵ族 Cd 系量子点的荧光标记已经在生物医学领域开始取代传统的荧光染料。对 ZnO 基材料的研究也进行了多年。目前,制约 ZnO 实用化的瓶颈问题仍然是 p 型掺杂的稳定性和可控性,这是因为在 ZnO 中产生 n 型氧空位缺陷的形成能只有 0.1eV。如此低的形成能会带来较高的背景电子浓度,对后续的 p 型受主掺杂形成强烈自补偿,致使获得的 p 型 ZnO 电学性能不稳定、不可控,造成发光效率显著下降。如何通过科学设计和工艺手段抑制氧空位的形成和激活是亟待解决的问题。在继续解决"老问题"的同时,通过制备 AlGaN 和(Mg,Be)ZnO 材料将发光波长向深紫外波段拓展,构建基于上述合金材料的深紫外光电子器件,是 GaN 和 ZnO 短波发光材料发展的新趋势。由此产生的一系列基本问题,如生长高质量外延薄膜,构建基于能带、应变和界面工程的发光器件,已成为该领域研究的前沿方向。此外,利用纳米材料的尺寸效应实现高效紫外发光以及近红外发光已成为发光材料发展的新生长点。

基于量子尺寸效应的量子点纳米生物发光探针具有光化学长期稳定性,已经受到发达国家的重视,近年来已逐步应用于活体内细胞的靶向标记、在单细胞级水平上监测肿瘤的转移和生长规律。制备量子点基生物光学传感器,重要的是解决量子点的生物毒性以及活体内可循环代谢问题,以期最终实现定位诊断和无损伤治疗的一体化,这也是目前美国及欧盟等国家和地区在纳米生物传感器研究的前沿方向。利用生物自组装技术制备纳米级生物马达,用发光量子点标记并在光场下观察,可实现有调控地研究细胞、病毒等单生物体的微运动规律,并有望对单生物体的运动和代谢实现控制。

在非线性光学领域,可利用纳米化学自组装和物理组装技术制备新型的具有可调控光学带隙的三维存储器与光学开关,为最终实现高速度和高容量的光计算机奠定基础。制备具有可调控光学带隙的新型三维存储器和光学开关,应实行复杂工艺和简单工艺相结合的方针,鼓励采用自组装简单工艺以实现工业化应用,建立完善化学自组装中系列控制理论并用于指导建立新型工艺。

3.4　发 展 目 标

未来5~10年,我国先进无机功能材料研究的目标是争取达到国际前沿水平,逐步起到引领作用,高端材料及器件的国际市场份额有较大幅度提高。在铁电/压电材料、磁性材料、量子材料(如多铁性材料和超导材料)等若干方向研究和应用方面处于国际领先地位。发展目标如下:

(1)实现基于磁电复合异质结或多铁性材料的新一代磁电器件的制备和应用

演示,包括超低功耗(<0.01pJ/bit)、快速处理(处理时间小于 10ns)的高密度信息存储器,超低功耗、简便、高性能、可调谐微波器件,高灵敏(<10^{-10}T)、低成本磁电传感器。

(2)发展高储能密度的电介质陶瓷(15J/cm³)等,实现无铅压电材料在精密机械驱动产业部分替代含铅压电陶瓷元器件。

(3)发展与磁电阻相关的多种自旋极化电子材料和铁磁/半导体异质结,成功研发若干种先进稀土磁致冷材料、稀土磁智能材料、稀土微波磁性材料以及稀土替代磁性材料等,并推进其应用。

(4)发展若干种高性能忆阻材料,构筑稳定可靠的数字型忆阻器件,实现高密度、高速信息存储;完善忆阻器理论模型,逐步满足实用化忆阻器对结构设计和材料性能的要求,实现对神经突触的仿生模拟;推进忆阻器件在模式识别、逻辑运算、模拟型存储和非线性电路等领域的应用。

(5)力争突破铁基超导材料 77K 液氮温度限制,完善高温超导机理;在超导强电应用(如高温超导输电和高温超导强磁场)及弱电应用(如高灵敏量子干涉器件单光子探测器和高性能滤波器)等方面取得突破性进展。

(6)基于超构材料设计思想,开发若干种新型功能材料,如微波频段介电常数大幅度可调的新型捷变微波介质材料、低开关阈值与高开关速度新型全光开关用超构材料、基于变换光学原理的新型传质控制超构材料、基于超构材料原理的光忆阻材料等。

(7)实现日盲深紫外(波长小于 280nm)LED 和探测,研制用于临床无毒的发光探针,以及用于发光临床检验、药物释放治疗和无损伤性光热治疗的复合探针,研制出多光学带隙光信息存储材料与器件等。

3.5　未来 5～10 年研究前沿与重大科学问题

针对几类典型先进无机功能材料(铁电/介电材料、多铁性材料、稀土及其功能替代材料、超构材料、超导材料以及发光与光存储材料等)的国家重大需求及学科发展前沿,结合材料基因组理念,发展无机功能材料跨尺度模拟计算方法及软件,意在拓展第一性原理计算及多尺度计算模拟(包括极端服役条件下无机功能材料寿命预测的有限元算法及相应的数学物理模型),并成功应用于无机功能新材料及相关器件的设计,揭示材料宏观功能的微观起源及其随结构、成分及外场的变化规律;在海量模拟和试验数据基础上,建立全面翔实的无机功能材料"基因"数据库,通过数据比较、分析和应用,阐明微结构特征与宏观功能的本质联系,建立一套创新、快速、低耗的无机功能材料预测、设计、搜索和优化研发系统,最终成功研发几类能够满足国家重大需求的新无机功能材料,如图 3.2 所示。针对具有不同性质的功能材料探索所涉及的重大科学问题主要包括以下内容。

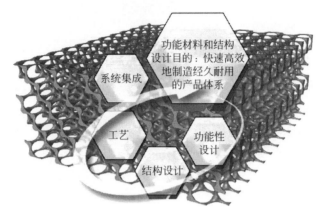

图 3.2　功能材料与结构设计[37]

3.5.1　铁电/介电材料

(1)发展性能优异的新型功能陶瓷材料和相关元器件,突破陶瓷电子元器件小型化、高集成度和低损耗的关键科学技术;探索制备优异功能且晶粒尺寸在 100nm 以下的纳米晶功能陶瓷材料,研制层厚在 $0.5\mu m$ 以下的多层陶瓷器件。

(2)面向毫米波与太赫兹波通信与显示技术发展的迫切需求,探索和发展全新介质材料新体系。

(3)通过材料设计与新材料探索,实现电介质陶瓷的高密度储能($15J/cm^3$)。

3.5.2　多铁性材料

(1)阐明单相多铁性材料合成、磁电耦合机理,探索合成具有强自旋-轨道耦合、自旋-晶格耦合与具有磁性阳离子空间反转破缺的多铁性新体系;研究铁电产生的协同复合机制、多铁相共存与竞争效应及其动力学,揭示相共存的微观机理;发展通过相共存调控来增强磁电调控效应、降低调控电场与磁场的方法。

(2)设计和制备多铁性异质结材料及其器件,关注电场和铁电极化对磁畴与自旋序、异质结交换偏置、多铁隧道结输运行为的调控;研制基于多铁性材料的新一代磁电器件,以及超低功耗、快速处理的高密度信息存储器以及可调谐微波器件和低成本磁电传感器。

(3)在高通量计算平台框架下,发展具有定量意义的跨尺度模拟计算方法及软件,有针对性地拓展第一性原理计算及多尺度计算模拟并应用于多铁性新材料及异质结设计。

3.5.3　磁性及稀土替代材料

（1）探索设计超高磁能积、极端环境用永磁材料及稀土替代材料；深入研究磁性交换作用的产生和调控、磁性相变等，结合第一性原理等进行新型磁结构设计，从而发现新型磁性材料及新型磁结构；注重磁致冷、磁记录、磁致伸缩材料、超高频磁性材料探索及其本征特性的调控。

（2）研究低维磁性材料，如纳米颗粒、纳米线/管、原子链、超薄膜、异质结以及分子磁体等，以期发现优异的磁、电等物理性能。

3.5.4　忆阻材料

（1）探索具有优异阻变性能的材料体系与器件结构，揭示材料微结构（缺陷、晶界、杂质等）、器件结构、界面修饰等对阻变行为的影响规律。

（2）发展忆阻器件的高密度集成技术，探索避免串生电流干扰的解决方案；探索忆阻器与光存储、磁存储的整合方法，开发多维信息存储器件。

（3）发展忆阻器的新构架和新机制，实现忆阻参数的宽范围调制，研制基于忆阻效应的人工神经突触器件。

（4）建立忆阻器件应用于模式识别、逻辑运算、模拟型存储、非线性电路等领域的技术方案。

3.5.5　高温超导材料

（1）发展基于第一性原理计算的材料设计方法，并结合和发展材料制备手段，广泛开展新型超导材料（包括室温超导材料）的设计与预测。

（2）从微观层面深入研究非常规超导体超导态的低能激发、正常态的非费米液体行为，关注量子临界相变，提出模型和物理图像，直至解决高温超导机理问题。

（3）探索二硼化镁超导线材、铁基超导线带材、铋系 2212 超导带（线）材、钇钡铜氧涂层导体厚膜的临界电流问题，提高磁通钉扎力和临界磁场；制备优质大面积超导薄膜。

3.5.6　超构材料

（1）探索超构材料的超常电磁响应新原理、新结构以及新型微波太赫兹及光学波段超构材料和器件。

（2）探索超构材料与常规材料的融合，发展基于超构材料原理的重构功能材料的新原理；探索具有声学功能、机械功能、热学功能、传质功能的新型超构材料与器件，实现超构材料在声波隐身、地震防控等领域的应用。

（3）发展超构材料加工技术，探索 3D 打印、纳米加工、微电子技术、化学自组装等技术在超构材料制备中的应用;发展新型三维超构材料的制备技术平台。

3.5.7　发光及光存储材料

(1)研究高质量(Al)GaN 和(Mg,Be)ZnO 单晶薄膜材料/量子阱材料的可控外延生长和光电性能调控;探索 p 型 ZnO 材料的掺杂以及抑制氧空位的形成和激活机理,提高 p 型半导体的稳定性;探索基于宽禁带半导体材料的紫外光发光二极管和激光二极管,利用能带和界面工程将发光波长拓展到深紫外波段(小于300nm)。

(2)探索新型无毒荧光、磁性及光热治疗的多功能细胞探针材料,发展无毒多元量子点体系,探索其发光机理;研究量子点与纳米磁性粒子或光热粒子耦合时,电磁相互作用与电荷传输对多功能细胞探针材料性能的影响及调控机制。

(3)研发具有多光学能隙的光存储材料,在三维微纳结构的理论和材料设计中研究新型复合构型,并探索新型光存储器件。

3.6　未来 5~10 年优先研究方向

图 3.3 显示了新型无机功能材料优先发展的路线图。未来 5~10 年优先研究方向如下。

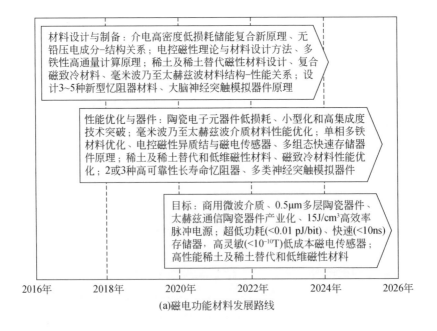

(a)磁电功能材料发展路线

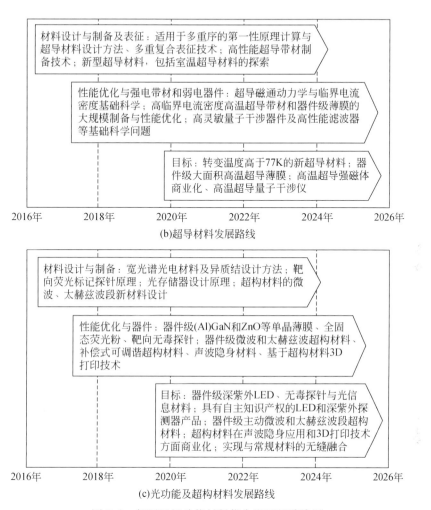

图 3.3　新型无机功能材料优先发展的路线图

3.6.1　高能量密度电容器、超低损耗微波介质陶瓷、无铅压电与铁电陶瓷

此方向研发高性能电介质陶瓷材料和实用化制备技术,包括实现电介质陶瓷的高储能密度化($15J/cm^3$)、高性能无铅压电陶瓷的实用化;探索适用于毫米波乃至太赫兹波的全新介质材料新体系。

3.6.2　多铁性材料与异质结磁电调控原理设计理论和制备技术

此方向深入发掘过渡金属和稀土化合物及其异质界面处多重量子序共存、耦合与竞争的微观机理,探索由此诱发的多铁性、磁电耦合的新原理、新现象,发现新材料体系;阐明多铁性、磁电耦合等在外场中的演化和调控机制,建立合成条件-结构-物性的关系;构筑基于多铁性新材料、新原理的超高密度、超低功耗、超快速率信息存储原型器件。

3.6.3　磁性及稀土替代材料

此方向探索超高磁能积或极端环境用的稀土磁性材料;研发高自旋极化率体系、铁磁/半导体异质结、稀土磁智能材料及稀土替代磁性材料等。

3.6.4　高性能忆阻材料、器件结构设计与性能

此方向探索忆阻器的物理机制和忆阻行为的可调控性,研究神经突触忆阻器件的新构架和新机制;发展忆阻器件的高密度集成技术;基于忆阻器件,开发具有模式识别、逻辑运算、模拟型存储等功能的新型智能化硬件;提高忆阻器运行稳定性,实现大规模电路集成,在此基础上,探索新型大脑功能仿真与存储功能的整合及其应用。

3.6.5　高温超导材料和应用研究

此方向包括高温超导材料实用化制备科学、大面积高品质高温超导体薄膜制备技术、新型高温超导材料探索;高温超导材料的磁通动力学、临界电流密度、提高超导临界参数研究;高灵敏量子干涉器件、单电子探测器及高性能滤波器等基础科学问题。

3.6.6　超构材料的结构设计及其新效应器件

此方向研发主动微波和太赫兹波段超材料和器件;突破 3D 打印、纳米加工等技术在超材料制备中的应用瓶颈,研制一系列具有原创性的新型超构材料,并实现与常规材料的无缝融合。

3.6.7　发光及光存储材料

此方向研发紫外光发光二极管和激光二极管,利用能带和界面工程将发光波长拓展到深紫外波段;研发出具有靶向性标记的荧光、磁性及光热治疗的多功能细胞无毒材料;研发用于光存储器的多光学能隙材料。

参 考 文 献

[1] Zhou D, Randall C A, Wang H, et al. Microwave dielectric ceramics in Li_2O-Bi_2O_3-MoO_3 system with ultra-low sintering temperatures. Journal of the American Ceramic Society,2010,93:1096—1100.

[2] Deng X Y, Wang X H, Wen H, et al. Ferroelectric properties of nanocrystalline barium titanate

ceramics. Applied Physic Letters,2006,88:252905.

[3] Ma P P,Yi L,Liu X Q,et al. Effects of postdensification annealing upon microstructures and microwave dielectric characteristics in $Ba((Co_{0.6-x/2}Zn_{0.4-x/2}Mg_x)_{1/3}Nb_{2/3})O_3$ ceramics. Journal of the American Ceramic Society,2013,96:3417—3424.

[4] Liu B,Liu X Q,Chen X M. $Sr_2LaAlTiO_7$: A new ruddlesden-popper compound with excellent microwave dielectric properties. Journal of Materials Chemistry C,2016,4:1720—1726.

[5] Listed N. Breakthrough of the year,areas to watch. Science,2007,318:1848.

[6] Jia Y M,Luo H S,Zhao X Y,et al. Giant magnetoelectric response from a piezoelectric/ magnetostrictive laminated composite combined with a piezoelectric transformer. Advanced Materials,2008,20:4776.

[7] Hu J M,Li Z,Chen L Q,et al. High-density magnetoresistive random access memory operating at ultralow voltage at room temperature. Nature Communications,2011,2:553.

[8] Yin Y W,Burton J D,Kim Y M,et al. Enhanced tunnelling electroresistance effect due to a ferro-electrically induced phase transition at a magnetic complex oxide interface. Nature Materials,2013, 12:397—402.

[9] Zhao H J,Ren W,Yang Y R,et al. Near room-temperature multiferroic materials with tunable ferromagnetic and electrical properties. Nature Communications,2014,5:4021.

[10] Hu J M,Chen L Q,Nan C W. Multiferroic heterostructures integrating ferroelectric and magnetic Materials. Advanced Materials,2016,28:15—39.

[11] Dong S,Liu J M,Cheong S W,et al. Multiferroic materials and magnetoelectric physics: Symmetry,entanglement,excitation,and topology. Advances in Physics,2015,64:519—626.

[12] Balasubramanian B,Das B,Skomski R,et al. Novel nanostructured rare -earth -free magnetic materials with high energy products. Advanced Materials,2013,25:6090—6093.

[13] Shen B G,Sun J R,Hu F X,et al. Recent progress in exploring magnetocaloric materials. Advanced Materials,2009,21:4545—4564.

[14] Yajima T,Hikita Y,Hwang H Y. A heteroepitaxial perovskite metal-base transistor. Nature Materials,2011,10:198—201.

[15] Wang S H,Wang W X,Zou L K,et al. Magnetic tuning of the photovoltaic effect in silicon-based Schottky junctions. Advanced Materials,2014,26:8059.

[16] Strukov D B,Snider G S,Stewart D R,et al. The missing memristor found. Nature,2008,453:80—83.

[17] Chanthbouala A,Garcia V,Cherifi R O,et al. A ferroelectric memristor. Nature Materials,2012, 11:860—864.

[18] Choi B J,Zhang J M,Norris K,et al. Trilayer tunnel selectors for memristor memory cells. Advanced Materials,2016,28:356—362.

[19] Ohno T,Hasegawa T,Tsuruoka T,et al. Short-term plasticity and long-term potentiation mimicked in single inorganic synapses. Nature Materials,2011,10:591—595.

[20] Wang Z Q,Xu H Y,Li X H,et al. Synaptic learning and memory functions achieved using oxygen ion migration/diffusion in an amorphous InGaZnO memristor. Advanced Functional Materials,2012,22: 2759—2765.

[21] 刘明. 新型阻变存储技术. 北京:科学出版社,2014.

[22] Gao L,Xue Y Y,Chen F,et al. Superconductivity up to 164K in HgBa$_2$Ca$_{m-1}$Cu$_m$O$_{2m+2+\delta}$ ($m=1$, 2, and 3) under quasihydrostatic pressures. Physical Review B,1994,50:4260—4263.

[23] Drozdovl A P,Eremets M I,Troyan I A,et al. Conventional superconductivity at 203 Kelvin at high pressures in the sulfur hydride system. Nature,2015,525:73—76.

[24] Li C S,Yan G,Wang Q Y,et al. Fabrication and properties of kilometer level,Nb reinforced,6 filamentary MgB$_2$ wires. Physica C:Superconductivity and Its Applications,2013,494:177.

[25] Jiang D,Hu T,You L X,et al. High-T_c superconductivity in ultrathin Bi$_2$Sr$_2$CaCu$_2$O$_{8+x}$ down to half-unit-cell thickness by protection with graphene. Nature Communications,2014,5:5708.

[26] Wen H H. Overview on the physics and materials of the new superconductor K$_x$Fe$_{2-y}$Se$_2$. Reports on Progress in Physics,2012,75:112501.

[27] Ge J F,Liu Z L,Liu C H,et al. Superconductivity above 100K in single-layer FeSe films on doped SrTiO$_3$. Nature Materials,2015,14:285—289.

[28] Service R F. Materials science. Next wave of metamaterials hopes to fuel the revolution. Science,2010, 327:138—139.

[29] Zheludev N I,Kivshar Y S. From metamaterials to metadevices. Nature Materials,2012,11:917—924.

[30] Bi K,Guo Y S,Zhou J,et al. Negative and near zero refraction metamaterials based on permanent magnetic ferrites. Scientific Reports,2014,4:4139.

[31] Chen H S,Duan Z Y,Chen M. Metamaterials:Steering surface plasmon wakes. Nature Nanotechnology,2015,10:736—737.

[32] Lee B R,Jung E D,Park J S,et al. Highly efficient inverted polymer light-emitting diodes using surface modifications of ZnO layer. Nature Communications,2014,5:4840.

[33] Li K H,Liu X,Wang Q,et al. Ultralow-threshold electrically injected AlGaN nanowire ultraviolet lasers on Si operating at low temperature. Nature Nanotechnology,2015,10:140—144

[34] Dai X L,Zhang Z X,Jin Y Z,et al. Solution-processed,high-performance light-emitting diodes based on quantum dots. Nature,2014,515:96—99.

[35] Jiang T T,Song J L Q,Wang H J,et al. Aqueous synthesis of color tunable Cu doped Zn-In-S/ZnS nanoparticles in the whole visible region for cellular imaging. Journal of Materials Chemistry B, 2015,3:2402.

[36] Smalley D E,Smithwick Q Y J,Bove V M,et al. Anisotropic leaky-mode modulator for holographic video displays. Nature,2013,498:313—317.

[37] Website of Clausthal University of Technology. http://www. campus-fws. de/en/about-us/[2016-12-5].

(主笔:李晓光,陈湘明,刘俊明,刘益春,周济)

第4章 功能晶体

4.1 内涵与研究范围

晶体可分成天然晶体和人工晶体。由于地质作用,自然界中形成了许多美丽的晶体,如金刚石、红宝石、蓝宝石、祖母绿等,这些晶体称为天然晶体。19~20 世纪,用天然岩盐($NaCl$)和萤石(CaF_2)等晶体作为分光棱镜和复消色差镜头。20 世纪初,用天然水晶作为压电材料制作声呐等器件,用天然红宝石制作钟表轴承;后来发现,无论数量还是质量,天然水晶都不能满足需求,而天然红宝石价格昂贵,从而发明了人工方法来生长水晶和红宝石晶体。这种由人工方法生长出来的晶体称为人工晶体。与天然晶体不同,人工晶体具有更高的纯度和完整性。在人工晶体中,人们为特定应用而制备的高技术晶体称为功能晶体。通常,各种功能晶体都有独特且重要的特性。例如,金刚石晶体有极高的硬度、优越的热学和电导性能,掺杂后还有半导体性质,是一种优秀的功能晶体;硅单晶是集成电路的基础,推动了计算机及其相关技术的蓬勃发展,使人类进入信息时代。功能晶体的人工制备始于 1900 年法国所生长并用于制造手表轴承的人工红宝石(刚玉)晶体。人工晶体是针对特定需求而专门生长的高纯度和高度完整性的单晶体,在现代科学和技术中,功能晶体起着关键作用。到目前为止,人们已发明了几十种晶体生长方法,如溶液法、提拉法、浮区法、焰熔法、坩埚下降法、助熔剂法、水热法、蒸发法和重结晶法等。利用这些方法,人们不仅能生长出自然界中已有的晶体,还能生长出自然界中没有的晶体。许多已经作为新型晶体材料而服务于现代人类社会。晶体材料正越来越广泛地应用于现代科学技术的各个领域,从而发挥越来越大的作用。

功能晶体是无机材料的重要组成部分,是光、声、热、电、磁和力等各种能量形式转换的重要媒介,在当前高新技术中起着关键和不可替代的作用。近年来,随着信息技术现代化和光电子产业的发展,进一步促进了功能晶体的发展和应用,用于光电及其转换的功能晶体成为材料科学与工程研究领域的一个热点,功能晶体的研究和开发受到人们的重视。

光电功能晶体的种类很多,往往可以根据其功能性质来划分,如光学晶体、激光晶体、非线性光学晶体、电光晶体、压电晶体、闪烁晶体、热释电晶体和磁光晶体等。具有激光产生、波长变换、光电开关等重要性能是光电子技术的重要物质基础,其地位相当于信息材料中的半导体晶体,而半导体晶体也有重要的功能性质。

目前,功能晶体在众多先进光电子和微电子设备中不可或缺。"材料是技术发展的基础和先导",功能晶体材料在人类社会生活中具有举足轻重的地位。以半导体单晶为例,只有在实现了硅单晶超高纯度生长之后,才可能发展半导体晶体管、集成电路等先进电子技术,大直径单晶硅的芯片成品率大幅度提高才使相应器件和整机的价格急剧下降。目前,单晶硅、人造金刚石、人工水晶、非线性光学晶体偏硼酸钡(β-BaB_2O_4,BBO)、激光晶体钇铝石榴石(YAG)、闪烁晶体锗酸铋(BGO)和钨酸铅(PWO)等已成为晶体材料产业化的重要成果。功能晶体一直受到世界各工业国家的高度重视,往往作为重要战略部署列入其高技术发展计划中。我国以无机非线性光学晶体为代表的新功能晶体探索、生长和应用占据国际领先地位,发展了"阴离子基团理论"等有国际影响的理论模型及材料体,为加快光电功能晶体理论发展、新晶体探索及产业化创造了良好的基础和条件。

具有独特物理、化学和功能性质是晶体材料应用的基础,它取决于晶体的结构、组成和对称性等因素。结构、组成、对称性和功能效应之间关系的研究是提高晶体材料性能和设计新材料的基础。多数晶体材料具有多功能效应,如水晶,既是珠宝装饰行业应用的佼佼者,又是第一个为人们所利用的压电单晶材料。多功能性对提高晶体材料的应用价值具有重要意义,符合目前"材料复合化、功能化,材料器件一体化"发展的趋势。由于硅和砷化镓等半导体材料已归纳在第2章,本章将集中论述以光电功能晶体为主的人工功能晶体。

4.2　科学意义与国家战略需求

21世纪是信息化的世纪,光电子技术是信息社会发展的强大推动力,因此光电子产业一直被认为是21世纪的重要支柱产业。光电功能晶体是现代信息技术的基础,在激光技术、核能、半导体、计算机中,功能晶体都起到了核心基础材料的作用。功能晶体的发展水平直接关系到各领域现代化程度,各发达国家均将其放在优先发展的位置,作为一项重要的战略措施列入国家科技发展规划。功能晶体是光电子产业重要的材料基础;光电功能晶体材料作为微电子、光电子、通信、航天等高科技领域和现代军事技术的关键材料受到世界各国的重视。在很大程度上,强激光武器和信息、光电对抗这一类先进武器装备水平就取决于晶体材料的发展水平。在日益激烈的高科技竞争中,光电功能晶体作为高科技发展的核心材料,具有不可替代的重要地位。许多先进工业国家纷纷投巨资进行研究,抢占晶体技术中的制高点。我国光电功能晶体的研究和应用处于国际前沿,特别是无机非线性光学晶体的研究,处于国际领先地位。

由于半导体激光器、激光晶体和非线性光学晶体的突破,全固态激光器走向实用化,推动高技术发展。激光晶体是全固态激光器的核心和基础。20世纪60年代第一台红宝石晶体激光器问世；70 年代发展以 Nd：YAG 为基础的固体激光器，80 年代钛宝石（Ti：Al_2O_3）的出现促进了超短、超快和超强激光发展，90 年代 Nd：YVO_4 的产业化标志着全固态激光科学技术新时期。同时，激光材料也在单晶、玻璃、光纤、陶瓷等四个方向全面发展。

非线性光学晶体具有改变激光波长的功能，1961 年，Franken 等在石英中发现二阶非线性光学效应后，提出了一批不同经验规则和模型来指导新晶体的探索。我国学者陈创天等从 20 世纪 70 年代起提出和逐步完善了阴离子基团理论，对无机非线性光学晶体，特别是紫外、深紫外倍频材料发展提供了重要的理论支持。目前，除可见、紫外和深紫外区非线性光学晶体外，新型中远红外非线性光学晶体也是研发重点。

电光晶体是获得高功率脉冲激光的关键材料。电光效应不仅涉及光和电子的相互作用，而且涉及电子-声子的耦合。20 世纪 60 年代以来，只有 3～5 种实用电光晶体，亟须发展有高抗光损伤阈值，可在各种条件下使用的新电光晶体。

闪烁晶体是探测器核心元件，随着国际反恐、安检等形势的越来越严峻，以及核设施、航空航天、武器装备、空间探测等技术的快速发展，传统的氧化物及卤化物闪烁晶体（钨酸铅、锗酸铋、碘化钠、碘化铯）已很难满足核探测技术的发展要求，迫切需要发光效率高、衰减快、能量分辨率好的新型高性能闪烁晶体材料。这种材料的成功研制，将为我国高精度核探测器件的发展提供重要的材料基础，并能对由核探测器件等下游产业和设备制造等上游产业组成的整条产业链都起到带动作用，对保障国家安全、社会稳定以及促进科技进步都具有重要意义。

光学超晶格可利用晶体最大非线性系数在其全透光波段实现高效变频，具有高增益、低阈值和易实现相位匹配的特点。近年来，基于微结构金属材料表面等离激元的亚波长光学，发现一系列新现象，如强电场效应、透射光增强效应、无衍射效应等，由此发展了基于新原理光电功能材料和器件。

第三代半导体单晶由于带隙范围大、载流子特性好、硬度高等特性而独具特色，增大直径以降低半导体器件的成本已经是公认的发展趋势，这也导致单晶材料制备困难，我国要继续突破制备技术，缩短与国外的差距。国外第三代半导体材料投入大，发展强劲，除大尺寸高质量 SiC 外，HVPE 生长 GaN 单晶等技术已获得突破。目前，亟须突破其他氮化物单晶技术，控制氧化物半导体材料的导电性。在半导体材料领域，以氮化镓（GaN）和氮化铝（AlN）为代表的第三代半导体材料具有直接带隙、禁带宽度大、击穿电压高、电子迁移率高、化学性质稳定、耐高温、耐腐蚀等特点，非常适合制作抗辐射、高频、大功率和高密度集成的电子器件以及蓝、绿光和紫外光电子器件，是微电子产业、光电子产业、空间用电子器件乃至国防建设的核心战略支撑材料。

4.3　研究现状、存在问题与发展趋势分析

4.3.1　研究现状

光电功能晶体的发展正向扩展波段、高功率、短脉冲、复合化和小型化等方向发展,要求材料在恶劣和复杂的环境下长时期服役,对功能晶体提出了更高的要求;要求获得一些在扩展(新)波段(如中远红外和敏感波段)有特殊功能性质的晶体材料;要求晶体向更大、更高质量及复合化方向发展,同时向微小型化方向发展,注重功能晶体在高功率和复杂条件下的应用。

激光和非线性光学晶体是全固态激光技术中的重要基础材料。采用半导体激光泵浦激光晶体产生基频激光,再利用非线性晶体进行频率转换的全固态激光应用遍及先进制造、信息、微电子、医疗、能源、军事等高科技领域,受到世界各发达国家的高度重视。

从国际范围来看,大尺寸优质 YAG 类晶体,仍是激光晶体应用的主流;透明激光陶瓷及微晶玻璃的研究和应用正在深入;同时,为实现小型化,发展了多种微片激光器晶体材料。目前,美国、德国、捷克、俄罗斯、日本等国家已形成多家激光晶体研发和生产企业。我国激光晶体研发也取得重大进展,Nd：YAG、Nd：GGG 和 Nd：YVO_4 激光晶体达到国际先进水平,许多国家重点工程用的激光材料都可自主研制,激光晶体出口量已占国际市场 1/3;激光晶体正在向大功率、多波长和人眼安全方向发展,需要发展相应理论和模型。但是,我国 Nd：YAG 晶体与世界先进水平还存在一定差距,主要表现为晶体尺寸小、光学质量差、一致性较差,以及晶体元件的超精密加工水平较低,给应用造成了不良影响。德国、法国、日本、俄罗斯等国在稀土掺杂碱土氟化物激光晶体研究方面开展了卓有成效的工作,我国与国际上同步开展了 Nd/Yb：CaF_2 晶体的研究,并在国际上首次实现超短脉冲激光输出。目前,应用于 $1\mu m$ 波段的激光材料发展成熟并已获重要应用,其余波段特别是国际前沿的可见、人眼安全及中红外激光受限于材料现状,距应用需求有较大差距。国内相关研究机构已初步开展上述波段激光材料的研究工作,但总体来说与国际先进水平还有一定差距。在高通量计算基础上,研制高功率、高效率新型激光晶体,可满足国家急需并填补国际空白。

在从可见到深紫外波段,目前已经发展了多种非线性光学晶体,基本满足了实用需求,今后工作集中在发展新晶体生长技术,以更低的成本生长更好、更大的晶体。我国在紫外、深紫外非线性光学晶体研究领域处于国际领先地位,20 世纪 80年代发展了"阴离子基团"理论,发现了被誉为"中国牌晶体"的紫外非线性晶体偏硼酸钡(BBO)和三硼酸锂(LiB$_3$O$_5$,LBO);90 年代又相继发现了氟硼铍酸钾

（K₂Be₂BO₃F，KBBF）族、硼酸铝钾（KABO）和三硼酸铯（CBO）等一系列紫外、深紫外非线性晶体。其中，KBBF 族晶体是目前唯一具有深紫外直接倍频能力的非线性晶体，它可生长出超过 3.0mm 厚度的单晶，并在超高分辨率光电子能谱仪等先进仪器装备应用。各国也发现了三硼酸锂铯（CLBO）、硼酸氧钙稀土盐（RECOB）和三硼酸铋（BiBO）等晶体，国际竞争非常激烈。2009 年，《自然》（*Nature*）期刊以"China's crystal cache"[1] 为题报道指出 KBBF 晶体是中国对科学研究的重要贡献；而对于日益增长的中红外激光需求，现存的非线性光学晶体还不能满足，采取发展直接产生 2μm 附近输出的激光晶体、中远红外非线性光学晶体及拉曼位移激光晶体等三种途径来解决。在大科学工程方面，为谋求在未来竞争中占据战略高技术的制高点，美国、德国、英国、日本和中国等都开展了基于啁啾脉冲放大和光参量啁啾脉冲放大技术的高峰值功率、大能量激光系统研究。为满足激光聚变装置倍频和电光开关的需求，在发展大尺寸优质磷酸二氢钾（KH₂PO₄，KDP）和磷酸二氘钾（KD₂PO₄，DKDP）的同时，发展大尺寸 LBO 和硼酸钙氧钇（YCOB）晶体。研究表明，利用 LBO、YCOB 晶体器件作为变频器件可获得峰值功率为 10PW① 的激光脉冲。大尺寸 LBO、YCOB 晶体器件的获得，将使我国在高能激光技术领域上一个新的台阶，处于国际领先地位。2007 年，我国率先在国际上突破了 LBO 生长的关键技术，目前 LBO 单晶质量达 4987g，而国际上报道最大仅 1300g；我国还生长出国际上最大尺寸的 5in YCOB 晶体。266nm 紫外固态激光目前所使用的晶体存在潮解、光折变等问题，有必要研究开发综合性能更为优秀的新型紫外晶体材料。

经过近 40 年的发展，从深紫外到近红外非线性光学晶体，已基本可以满足普通全固态激光发展的需要，正在向中远红外和太赫兹方向发展。磷锗锌（ZGP）是实际应用最多的红外晶体，在国家自然科学基金等的支持下，采用 ZGP 多晶水平双温区合成的方法和装置，解决了合成过程易出现"富锗"偏离化学计量比的技术难题，实现了高纯单相 ZGP 多晶批量合成；采用坩埚下降生长技术界面温场设计，有效降低了晶体缺陷密度，解决了大尺寸晶体易开裂的难题，生长出国际最大尺寸晶体，全面降低了晶体在近红外区的吸收系数，完全满足 3～5μm 红外激光装备整体要求，形成了年产数百块 ZGP 晶体元件的小批量生产能力，解决了国防急需。我国科学家在探索中红外新型高激光损伤阈值晶体方面取得了较好的发展，发现了一种新红外非线性晶体硫镓钡（BaGa₄S₇），透明范围为 0.36～13μm，测得粉末倍频效应与硫铟锂（LiInS₂）相当，具有较高的激光损伤阈值。

一种功能晶体可能具有多种功能性质，通过对晶体不同功能性质之间的交互和复合作用，可以发展多种新的复合功能晶体。目前，研究最广泛和深入的复合晶

---

① 1PW=10¹⁵W。

体是激光自倍频晶体,它将激光和非线性功能结合于同一晶体,以此制作的全固态激光器具有小型、稳定和低成本等特点,发展新的激光自倍频晶体,并实现激光自倍频晶体应用有重要的科学意义和应用价值。我国应在此基础上进一步发展新的复合功能晶体,发展和完善复合功能晶体理论,探索其应用,将无机非线性光学晶体的优势扩展到复合功能晶体上。

在闪烁材料方面,高能粒子探测、核物理、医学成像等不同应用领域对闪烁材料的各项性能指标要求的侧重点不同。无机闪烁晶体在核医学成像、高能物理、安全稽查等领域有着重要应用,是核辐射探测器的核心部件,具有高度的战略性、带动性和成长性。研发具备高光产额、高能量分辨率、短时间衰减性等闪烁性能且制备成本低的新晶体是闪烁材料发展所面临的重大课题。目前,稀土掺杂的卤化物、硅酸盐、铝酸盐是闪烁材料研究的重点。优化和提高晶体性质,扩展应用范围,设计和生长优良综合性能的闪烁晶体仍然是闪烁材料研究的重点。

铁电/压电材料广泛应用于信息技术、先进制造、资源与环境、生物与健康、能源、航空航天、核设施和武器装备等国民经济和国防建设的各个领域。作为关键基础性功能材料,铁电/压电材料在压电驱动器、传感器、换能器、谐振器等关键电子器件行业不可替代地大规模应用,推动了电子通信、机器人、半导体制造、精密控制、超声医疗、无损检测、海洋声呐、超声加工、加速度计、结构安全检测和主被动控制、压电陀螺、超声马达、压电点火和打印、压电声源、振动能量收集可再生能源等现代高科技技术的发展,促进了社会经济发展、国防安全以及人民生活水平的高速发展。高性能压电材料及其相关器件应用市场,2015 年全球市场规模达到 3000 亿美元,间接关联市场更无法估量,对于世界重要国家,尤其中国这样的发展中大国,具有战略重要性和不可替代性。弛豫铁电单晶的研究和应用是当前铁电/压电材料研究前沿。弛豫铁电单晶具有优异的压电性能,可以替代传统的压电陶瓷,制备出新一代高性能的医用超声换能器、水声换能器以及固体压电驱动器等;同时,优异的压电性能使得机电能量转换器件的性能可以发生革命性变化。预计未来 20 年内,弛豫铁电单晶将在医用 B 超换能器、海军声呐等各种换能器,以及飞机机翼姿态控制、机器人等各种驱动器中得到广泛应用。近年来,还发现弛豫铁电单晶有非常好的电光、声光和热释电效应,在电光、声光、红外探测器件方面都有很大的应用前景,而且几种性能的组合又可以发展出各种新颖的复合功能器件。

目前,常用电光晶体有 DKDP、铌酸锂($LiNbO_3$,LN)、BBO 等,在高平均功率运转下应用有缺陷,需要有新的理论指导新型电光晶体的探索。目前,太赫兹辐射和探测是一个热点,影响太赫兹辐射和探测的因素很多,但电光晶体性能是起决定性作用的因素之一。获得电光效应大的高质量晶体是开展太赫兹辐射和探测研究的重要基础。

当前,微结构物理研究内涵越来越丰富,应用背景日益明显。微结构光电功能材料已成为材料科学、凝聚态物理和光电子技术科学的交汇点与新学科的生长点,有重要的学术意义和应用价值。20 世纪 70 年代,Esaki 等提出了半导体超晶格的概念[1],使得人们可以人为地对电子能带进行重新设计或裁剪,实现对半导体材料电子的人工调控,从而催生了现代半导体信息产业,对经济、社会的发展起到极大的促进作用。但进入 21 世纪以来,半导体信息技术的发展已经逐渐趋于极限,而光作为信息的载体受到人们越来越多的重视。超晶格的概念也可以拓展到光学领域,将人工调制加入介电光学晶体中,就可以实现光学超晶格[2,3],已在非线性光学中获得广泛应用,在激光变频领域更是发挥着举足轻重的作用。我国以铁电晶体光学超晶格在国际上有重要地位,近年来在理论和应用探索两方面都获得重要进展。我国在固体微结构材料、器件及其应用上处于国际领先地位,发展了光学、声学超晶格的概念,使用准位相匹配的方法,实现了可见光及近红外区中、小功率输出,已走向实用化。光学超晶格是一种全方位、多功能的光电功能材料,发展具有自主知识产权的光学超晶格材料与激光器件具有特殊重要的意义。

4.3.2 存在问题

我国光电功能晶体的研究处于国际前沿,正逐步走向产业化。我国在丰富实验数据积累的基础上,结合阴离子基团理论,已建立起一套理论和试验紧密结合的、先进的非线性光学晶体探索专家系统,但是其应用尚需加强,红外非线性晶体的研究和应用落后于国际先进水平。探索新的激光、非线性晶体,突破大尺寸、高品质晶体生长的难题,开发新的激光泵浦方式,开展大功率高热流密度的测控温及散热材料和方式研究,将为我国在世界上获得领先的高能激光输出提供有利的先机条件,实现从"新一代材料"到"新一代器件和系统"质的飞跃。

以国家重大需求为背景,我国无机光电功能材料获得很大发展,总体处于国际前沿水平,在一些重要的研究方向上处于国际领先,但是原创性成果少,基础理论研究相对滞后,科研成果和产业化之间的结合尚待加强,材料的发展亟待理论指导和加速。除了我国有优势的非线性光学晶体,激光、电光、闪烁、复合功能晶体以及介电体超晶格材料大发展也急需相应的理论和模型指导,以减少试验的盲目性和节约时间,更快、更好地全面促进我国功能晶体的发展和应用。

以 SiC、GaN 为代表的第三代半导体材料处于快速发展时期,已应用于半导体照明和大功率半导体器件。我国受设备制约,起步较晚,但目前进展迅速,接连突破了 SiC 单晶衬底、GaN 薄膜外延等核心技术。然而,我国晶体制备技术还不成熟,缺陷和尺寸都是限制工业化的关键因素,需要新原理和新方法,突破核心技术。

我国激光晶体和激光技术、存储器技术等领域在基础研究与前沿技术开发方面基本与国际先进水平同步,在系统集成技术方面与国外差距较小,在研发成果的转化应用、工程化与产业化开发方面与发达国家差距较大。受加工、镀膜、检测等工艺限制,"中国晶体"的优势仍然大多体现在原材料出口上,未能体现出高技术材料的附加价值。从材料本身发展及高技术产业对于晶体的要求来看,光电功能晶体有很大的发展前景。近年来,国际上十分重视光电功能晶体的基础研究,在晶体的研究和应用方面取得了很大进展;特别重视与产业的结合,尤其是与半导体产业的结合,为低碳和节能服务,在 GaN 和 ZnO 等晶体生长方面有很大突破。我国在功能晶体探索和发展方向的优势是局部的,国际竞争是激烈的。我们必须清醒地看到这一点,加强基础研究,重视光电功能晶体的应用,致力于进一步发展我国的特色和优势。

欧美日等国家和地区正在致力于改善环境和保护生态,对电子产业领域提出了无铅化要求的法律性规定(RoHS),消除含铅材料在制备、使用、回收和废弃的过程中给环境和人类带来的损害。目前主要的高性能压电材料却是含氧化铅(PbO)比例超过 60％的铁电陶瓷和单晶材料,包括 20 世纪 50 年代就发展起来的,目前正在广泛应用的锆钛酸铅(PZT)压电陶瓷和近年来出现的铌镁酸铅-钛酸铅(PMNT)等弛豫铁电单晶。其中,PZT 压电陶瓷因性能优异(如压电应变常量 d_{33}、机电耦合系数 k_{33} 分别为 750pC/N 和 70％左右)和成本低廉而得到广泛应用,占据世界铁电压电材料市场绝大部分份额(90％以上)。

4.3.3　发展趋势

我国功能晶体生长研究于 20 世纪 50 年代起步,从 80 年代到现在,经历了跟踪到独立自主发展,逐步在若干方向上引领国际发展的历程。目前,激光晶体基本可以自给,非线性光学晶体迅猛发展并实现了商品化,开启了相应的晶体和器件市场,使其得到广泛应用;闪烁晶体在国际上成功应用,展现出良好的发展势头;激光自倍频晶体研究获得突破,首次在国际上实现了晶体的实用化和商品化;铁电铌镁酸铅-钛酸铅单晶生长处于国际前沿,弛豫铁电体在许多领域得到应用。今后,我国将继续探索晶体结构和功能之间的关系,发展晶体设计模型,寻找和设计新功能晶体,拓展功能材料学科;晶体生长技术和设备的革新也是本领域发展的关键之一,晶体生长不是单一的过程,还涉及原料制备、晶体后处理、晶体切割、加工以及器件应用多个环节,每一环节均影响晶体的质量和应用,而晶体物理性能的测试和评估更是器件应用的关键,相关研究复杂而任重道远。

大尺寸和高质量是功能晶体的主要目标,相应需求也促进了晶体生长技术的发展。功能晶体正朝着"复合化"、"功能器件一体化"的方向发展,以满足全固态激光"拓展波长""超快""超强"的发展趋势。激光晶体领域,高质量、大尺寸和高热导率的晶体已引起广泛关注;在非线性晶体领域,除深紫外激光晶体外,红外乃至太赫兹波段的非线性光学晶体也越来越引起人们的关注。新型闪烁晶体、压电晶体、铁电晶体、电光晶体和其他功能晶体也是国际科技界研究的重点。

　　激光晶体通常由激光基质晶体和激活离子组成。人们发现并发展了约 350 种基质材料和超过 20 种激活离子,实现了超过 70 个波长的有效激光输出。目前常用的激活离子包括稀土离子、过渡金属离子和色心等。按照基质材料来分,激光晶体大体可分为三类:氧化物晶体(如 Al_2O_3、$Y_3Al_5O_{12}$ 等)、氟化物晶体(如 CaF_2、BaF_2、$LiYF_4$ 等)和金属含氧盐晶体[如 $Ca_5(PO_4)_3F$、YVO_4、$YAl_3(BO_3)_4$ 等]。目前应用最广泛的是 Nd：YAG、Nd：YVO_4 和 Ti：Al_2O_3 这三种晶体,称为三大基础激光晶体。其中,Nd：YAG 晶体主要用于中、大功率激光器中;Nd：YVO_4 晶体在小功率、高效激光器中占有主要地位;Ti：Al_2O_3 晶体应用于宽调谐和超快脉冲激光领域。近年来,针对特定需求或性能提升,人们还开发了许多新型激光晶体,满足了不断增长的全固态激光器和相关高技术行业的需求。除向大尺寸、优质晶体方向发展外,在激光晶体发展中以下趋势值得重视:

　　(1)激光晶体输出波长的扩展。波长由近红外向短波长(可见光波段)和长波长(中红外波段)两端扩展;随着泵浦光源和激光技术的发展,可见光和中红外激光晶体的输出效率和功率得到快速提升。

　　(2)激光晶体的结构设计和性能调控。通过人工设计激活离子在基质晶体中的晶格结构,可以调控激光晶体的光谱和激光性能,提升现有激光晶体的性能,或者产生新的光谱和激光特性,从而极大地拓展现有激光晶体的应用范围。

　　(3)激光晶体的低维化。一维晶体光纤与二维平面波导激光晶体在热管理和功能复合等方面具有诸多优势,是激光晶体发展的新趋势。

　　(4)新激活离子的发展。传统的激活离子主要包括过渡金属离子和稀土离子,主族金属离子可能成为第三类激活离子,其激光机理及其作用尚需进一步研究。

　　一般而言,一种激光晶体可以直接输出一种或几种固定波段的激光,直接利用激光晶体所能获得的激光波段有限,从紫外到红外谱区,尚存有很多激光空白波段。利用频率转换晶体的和频、差频或产量振荡,可获得新波段的激光。非线性光学频率转换晶体按透光波段范围可分为红外光、可见光和紫外光波段三类(小于 200nm 称为深紫外),是固体激光技术、红外技术、光通信与信息处理等领域发展的重要支柱,在科研、工业、交通、国防和医疗卫生等领域具有重要作用。目前非线性光学晶体的应用进一步扩展到了太赫兹(THz)波段。

　　对用于可见光波段的非线性光学晶体研究最多,在现有无机化合物如磷酸盐、碘酸盐、铌酸盐等非线性光学晶体中均广泛存在。磷酸盐晶体包括 KDP 晶体和磷酸钛氧钾(KTP)晶体。可从水溶液中生长出高光学质量、特大尺寸的 KDP 晶体,它的透光波段从紫外到近红外波段,激光损伤阈值高,倍频阈值功率在 100mW 以上,并易于实现相位匹配。KDP 晶体是高功率激光系统中较理想的频率转换晶体材料,适用于激光核聚变等重大应用。KTP 晶体是中小功率最佳倍频晶体,20

世纪 80 年代采用熔盐法生长后已获广泛应用,特别是和掺钕钒酸钇晶体光胶后制作小功率绿光激光器的应用十分广泛,基本满足了可见光区的倍频需求。碘酸盐晶体包括 α 碘酸锂(α-LiIO$_3$)、碘酸(HIO$_3$)和碘酸钾(KIO$_3$)等,多采用溶液法生长;铌酸盐晶体包括铌酸锂(LiNbO$_3$)、铌酸钾(KNbO$_3$)和钽酸锂(LiTaO$_3$)等。这些晶体多采用熔体提拉法生长,其中以 LiNbO$_3$ 晶体研究最多,用量也最大。提高该种晶体的抗激光损伤阈值及其多功能性质仍是研究热点。目前,可见波段非线性光学晶体发展已趋完善,向大尺寸、高品质、低成本和满足特殊需求方向发展。

紫外波段的频率转换晶体研究方面,自 20 世纪 80 年代起,我国发现了 BBO 和 LBO 等晶体,已获广泛应用,在国际上享有"中国牌"非线性光学晶体的美誉。以阴离子基团理论为指导,经过多年探索,KBBF 晶体的非线性激光输出已经打破了深紫外"壁垒",并证明该晶体是目前唯一可通过倍频实现深紫外输出的可用非线性晶体,实现了包括纳秒、皮秒和飞秒脉冲激光、准连续波输出,研制了二极管泵浦全固态激光的深紫外激光器,并实现了重大仪器的研发,包括高分辨率光电子能谱仪等七种先进仪器,推动了相关学科的发展。采用所研发的光电子能谱仪,直接观摩超导带隙,为确定超导机制提供了新的证据。目前,从紫外到深紫外波段,主要是要获得效率更高、性能更好的钕激光四倍频到六倍频的非线性光学晶体,以及突破 KBBF 晶体层状生长特性的新材料或 KBBF 晶体生长新方法。

面向全固态激光器对光学晶体材料的重大需求,我国需要发展高性能短波长非线性光学晶体、中远红外到太赫兹波段非线性光学晶体。现有的频率转换晶体大多适用于可见光、近红外和紫外波段的范围,在整个非线性光学的光谱波段,红外波段晶体,尤其是波段在 $5\mu m$ 以上的频率转换晶体至今能得到实际应用的较少,还有待突破。现有红外波段晶体主要是黄铜矿结构的半导体型非线性光学晶体,如 AgGaS$_2$、AgGaSe$_2$、CdGeAs$_2$、Ag$_3$AsSe$_3$ 和 Ti$_3$AsSe$_3$ 等晶体及其置换固溶体。这些晶体的非线性光学系数虽然很大,但抗光伤阈值较低,得不到广泛应用;磷化锗锌晶体(ZnGeP$_2$,即 ZGP 晶体)是 $3～5\mu m$ 红外波段综合性能最佳的非线性光学晶体[4,5]。由于工业及军事应用的迫切需求,磷化锗锌晶体已吸引了众多关注。磷具有易失性,晶体的热膨胀各向异性强,因此大尺寸晶体的生长一直是本领域的重要挑战[6,7]。因此,对于现有的红外波段频率转换晶体,仍要深入研究相图与相平衡,改进晶体生长工艺技术等,以生长出优质大尺寸的晶体。因此,研究应集中在两方面:现有的非线性光学晶体质量提高或掺杂改性和新型非线性光学晶体的开发。前者需要考虑材料的实际应用不能脱离工艺生产条件,应当重视应用型材料生产工艺的探索和建立;而且在研究材料生产的工艺条件时,掌握生长技术的规律,探索新的生长技术,同样有助于新材料的发现,如水热法、提拉法等最初都是为长大已有晶体而提出的,如今却成为晶体学家发现新晶体的强大工具。生长晶体和发现晶体本来就是相辅相成不可分割的。

在闪烁晶体方向上,国际上正朝着组分新(如 $LiCaAlF_6$:Ce,Eu、$Gd_3Ga_3Al_2O_{12}$:Ce 等)[8,9]、机理新(如带隙工程理论)[9]、形态新(从传统的三维发展至二维乃至一维)[10]以及应用新(叠层闪烁体)[11]的方向发展。$LaBr_3$:Ce 及 Cs_2LiYCl_6:Ce(CLYC)是近年发展起来的新型卤化物闪烁晶体,具有高的光输出、高的能量分辨率、快的闪烁衰减、较好的 γ 射线能量响应线性、优良的 n-γ 甄别能力等,可广泛应用于安检、反恐、资源与环境、航空航天、高能物理、空间科学研究、核设施和武器装备等国民经济和国防建设的各个领域。$LaBr_3$:Ce 闪烁晶体的能量分辨率较传统闪烁晶体(NaI)提高 2~3 倍,光输出提高 1.5 倍,衰减时间降低至 1/15,是近五十年来发现的综合性能最佳的闪烁晶体,优于在核辐射应用领域里的所有现有材料;CLYC 闪烁晶体不仅对伽马测量具有高光输出(22000 光子/MeV)、快衰减(约 1ns)、高能量分辨率(5%^{137}Cs 源)及好的伽马能量响应线性(约 1%),而且对于热中子测量具有高光输出(73000 光子/中子)及高的 α/β 比率(约 0.66),是一种很有前途的伽马-中子探测闪烁晶体。我国相关基础研究滞后,缺少具有自主知识产权的原创性成果,技术创新能力不强,导致竞争力薄弱,在与欧美日等的竞争中处于劣势。我国大尺寸高品质 $LaBr_3$ 晶体的制备与加工、器件设计与制造存在较大差距,CLYC 晶体的研制尚处于起步阶段。

具有电光效应的晶体称为电光晶体。电光效应是晶体折射率随外加电场发生变化的现象。折射率的改变与外加电场成正比的效应称为线性电光效应或泡克耳斯(Pockels)效应;折射率的改变与外加电场的平方成正比的效应称为二次电光效应或克尔(Kerr)效应。基于该效应,外加电场可实现光电信号的转换和相互调制,实现对光场的调节,达到脉冲激光输出的效果。自激光器发明到现在,综合性能优良的电光晶体不多,长期以来,可实用晶体仅有 KDP 和 LN。近年来,出现了 BBO 和磷酸钛氧铷($RbTiOPO_4$,RTP)等电光晶体,在某些领域得到了应用。而激光技术和光通信的迅猛发展,又对电光晶体提出了更高的要求,因此电光晶体的发展和研究成为光学材料领域的重要课题。电光晶体主要用于制作电光调制器、偏转器、Q 开关、激光锁模等电光器件。目前,电光晶体的发展也向扩展波段,特别是中远红外波段和具有更高综合性能电光晶体的方向发展,以求满足激光技术发展的需求。

铁电晶体/压电晶体是精密仪器制造、传感器、转换器和谐振器[12,13]的关键材料,广泛应用于信息技术、先进制造、资源和环境保护、医疗诊断、航空航天和防卫应用等众多领域,特别是可满足电机设备需求的新型铁电体/压电材料更是本领域的急需[14]。1997 年,美国的 Park 等[14]从 PbO 中生长了弛豫铁电单晶体 $Pb(Zn_{1/3}Nb_{2/3})O_3$-$PbTiO_3$(PZN-PT 或 PZNT)和 $Pb(Mg_{1/3}Nb_{2/3})O_3$-$PbTiO_3$(PMN-PT 或 PMNT),并发现这两类晶体呈现高密度压电特性(d_{33}>2000pC/N,k_{33}=92%),远远高出常见的锆钛酸铅系材料[15]。这一发现被认为是该领域近五十年来最重要的突破,引起广泛关注,目前晶体生长已有重大突破,晶体应用范围日益扩展,发展方向是更高综合性能的优质晶体生长、实用器件研制、多元化合物晶体的研究和晶体生长,以及无铅化。

作为光学人工微结构材料,近年来,光学超晶格的概念和使用都有很大的扩展,可以通过对微结构的设计,充分利用晶体本身最大的非线性极化率,实现高效率的频率转换和可调谐光参量过程。在量子信息领域,光学超晶格产生的高通量光子纠缠对已经用于贝尔(Bell)不等式的检验和远程量子通信,并且制备出一些新型的纠缠双光子对,如 engergy-time 纠缠光子对、频率关联光子对和反向传播光子对等[16～20],同时光学超晶格在产生压缩态光场、连续变量纠缠[21～23]等方面也显现出独特的优势。更重要的是,光学超晶格还可以实现光学功能和器件的集成。通过对人工微结构的设计,人们可以实现多重准相位匹配,将多个非线性光学过程集成在同一个介电晶体中。而通过光学波导、微腔等技术结合,可以制成集成化的光子芯片[24],不仅通过光场的局域增强进一步提高效率,而且可以实现集成化、高效率的非线性相干光源;应用于量子光学领域,则可以实现集成化的有源量子芯片。这将使非经典态产生、传输、调控探测等功能的集成成为可能,促进光量子信息技术的实际应用。

第三代半导体也是国际材料领域发展的前沿和热点。碳化硅(SiC)晶体具有优良的力学、热学、电学、物理和化学性质,是制备下一代电力电子和光电子器件的新型半导体材料之一。碳化硅禁带宽度约是硅材料的 3 倍,临界击穿电场是硅材料的 8 倍,热导率是硅材料的 3 倍,所制备器件有很高的耐压容量和电流密度。在相同击穿电压条件下导通电阻只有硅器件的 1%,降低了导通损耗。目前,碳化硅单晶直径已经达到 6in,缺陷密度不断下降。单晶生长的进步促进了碳化硅功率器件的研制,各种器件不断投放市场[25,26]。碳化硅功率器件替代硅器件可使功耗至少降低 33.6%,在峰值功率下工作效率大于 96%。因此,它可以使电力电子系统的功率、温度、频率和抗辐射能力倍增,效率、可靠性、体积和重量方面的性能也会大幅度改善;而且从近年碳化硅市场井喷式的发展可以预见,未来碳化硅单晶及相关器件在半导体市场上将占有重要地位。

Ⅲ族氮化物材料是包括 InN、GaN、AlN、InGaN、InAlN、AlGaN、AlInGaN 等合金的半导体材料,其禁带宽度可以达到 0.63～6.28eV。这一禁带跨度覆盖了197～1610nm 的光谱,从红外光波段跨过可见光波段,一直延伸至深紫外光波段[27]。因此,Ⅲ族氮化物材料是发展光电子器件,特别是短波长光电子器件的优选材料,尤其是 InGaN/GaN 基蓝光和绿光 LED,已经在半导体照明与显示中发挥举足轻重的作用。氮化物 LED 半导体照明有高效节能、长寿命、宽光谱、智能化等特点,是照明光源的又一次革命。氮化物基激光器也是光电子领域的重要应用之一。在国防应用领域,GaN 基微波功率器件可用于相控雷达、电子对抗、导弹和无线电通信等;在民用领域,GaN 基微波功率器件可用于无线基础设施(基站)、卫星通信、有线电视和功率电子等。GaN 基电力电子器件具备比传统器件显著降低的导通电阻、高几十倍的开关速度,电源的损耗同样比使用传统器件显著降低,可节省大量电能[28~31]。

近年来,宽禁带氧化物半导体材料也受到极大重视。氧化物半导体材料包含氧化锌(ZnO)、氧化镓(Ga_2O_3)、钙钛矿($CaTiO_3$)等材料。氧化物半导体作为第三代半导体的重要组成部分和Ⅲ族氮化物的补充,具有其独特的性能优势和巨大的潜力。氧化锌在高效激子型短波长发光器件、低阈值高功率激光器、紫外探测器件、固态照明、透明显示和太阳能电池等领域具有广阔的应用前景[32]。氧化镓是一种宽禁带半导体材料,在光电子器件方面有广阔的应用前景,包括透明导电材料、平板显示、钝化覆盖层、高温气体探测器和深紫外光探测器。氧化镓材料在功率电子器件方面也开始受到研究机构的重视。同时,氧化镓能通过提拉法快速制备,作为衬底材料,可用来制备大功率 GaN 基 LED;也可以利用同质外延制备新型氧化镓基功率电子器件,是一种很有潜力的新型宽禁带半导体材料。钙钛矿晶体结构是世界上最为常见的化合物材料结构。钙钛矿太阳能电池技术是近五年来太阳能光伏领域发展最为迅速的一种技术,也是目前钙钛矿材料光电技术应用受到高度重视的发展方向。

金刚石是由碳原子组成的共价晶体,由碳原子 sp^3 杂化共价键构成正四面体结构。其特殊的晶体结构和极强的碳-碳共价键作用使得金刚石具有优异的性能,如超强硬度、极低动态摩擦系数、极高热导率、很低热膨胀系数和很强的化学稳定性。作为一种间接带隙的宽禁带半导体材料,其室温禁带宽度为 $5.47eV$,是所有元素半导体材料中带隙最宽的材料。它既可以作为有源器件材料(如场效应晶体管、电源开关),也能作为无源材料应用于半导体技术领域。金刚石集力学、电学、热学、声学、光学、耐蚀等优异性能于一身,是目前最有发展前途的超宽禁带半导体材料之一,在微电子、光电子、生物医学、机械、航空航天、核能等高新技术领域将有极其广泛的应用前景。

多组元化合物半导体通常具有优异的光电性能,在高能射线探测、高效太阳能电池、太赫兹波的产生与探测以及记忆存储等领域表现出巨大的应用前景。

4.4 发 展 目 标

未来的发展目标如下:

组织我国优势队伍,优化体制机制,形成合力,建立国际领先的,从基础科学研究、关键重要功能材料研发、器件制备到样机研制的全链条研发平台,建立产业化示范基地,全面提升我国以功能晶体为核心的光电功能材料强国地位,满足国家重大需求,支撑科技前沿、战略新兴产业快速发展,取得一批原创性的重大成果,使我国功能材料研发整体水平上一个新的台阶(见图 4.1)。

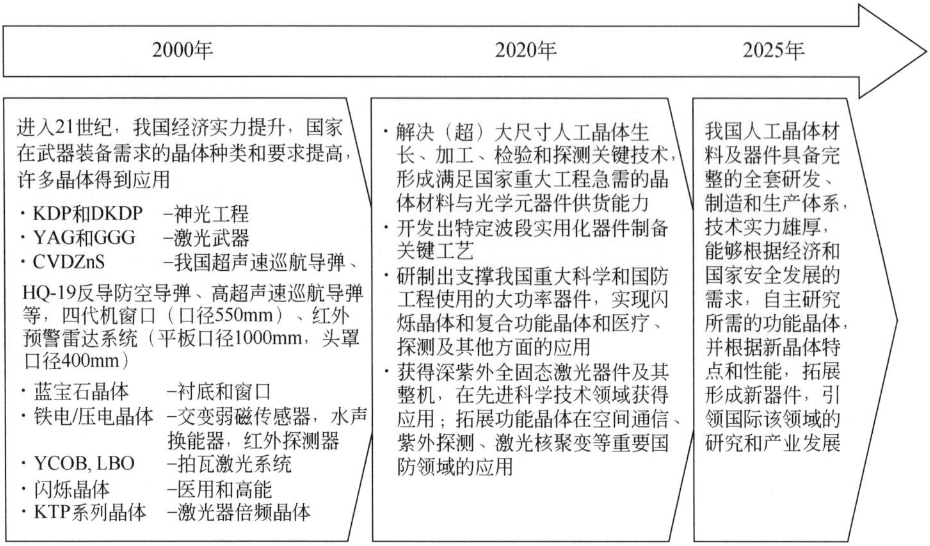

图 4.1　功能晶体发展路线图

　　针对几类光电功能晶体的国家重大需求及其学科发展前沿,建立功能基元模型及理论,发展功能晶体的设计和探索理论体系,应用于功能晶体及器件设计,揭示功能晶体宏观效应根源及其随结构、成分和外场的变化规律,发展和进一步完善晶体非线性光学效应的阴离子基因理论及光学和声学超晶格理论,发展光电功能晶体的设计和新材料探索体系。以相对简单的电光晶体作为研究对象,发展材料基因组研究,逐步扩展至更复杂的激光、闪烁、铁电(压电)和复合功能晶体;突破第三代半导体单晶生长工艺;建立材料知识库和数据库,为满足国家重大工程和高技术发展需求,在高功率、短脉冲和扩展波长方向,开展大尺寸高质量激光和非线性光学晶体生长的基础研究,包括热力学和动力学研究、关键晶体生长新技术和新装备研究以及激光元器件理论和技术研究;在此基础上实现如 $1.4\sim1.5\mu m$ 和 $1.9\sim2.8\mu m$ 新波段激光、$3\sim5\mu m$ 和 $8\sim12\mu m$ 激光稳定输出;为发展 EW 激光提供材料和关键理论支持;解决引领以深紫外激光材料和新型闪烁体晶体为核心的科学仪器和医疗仪器发展的材料及器件关键科学技术问题。

　　立足于弛豫铁电单晶新一代材料器件和光学超晶格的国际领先优势,面向我国生态环境和智慧城市战略需求,研发新一代弛豫铁电单晶材料及其新型高性能监测设备及核心传感器部件;面向生物医疗、环保检测、激光显示、量子计算和保密通信等重大需求,发展光学超晶格芯片,发展非线性光学的新原理、新方法、新技术和新器件。

4.5 未来 5～10 年研究前沿与关键科学问题

4.5.1 未来 5～10 年的研究前沿

晶体结构和组分是晶体功能的来源,晶体生长和设计理论是晶体探索及应用的指导,晶体生长方法和设备革新的是获得大尺寸、高质量晶体的基础。相关研究也涉及相关领域的革新和发展,如晶体原材料的制备、加工技术和工艺、涂层等;而与半导体行业的结合,也可能对功能晶体的发展具有重要意义。功能晶体的重要作用是满足国家重大需求。这一涉及基础研究和应用的前沿领域包括以下方面:

(1)大尺寸和高质量激光晶体的生长基础研究及其装备,包括无核心 Nd:YAG 晶体、新型激光晶体和倍半氧化物激光晶体等;扩展波段的激光晶体,特别是红外波段激光晶体的研究;注意磁光晶体的研究和应用。

(2)大尺寸和高质量非线性光学晶体的生长基础研究及其装备,包括大尺寸 LBO、YCOB 等晶体;发展高性能短波长非线性光学晶体、中远红外到太赫兹波段的非线性光学晶体。

(3)发展具有自主知识产权的,光输出效率高、能量分辨率高、闪烁衰减快、适用波段能量响应线性良好、射线甄别能力优良的无机闪烁晶体,如卤化物和硅酸盐类综合性能优越的闪烁晶体。

(4)电光晶体的起源和优良电光晶体探索基础理论研究;扩展波段,特别是中远红外波段和具有更高综合性能的电光晶体。

(5)更高综合性能的优质压电和铁电弛豫体晶体的生长,实用器件的研制,特别是多元化合物晶体的研究和晶体生长,以及无铅化压电和铁电弛豫体晶体的研究。

(6)基于光学超晶格的全固态有源光子芯片的功能化及集成技术。

(7)第三代半导体高质量大尺寸单晶生长和缺陷的控制技术,特别是新型氮化物单晶的生长和应用;金刚石和多组元化合物半导体单晶的生长、特性研究及其应用。

4.5.2 关键科学问题

在功能晶体研究方面,亟待解决和发展的科学问题包括:进一步发展晶体理论,扩大理论的应用范围;注重晶体生长基本理论研究,发展新的晶体生长方法和技术,加强晶体生长设备研制,加强晶体从原料到加工、后处理、检测及镀膜等全过程的结合。全面提高我国光电功能晶体研究发展及其产业化水平。

在基础研究方面,有以下科学前沿:

(1)晶体结构和晶体特性之间的关系、功能效应的来源,功能晶体结构动力学、结构和性质关系。

(2)功能晶体的设计,高通量晶体设计、试验和检测。

(3)功能晶体生长动力学及晶体生长过程的计算机模拟。

(4)功能晶体生长条件、缺陷、性质和应用特性及其机理(如抗光伤阈值等)的关系。

(5)功能晶体对称性和功能特性关系,晶体多功能间的耦合和交互研究,晶体功能复合机理及复合功能晶体的设计和制备。

4.6　未来5～10年优先研究方向

根据以上学科趋势及重大科学问题分析,"十三五"期间我国应该将以下几个方向列为优先发展方向(见图4.2):完善大尺寸研发平台和科研生产基地,发展具有共性的关键晶体生长技术和设备研制;研究和突破大尺寸高质量晶体提拉法生长关键技术和设备;研究和突破大尺寸高质量晶体熔液生长关键技术和设备。

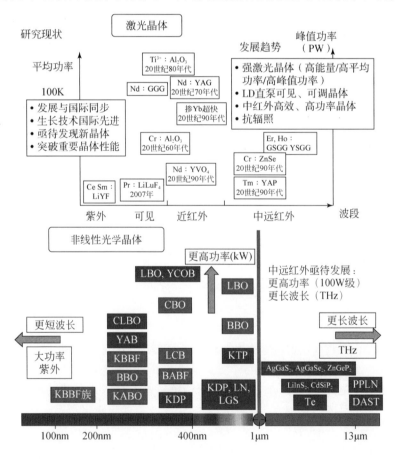

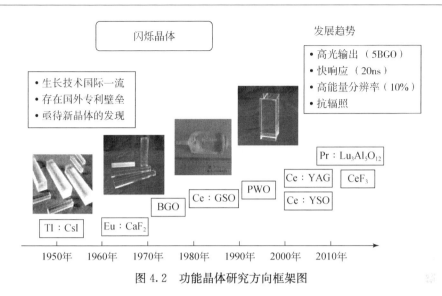

图 4.2 功能晶体研究方向框架图

4.6.1 用于高平均功率密度固体激光器的激光晶体和磁光晶体研究

激光晶体是可以通过电泵浦或者光泵浦实现激光输出的功能晶体材料,是全固态激光器的核心。近年来,针对特定需求或性能提升,开发了满足高平均功率密度的大尺寸激光晶体和透明陶瓷材料,以满足不断增长的全固态激光器和相关高技术行业的需求。磁光晶体也多为石榴石型晶体,通过系统研究韦尔代常数的变化,揭示法拉第效应与逆法拉第效应之间的内在关系,可望解释其磁光本征。未来5~10 年优先发展方向包括以下方面:

(1)大尺寸优质激光晶体,如无核心大尺寸 Nd:YAG 和 Nd:YLF 晶体。

(2)原生三段式钒酸盐晶体生长技术及其装置。

(3)大尺寸优质可调谐激光晶体生长及其装置,如大尺寸优质 $Ti:Al_2O_3$ 及热交换法装置。

(4)激光自倍频晶体生长及其中高绿光应用,如 Nd:GdCOB 类晶体。

(5)混合掺杂 $Nd:(RE)CaF_2$ 激光晶体,Pr^{3+} 或 Dy^{3+} 掺杂低声子能量氧化物晶体或氟化物晶体。

(6)Nd^{3+} 或 Yb^{3+} 掺杂配位场无序激光晶体。

(7)Er^{3+}、Tm^{3+}、Ho^{3+}、Fe^{2+} 或 Cr^{2+} 等掺杂激光晶体或半导体晶体。

(8)倍半氧化物激光晶体,晶体生长及其装备,晶体加工技术及应用探索。

(9)新型石榴石结构和钙钛矿结构的稀土磁光晶体。

4.6.2 大尺寸优质非线性光学晶体及扩展波段的非线性光学晶体

当光波在介质中传播时,会引起介质的极化,通常条件下,该极化与光波的振幅成正比,称为线性光学;而在强光下,该极化与光波振幅的高次方有关,此效应称为非线性光学。非线性极化会产生与入射光不同频率的光波,如频率为入射光频率一倍的倍频,且非线性极化与光的功率有关,因此非线性光学是拓展激光波长和实现激光调制的重要技术。能产生非线性效应的晶体称为非线性光学晶体。大尺寸、高质量非线性光学晶体是非线性光学的基础,应发展大尺寸 LBO、YCOB 和其他重要工程急需非线性光学晶体;同时,应发展如紫外(深紫外)、可见及中远红外非线性光学晶体,发展太赫兹(THz)非线性光学晶体。

面向全固态激光器对光学晶体材料的重大需求,发展高性能短波长非线性光学晶体、中远红外非线性光学晶体和双折射晶体。未来 5～10 年优先发展方向包括以下方面:

(1)发展非线性光学系数有效评估计算方法。发展光学效应模拟、电子结构计算等分析工具,研究多波段用光电材料的结构-性能关系,进行多波段用新型频率转换材料的高通量设计筛选及合成研究。

(2)阐明材料倍频效应、带隙和双折射性质的来源机制,并构建晶体的功能基元及其组合方式与三者之间的关系规律,设计合成新型"短波长-大倍频效应"紫外/深紫外材料、"高光学各向异性"双折射率材料、"高激光损伤阈值"中远红外材料。利用结构预测方法进行三元、四元化合物高通量筛选和试验研究,筛选出性能优良、热力学及动力学稳定的结构,探索新非线性晶体。

(3)针对高熔点、易挥发、层状习性等晶体生长难点,发展新的晶体生长方法和技术,满足国家重大工程、先进制造、科学研究等领域对高品质、大尺寸晶体的需求,包括高性能非线性光学晶体的设计及可控制备、大尺寸优质光电功能晶体生长新技术及新装备。所涉及的研究方向有:①OPCPA 技术用大尺寸 LBO 和 YCOB 晶体;②超大尺寸新型非线性光学 CLBO 晶体研制和工程化技术;③中红外非线性光学 ZGP 晶体生长技术及应用;④新型中远红外非线性光学 CSP 晶体的研制;⑤新型中远红外和太赫兹非线性光学晶体的探索和生长。

4.6.3　电光晶体和压电晶体的研究和应用

电光晶体是产生大能量激光脉冲的必选,激光核爆模拟就是将大型激光器发射的 $1.053\mu m$ 红外脉冲激光经过电光晶体开关脉冲整形放大后,再经非线性晶体三倍频转换,得到具有特殊波形的 $0.35\mu m$ 紫外脉冲,聚焦在充氚氘的靶丸上,产生核聚变反应。压电晶体是机械能与电能相互转化的媒介,在声呐探测中,急需高性能压电晶体。未来 5～10 年优先发展方向包括以下方面:

(1)高性能电光 RTP 和 LGS 晶体生长与电光器件;

(2)高频声表基片用的金刚石膜;

(3)高质量 LGS 晶体的生长技术;

(4)长延时用的高品质大尺寸水晶；

(5)压电用的水热法生长的 ZnO 晶体。

4.6.4 高性能闪烁晶体及其探测器件应用研究

针对目前亟待解决的闪烁晶体材料研究工作中存在的问题与挑战，这项研究以发展高性能闪烁晶体及其探测器件应用技术为目标，围绕大尺寸高品质闪烁晶体材料可控制备、结构控制、性能优化及器件应用等核心问题进行系统研究，掌握高性能闪烁晶体材料制备与加工、器件设计与制造等关键技术，为我国战略性新兴产业创新发展需求提供材料和技术保障，为高精度核探测器件的发展提供材料及器件基础，可对由核探测器件等下游产业和设备制造等上游产业构成的整条产业链起到带动作用，对保障国家安全、社会稳定以及促进科技进步起到推动作用。未来 5～10 年优先发展方向包括以下方面：

(1)研究晶体发光机理，阐释激活剂对晶体发光的影响规律。通过光谱分析表征方法，研究稀土激活剂离子在晶体材料中的能级跃迁过程，分析闪烁晶体发光机理，分析不同发光过程(Ce^{3+} 直接捕获电子-空穴、自捕获受激发射等)对晶体发光的影响规律，研究晶体微观缺陷/宏观结构对发光性能的影响规律。

(2)新型高性能闪烁晶体材料设计。设计多成分复杂体系的相组成、掺杂种类、掺杂浓度、掺杂方式，建立适用于闪烁晶体材料的理论模型，开展多元相组成体系和发光掺杂剂优化调制，提高晶体结构稳定性；通过数值模拟对晶体生长系统的温场设计、生长控制及生长形态进行模拟，为制备新型高性能大尺寸的 $LaBr_3$ 和 CLYC 晶体提供理论指导和方法支持。

(3)揭示高性能闪烁晶体材料体系组成-微结构-性能的构性关系的基础问题。研究化学组分的变化及制备过程对晶体微观及性能的影响规律；针对晶体的缺陷(开裂、解理、位错、包裹体、不均匀性等)，通过显微结构分析、物相分析、应力分布等研究，解析缺陷成因，研究不同多元相组成体系的微结构对综合性能的影响规律。

(4)实现高光输出、高能量分辨率闪烁晶体材料的可控制备与性能调控。验证、完善高性能闪烁晶体材料的设计原理，实现理论模拟与工艺制备的有机结合；解决高性能晶体材料制备的关键技术问题；确定制备工艺对晶体材料结构与性能的影响规律；确定结构与性能调控方法；发展稳定性好、可重复性高的晶体材料制备技术。

(5)突破晶体的大尺寸、高品质制备极限。通过数值模拟软件 CryVUN 对梯度凝固法系统的温场及热流场进行分析，建立三维模型对温场对称性进行研究，通过准稳态分析研究不同生长参数，如发热体表面温度梯度、发热体高度及直径、坩埚形状等，对晶体生长过程热流场及固液界面形状的影响规律，设计适合大尺寸溴化镧晶体及 CLYC 晶体生长的单晶炉。基于晶体生长潜热释放与界面控制技术,改进材料制备工艺,开发适合直径 150mm LaBr$_3$晶体及直径 76mm CLYC 晶体的制备技术。

(6) 解决高性能闪烁晶体材料的器件设计与制造的基础问题,实现高性能闪烁晶体探测器件应用。针对晶体应用基础问题开展晶体器件设计与制造应用研究:针对不同材料体系,掌握吸湿性闪烁晶体的加工技术,突破吸湿性闪烁晶体防潮封装技术,并设计开发出与之相匹配的适合不同应用场合后端的电子学部件;研究晶体与光窗的耦合固化、封装外壳的密封、高低温及高湿等恶劣环境条件对封装性能的影响,解决晶体表面腐蚀层、损伤层、粗糙度控制问题,解决晶体的防潮及与后端部件的匹配问题,发挥晶体最优性能;研制出高性能伽马-中子双模核探测器件。

4.6.5 大尺寸高质量弛豫铁电单晶生长及其应用研究

弛豫铁电单晶具有优异的压电性能,可以制备出新一代高性能的医用超声换能器、水声换能器、热释电红外探测交变弱磁传感器以及固体压电驱动器等,使所制备的机电能量转换器件的性能发生革命性的变化。注重发展新理论和新方法,包括新机理分析、新材料体系设计、性能优异的无铅压电材料的研究(见第 3 章);另外,利用所建立的新理论、新方法来进一步指导新材料体系的设计与探索,从而可以有效地对无铅压电材料的性能进行调控,满足实际应用的要求。未来 5～10 年优先发展方向包括以下方面:

(1)揭示高性能无铅压电单晶的结构本质,建立高性能无铅压电材料设计理论模型。建立结构与压电性能之间的理论模型、组分设计规律和性能调控方法,为设计高性能无铅压电材料提供理论依据,在此基础上,制备出具有高压电活性并具有可调控性、具有准同型相界、新的无铅压电体系,有望达到目前铅基压电陶瓷的性能水平。

(2)设计和制备出两种以上高性能的新型无铅压电单晶体系。建立结构与压电性能之间的理论模型,设计出具有高压电活性且具有性能和工艺可调控性、具有准同型相界的新型无铅压电体系,主要性能参数有望达到目前铅基压电陶瓷的性能水平。解决目前高性能无铅压电材料制备方法的基础问题;发明新的无铅压电材料制备技术或对目前无铅压电材料的制备技术进行改进,以获得简单、稳定、实用且有效的制备工艺流程,使无铅压电材料可以大批量生产,为其大规模的应用打下基础。

(3)试制出两种以上具有代表性的无铅压电原型器件(频率控制器件、电声器件、传感器件),实现无铅压电器件应用上的突破。

4.6.6 基于光学超晶格的全固态有源光子芯片的功能化及集成技术

面向生物医疗、环保检测、激光显示、量子计算、量子保密通信等重大需求,将针对光学超晶格芯片发展非线性光学的新原理、新方法、新技术和新器件。未来5～10年优先发展方向包括以下方面:

(1)光学超晶格理论与原理研究,包括光学微腔和波导中的准相位匹配原理、多重准相位匹配理论、非线性波前调制的研究和基于光学超晶格光子芯片中的量子光学理论研究。特别重视基于光学超晶格的波导和微腔对光场的非线性调控,光学超晶格芯片中多重准相位匹配、非线性波前调制等特殊非线性光学过程,以及研究非经典光场在光学超晶格芯片中高比特率、高保真度的片上光量子信息的产生、调控和探测。

(2)光学超晶格芯片中新型非线性光学原理和效应的研究,包括基于光学超晶格的波导、微腔中准相位匹配原理的研究,光学超晶格芯片中频率转换效应及芯片中光子态的产生与演化。

(3)新型芯片器件的制备及其研究,包括基于光学超晶格的高效率激光变频芯片、量子光源芯片、量子随机行走芯片和有源量子信息处理芯片。特别是要发展基于光学超晶格的全固态有源光子芯片的制备技术;研究光学超晶格芯片对于频率上转换和光参量过程的约束增强效应,制备符合量子计算和量子通信要求的全功能量子集成芯片,并根据国家需求研制相应的光学超晶格芯片器件和设备。

(4)基于光学超晶格的全固态有源光子芯片研究,重点研究基于光学超晶格的片上集成光量子原理和器件,包括片上量子光源的产生,芯片级量子光路对光子态的调控,在此基础上实现光量子信息处理的全功能集成。

(5)基于光学超晶格芯片的新型集成化相干光源的研究,研制基于光学超晶格芯片的新型集成化可见光相干光源、可调谐中红外光源和集成化太赫兹光源。

(6)基于新型集成化相干光源关键设备开发与实际应用,包括集成化医用激光光源及设备、集成化中红大气环境检测系统、集成化激光显示系统、集成光量子计算芯片及演示设备,以及集成光量子信息传输处理芯片和演示设备。

4.6.7 化合物半导体光电功能晶体的研究及其应用

多组元化合物半导体通常具有优异的光电性能,在高能射线探测、高效太阳能电池、太赫兹波的产生与探测及记忆存储等领域表现出巨大的应用前景。半导体的光电等功能特性与晶体内的缺陷密切相关,深入理解晶体生长过程中各种缺陷的形成与演化过程及缺陷对半导体功能特性的影响规律,并对各种结构缺陷进行控制,对于新型半导体材料的设计和发现及半导体材料与器件的应用至关重要。未来5～10年优先发展方向包括以下方面:

(1)化合物半导体晶体生长过程热力学与动力学试验和模拟研究,包括熔体特性、生长基元、化学计量比、组元交互作用、强制对流等对单晶生长的影响规律,并研究生长过程中各种微观结构缺陷的形成机制、分布特性、交互作用、演变规律和控制方法。

(2)以化合物半导体晶体中各种微观结构缺陷与宏观光、电、磁等功能特性的内在关系为出发点,研究化合物半导体中阳离子占位、位错、沉淀等缺陷与半导体功能特性在微观尺度的关联关系,探究影响化合物半导体特性的物理本质。

(3)基于应用对半导体光电特性的不同要求,研究通过模拟、计算进行晶体结构、成分与掺杂设计,进而调控化合物半导体晶体结构、能带结构以及光电特性的方法,结合可控制备,掌握新型半导体材料设计方法与应用基础研究。

4.6.8　第三代半导体光电功能晶体的研究及其应用

第三代半导体是材料领域发展的前沿和热点之一(见第 2 章)。SiC 晶体具有优良的力学、热学、电学、物理和化学性质,是制备下一代电力电子和光电子器件的新型半导体材料之一。Ⅲ族氮化物材料是包括 GaN、AlN 及其混晶等合金的半导体材料,其禁带宽度可以达到 $0.63～6.28eV$,覆盖了 $197～1610nm$ 的光谱,从红外光波段跨过可见光波段,一直延伸至深紫外光波段。近年来,氧化物半导体的研究也为人们所重视。此外,金刚石作为半导体材料的研究也已开展。未来 5～10 年优先发展方向包括以下方面。

1. Ⅲ族氮化物半导体材料

(1)大尺寸单晶生长技术。研究和解决 GaN 晶体的应力减小及位错降低等关键技术;系统研究非极性面 GaN 晶体中位错的类型、演化规律和应力分布及其与晶体质量和光电性质的关系;研究 4in 及以上大尺寸、低位错密度的高质量 GaN 晶体的新生长技术,阐明大厚度 GaN 晶体与衬底的分离机制;优化籽晶设计、结合多种晶体生长技术,突破 2in AlN 晶体生长的关键技术。

(2)GaN 和 AlN 单晶衬底加工的关键技术。研究晶体的切割、研磨和抛光工艺,解决晶体表面化学腐蚀层、损伤层、粗糙度控制等难题;突破大尺寸、高质量的 GaN 和 AlN 单晶衬底制备技术,衬底的光学和电学性质达到国际先进水平,拥有自主知识产权,培育可生产 GaN 和 AlN 单晶衬底以及厚膜自支撑衬底的示范高科技企业。

(3)大尺寸衬底上的 GaN 外延技术。突破在大尺寸 SiC、GaN 和 Si 等衬底上高质量外延 GaN 材料的核心技术,GaN 外延材料相关指标达到国际先进水平,建立自主知识产权体系,同时培育可生产 GaN 外延片的示范高科技企业,实现产业化生产。

(4)高性能 GaN 电子和光电器件技术。突破高性能、低成本 GaN 电子芯片的核心设计和关键制备技术,实现 GaN 基电子器件的性能,满足在节能电力电子、信息、国防等领域的实际应用标准;突破高效半导体照明核心材料技术,发展无荧光粉等新的白光技术路线,研制出绿、黄、红、青等高品质 LED 芯片以及光效超过 200lm/W 的 LED 白光器件;推进照明产业向全面智能数字化时代以新的照明方式的变革;开发基于 AlGaN 材料的深紫外半导体光源和日盲深紫外光电探测器;性能满足实际应用标准,培育规模生产的示范高科技企业。

2. SiC 半导体材料

(1)SiC 衬底和外延技术研究。突破 SiC 半绝缘衬底材料技术,完善 6in 晶圆生长技术,提升 6in 衬底质量,降低衬底的微管和缺陷密度;突破多种关键技术,从 4in 向 6in 过渡。

(2)SiC 器件技术研究。突破栅氧化、高温离子注入等 SiC 晶体管关键工艺技术及相关工艺技术设备,在较薄的外延层上实现较高的阻断电压;SiC 晶体管实现从样品开发阶段进入质量控制和产能提升阶段。

(3)SiC 功率模块技术。突破 SiC 功率模块高温封装技术难点,特别是 200℃以上应用领域;建立 SiC 功率模块的应用技术和高温、高压测试平台;拓宽应用示范领域,包括再生能源、机车牵引、高速列车、功率传动和风能转换的新型超大功率电子转换系统。

3. 宽禁带氧化物半导体材料

(1)氧化物衬底产业的关键技术。抑制氧原子向氮化物的扩散,突破氮化物器件工艺与氧化物衬底之间的化学与工艺兼容性技术;实现氮化物材料和器件工艺与氧化物衬底之间的化学和工艺技术的兼容。

(2)铟镓锌氧化物(IGZO)材料与器件的关键技术。突破非晶 IGZO 材料的缺陷及界面控制技术,解决 TFT(thin film transistor)器件在偏压、光照以及气氛条件下的电学稳定性问题;突破 IGZO 材料制备技术,获得高质量晶态 IGZO 薄膜。

(3)Ga_2O_3 晶体与电子器件产业的关键技术。突破大尺寸高质量低成本的单晶衬底制备技术;突破高质量 Ga_2O_3 薄膜的 MOCVD 生长工艺与技术。

(4)钙钛矿材料与器件产业的关键技术。突破大面积材料与器件的制备技术;降低电池材料对环境的敏感性,提高其电学稳定性和材料耐久性;开发性能可靠、成本低廉的大面积空穴传输层制备技术。

(5)氧化锌基材料与器件发展的技术障碍和关键问题。突破高效稳定的 p 型掺杂技术,研究掺杂剂在 ZnO 中的低固溶度问题;研究自补偿问题以及受主能级过深的问题;在深入理解受主掺杂微观物理机制的基础上,实现高效稳定的 p 型掺杂,实现潜在应用。

4. 半导体金刚石材料

(1)单晶金刚石材料的制备技术。开发适合高速生长大尺寸单晶金刚石研发型装备;开发高压高温(HPHT)单晶金刚石衬底制备技术;研究异质外延和金刚石外延层与衬底的剥离技术,制备出自支撑大面积金刚石衬底。

(2)器件级质量的金刚石薄膜制备技术。探寻低成本、适合制备出单晶金刚石薄膜的新型衬底;完善现有的 CVD 薄膜外延技术,生长晶格完整、缺陷密度和掺杂含量低的单晶金刚石薄膜;攻克金刚石 n 型和 p 型掺杂技术,探明掺杂机理。

(3)发展基于金刚石电力电子器件的制备工艺。开展金属-金刚石接触工艺研究;研究单晶金刚石刻蚀工艺,设计和研制出肖特基二极管、场效应晶体管等高温高频大功率器件和紫外探测器件。

(4)金刚石单晶和器件基础性研究。开展金刚石晶体生长动力学和热力学研究,揭示形核、生长岛聚合边界以及杂质缺陷的演变规律;研究金刚石的能带结构、激子复合和载流子输运及散射机制、表面和界面等基本物理性质;开展基于金刚石的肖特基二极管、场效应晶体、紫外探测器和化学传感器的性能及可靠性研究,重点研究器件的失效机理。

参 考 文 献

[1] Esaki L,Tsu R. Superlattice and negative conductivity in semiconductors. IBM Research Notes, 1969,14(1):61−65.

[2] Zhu Y Y,Ming N B. Dielectric superlattices for nonlinear optical effects. Optical and Quantum Electronics,1999,31:1093.

[3] Ming N B. Superlattices and microstructures of dielectric materials. Advanced Materials,1999,11 (13):1079−1089.

[4] Schunemann P G,Pollak T M. Ultralow gradient HGF-grown $ZnGeP_2$ and $CdGeAs_2$ and their optical properties. MRS Bulletin,1998,23(7):23−27.

[5] Vodopyanov K L,Ganikhanov F,Maffetone J P,et al. $ZnGeP_2$ optical parametric oscillator with 3.8-12.4-μm tunability. Optics Letters,2000,25(11):841−843.

[6] Verozubova G A,Gribenyukov A I,Korotkova V V,et al. Synthesis and growth of $ZnGeP_2$ crystals for nonlinear optical applications. Journal of Crystal Growth,2000,213(3):334−339.

[7] Verozubova G A,Okunev A O,Gribenyukov A I,et al. Growth and defect structure of $ZnGeP_2$ crystals. Journal of Crystal Growth,2010,312(8):1122−1126.

[8] Getkin A,Neicheva S,Shiran N,et al. A new effective thermoluminescent material $LiCaAlF_6$:Ce. Radiation Protection Dosimetry,2002,100(1):377−379.

[9] Kamada K,Endo T,Tsutumi K,et al. Composition engineering in cerium-doped(Lu,Gd)$_3$(Ga,Al)$_5$O$_{12}$ single-crystal scintillators. Crystal Growth & Design,2011,11:4484−4490.

［10］ Dujardin C, Mancini C, Amans D, et al. LuAG:Ce fibers for high energy calorimetry. Journal of Applied Physics,2010,108:013510.

［11］ Jung J H,Choi Y,Chung Y H,et al. Optimization of LSO/LuYAP phoswich detector for small animal PET. Nuclear Instruments and Methods in Physics Research A,2007,571:669—675.

［12］ Hong Y K,Moon K S. Single crystal piezoelectric transducers to harvest vibration energy. Opto-mechatronic Technologies,2005,6048:60480E—60480E-7.

［13］ Herbert J M. Ferroelectric Transducers and Sensors. Boca Raton:CRC Press,1982.

［14］ Park S E,Shrout T R. Relaxor based ferroelectric single crystals for electro-mechanical actuators. Materials Research Innovations,1997,1(1):20—25.

［15］ Park S E,Shrout T R. Characteristics of relaxor-based piezoelectric single crystals for ultrasonic transducers. IEEE Transactions on Ultrasonics, Ferroelectrics, and Frequency Control, 1997, 44(5):1140—1147.

［16］ Mason E J, Albota M A, König F, et al. Efficient generation of tunable photon pairs at 0. 8 and 1. 6μm. Optics Letters,2002,27(23):2115.

［17］ Tanzilli S, Tittel W, De Riedmatten H, et al. PPLN waveguide for quantum communication. The European Physical Journal D,2002,18(2):155—160.

［18］ Tanzilli S, Tittel W, Halder M, et al. A photonic quantum information interface. Nature, 2005, 437:116.

［19］ Kuzucu O, Fiorentino M, Albota M A, et al. Two-photon coincident-frequency entanglement via extended phase matching. Physical Review Letters,2005,94(8):083601.

［20］ Booth M C, Atatüre M, Giuseppe G D, et al. Counterpropagating entangled photons from a waveguide with periodic nonlinearity. Physical Review A,2002,66:023815.

［21］ Yu Y B,Xie Z D, Yu X Q, et al. Generation of three-mode continuous-variable entanglement by cascaded nonlinear interactions in a quasiperiodic superlattice. Physical Review A, 2006, 74:042332.

［22］ Li Y M,Zhang S J,Liu J L,et al. Quantum correlation between fundamental and second-harmonic fields via second-harmonic generation. Journal of the Optical Society of America β-Optical Physics, 2007,24(3):660.

［23］ Lawrence M J,Byer R L,Fejer M M,et al. Squeezed singly resonant second-harmonic generation in periodically poled lithium niobate. Journal of the Optical Society of America β-Optical Physics, 2002,19(7):1592.

［24］ Jin H, Liu F M, Xu P, et al. On-chip generation and manipulation of entangled photons based on reconfigurable lithium-niobate waveguide circuits. Physical Review Letters,2014,113(10):103601.

［25］ CREE. LED lighting,LED technology. http://www. cree. com/products/［2017-1-5］.

［26］ ROHM semiconductor. http://www. rohm. com［2016-6-6］.

［27］ Hadis M. Nitride Semiconductor Devices. Berlin:Wiley-VCH,2013.

［28］ Uemoto Y,Hikita M,Ueno H,et al. A normally-off AlGaN/GaN transistor with $R_{on}A$=2. 6mΩ · cm² and BV_{ds} = 640V using conductivity modulation//IEEE International Electron Devices Meeting, San Francisco,2006.

［29］ Uemoto Y,Morita T,Ikoshi A,et al. GaN monolithic inverter IC using normally-off gate injection transistors with planar isolation on Si substrate//IEEE International Electron Devices Meeting (IEDM 2009),Baltimore,2009.

[30] Ishida M,Ueda T,Tanaka T,et al. GaN on Si technologies for power switching devices. IEEE Transactions on Electron Devices,2013,60(10):3053—3059.

[31] Chen W,Wong K Y,Chen K J. Single-chip boost converter using monolithically integrated AlGaN/ GaN lateral field-effect rectifier and normally-off HEMT. IEEE Electron Device Letters,2009, 30(5):430—432.

[32] Lyons J L,Janotti A,van de Walle C G. Why nitrogen cannot lead to p-type conductivity in ZnO. Applied Physics Letters,2009,95(25):252105.

（主笔：王继扬，吴以成）

第 5 章 生物医用材料

5.1 内涵与研究范围

生物医用材料(biomedical materials 或 biomaterials)是一类和生物体相容,用于诊断、治疗、修复乃至替换生物体(主要是人体)病损组织、器官或增进其功能的新型功能材料。生物医用材料是功能材料的一个重要组成部分,也是研究人工器官和发展医疗器械的基础,受国家药品监督管理局管理,占医疗器械市场份额40%以上。生物医用材料与人类生命健康和生活质量密切相关,因而得到世界各国的广泛关注。近年来,临床的巨大需求和科学技术的进步驱动生物医用材料研究和应用快速发展。新型生物医用材料的应用不仅显著降低了心血管病、恶性肿瘤和创伤等重大病患的死亡率,挽救了无数危重患者的生命,而且显著提升了人类的健康水平和生活质量。

生物医用材料涵盖材料学、物理学、化学、工程学、生物学和临床医学等诸多学科,学科内涵极为丰富,涉及从基础科学到工程技术和应用需求的全链条过程,以及从微观、介观至宏观多层次和复杂因素行为,是一门多学科交叉的前沿综合性学科,也是与国民经济发展密切相关的应用学科。

无机非金属生物材料是生物医用材料的重要组成部分,与医用高分子、医用金属和合金构成三大基础生物医用材料,同样具有基础性、交叉性和应用及工程特性。其研究范围包括无机生物材料的设计构建及其活性化、无机生物材料的组织适配机制、无机生物材料的原位组织再生机制、生物材料表界面、纳米无机生物材料及其临床新应用和无机生物材料的制造新方法等。近年来,以生物陶瓷、生物玻璃、无机骨水泥、无机/有机复合材料及无机涂层为代表的无机非金属材料已广泛用于临床,特别在硬组织修复领域,临床需求持续快速增长,成为当今最活跃的学科领域之一。

5.2 科学意义与国家战略需求

近年来,科技革命推动了材料学、化学、物理学和生物学等多领域的迅速发展,同时为交叉学科生物材料的发展注入新的活力。随着材料研究的迅速发展,新型医用材料不断涌现,传统的单一医用金属、高分子和生物陶瓷等材料已难以满足医学迅猛发展的需要,经典的生物相容性理论已经难以解释临床应用过程中的实际问题。现代生物医用材料与产业正向促进损伤组织/器官修复和再生、恢复和增强机体生理功能、建立个性化和微创治疗、开发早期诊断试剂等方向发展[1~4]。同时,纳米生物技术的发展和对纳米生物学新效应的认识,为靶向药物精准传输、高效检测和医学成像等研究提供了新思路。因此,围绕生物材料的生物活性、生物适配性、表界面功能化、纳米新效应以及新型制造方法等关键科学问题开展研究,对制备具有特定功能和满足临床需求的新型生物材料、发展新型生物医用材料的功能化设计原理与构建方法、揭示生物材料的组织再生修复机制、建立新型医用材料的生物相容性理论体系、探索纳米生物学效应及其新应用等具有重要的科学意义,有可能对组织再生、肿瘤诊治等量大面广的临床应用带来突破性进展。

生物医用材料产业是典型的低原材料消耗、低能耗和高技术附加值(知识成本达50%～70%)的高技术新兴产业,十多年来以高达20%以上的年增长率持续增长,是世界经济中一个最具生气的朝阳产业,将成为21世纪世界经济的一个重要支柱产业,并将带动多种产业发展,对国民经济具有重大意义。

生物医用材料为临床医学、药学及生物学等学科的发展提供了丰富的物质基础。我国人口众多,且正在快速进入老龄化社会;同时,近年来频发的交通工伤事故导致中青年创伤患者增加,环境污染等也造成人体组织和器官病损日趋严重,再加上人们自我保健意识增强,因而临床对生物医用材料的需求越来越大。这也成为生物材料发展的重要驱动力。但是,我国对生物医用材料日益增长的需求与临床实际用量间存在巨大矛盾。例如,植入材料和器械实际市场占有率不到全球的10%。骨缺损修复、髋关节假体和牙种植体等的市场容量已达千亿美元,并以每年约30%的速度增长,但骨科材料中人工关节、脊柱及创伤治疗使用量分别仅占患者实际需求量的0.4%、1%和2.7%,而且高端产品主要依靠进口,昂贵的进口品增加了政府和人民的经济负担,成为"看病难、看病贵"的重要原因之一。研究和开发新型生物材料是我国材料科学领域的重点,也是国家生物产业发展规划的主要任务。

现有材料的性能也远未达到令人满意的效果,由于生物医用材料与生物体间相容性差引起的修复不佳、植入后期无菌性炎症引起的假体松动等不良反应需二次甚至多次手术处理翻修等问题凸显。因此,开发一批具有优异生物相容性能的新型生物医用材料及制备技术,促进量大面广的骨、软骨和齿等组织再生材料的临床应用,对提升我国生物医用材料的国际竞争力,改变医疗器械产业低端产品恶性竞争、高端产品外资或国外进口垄断的现状,并挺进国际市场,发展我国经济、促进国民健康水平提高和创建和谐社会具有重要意义。生物医用材料已列入《国家中长期科学和技术发展规划纲要(2006－2020年)》优先发展主题,在"十五"到"十二五"期间连续获得国家973项目资助,国家自然科学基金近年在生物材料领域的资助项目数量逐年上升,其重要地位不言而喻。

　　生物活性低、修复速度慢是组织修复生物材料目前普遍存在的问题。高生物活性和生物响应性已成为第三代生物材料的核心要素。生物活性是指具有能与人体组织产生可控的、组织生长或恢复所需的反应,生物活性材料是增进细胞活性或新组织再生,加速促进人体组织和器官功能修复及重建的生物材料。生物活性材料具有的这些特殊生物学性质,非常有利于人体组织的康复,其组织修复功能与传统生物医学材料相比有质的飞跃,是人们努力追求的目标,并已成为生物医学材料研究和发展的一个主要领域。这种从仿生人体组织创伤自愈合机制的角度构建材料,同时采用细胞外基质、信号分子和生长因子等对材料进行活性化修饰,使体外组织工程构建能够在体内完成,是生物材料和组织工程优势相结合的新策略,更接近临床应用。对此类材料的研究具有重要的科学意义,也是重要的国家战略需求。

　　体内微环境是材料生物转化实现修复功能的重要场所。目前,无论是以钙磷基陶瓷和生物玻璃为代表的活性材料,还是装载外源性细胞因子的生物复合材料,均存在成骨速度慢、成骨量有限、血管化不理想等突出问题,尤其是大段组织缺损的临床疗效不尽如人意,远未达到材料"主动修复"的效果。同时,目前的研究大多集中在对最终修复效果的评价以及对材料表观状态的表征,而对于生物材料介导下细胞微环境的形成及细胞分化过程的基本规律、植入材料与宿主微环境的相互作用以及材料如何参与组织再生修复过程,缺乏深入、精细的认识,对于材料特性及其与生长因子协同调控细胞行为及组织形成的规律尚未完全认识。这些认识上的盲区直接制约新型材料的设计、构建以及对组织再生过程的调控。研究组织修复材料与体内微环境的相互作用将揭示材料对于组织再生修复过程的影响机制,为新型生物活性修复材料的构建提供理论指导和技术支撑。

　　具有"主动修复"和"生物响应调控"功能、充分调动人体自我修复能力,再生和重建被损坏的人体组织或器官,或恢复和增进其生物功能的生物活性材料是目前组织修复材料的研究热点。赋予材料生物活性,使其可以引导促进组织再生的主要策略包括以下方面:①将细胞或生长因子引入生物材料中,以促进诱导体内细胞增殖和分化等;②将导致生物活性的基因直接引入材料中;③对材料进行修饰导入生物活性化基团。这三方面都是生物材料领域近年来的研究热点。由于体外培养活体细胞涉及模拟体内环境的复杂技术以及其时限性、免疫性、运输和储存等棘手问题,虽然通过生物反应器以及使用生长因子可以实现细胞的大规模生产,但仍应深入研究扩增后细胞的形态、功能和遗传物质的改变;尽管已经利用基因方法证明了结合质粒 DNA 的材料可被细胞吸收,并长期表达其编码的基因产物,但在结合DNA 质粒方面生物安全性和有效性尚有待深入研究;相对而言,通过"特定材料＋生物活性因子"的策略构建生物活性硬组织修复材料,最有可能在临床应用方面取得突破。目前国际上在活性生物材料研究方面多数仍处于材料设计、细胞及动物试验阶段,鲜有进入临床阶段的研究。我国在这一领域的研究与世界先进水平差距较小。以骨组织修复材料的研究为例,我国的组织修复材料不仅已有多年积累,还拥有具有自主知识产权的生长因子生产能力,已进入临床应用阶段。加大投入和基础研究力度,完全有可能达到国际先进甚至领先的水平。目前,我国这一领域的最大挑战是如何将研究与临床紧密结合,加快成果的转化,尽快研发出具有自主知识产权和良好临床修复效果的系列产品,抢占学术和产业制高点,形成知识产权群,最大限度提升科研和产业的国际竞争力。

近年来,随着我国社会经济发展和老龄化趋势日益明显,对生物医用材料的战略需求快速增长,但是日益增长的市场需求与自主供应的矛盾凸显。以硬组织修复为例,我国骨缺损修复、髋关节假体和牙种植体等硬组织替换材料市场容量已达千亿美元,并以每年约30%的速度增长,国外产品纷纷进入我国市场,导致国产高端产品市场占有率显著萎缩,如种植牙市场进口产品占有率已超过80%。更严峻的是,进口产品高昂的垄断价格导致我国大量患者及政府财政不堪重负。

生物材料表/界面是材料进入体内后与机体发生相互作用的主要场所[5]。高活性和生物功能化表/界面是生物医用材料研究的核心内容之一,有着广泛的应用和明确的产业化前景,也是决定材料生物相容性和实现其生物功能的关键。因此,开展材料表/界面的生物功能化研究,发展表面改性技术和生物功能化修饰技术,调控和引导生物学反应,不仅可加深对材料环境下细胞的相互作用规律和生物学响应机制的理解,也为构建新型植入材料、组织再生材料、纳米材料等提供科学依据,是现阶段改进和提高常规材料的技术核心及重要基础[6],并且有可能对生物医用材料的性能和临床应用带来突破性进展。

生物活性材料的问世,把组织修复材料的研究和应用向前推进了一大步。尽管如此,目前临床所用的各类生物医用材料(包括国外进口产品)植入体内后,存在以下问题:①成分及结构均与天然组织存在较大差异,被机体视为"异物"存在,材料植入骨缺损部位后,其修复过程基本是一种被动的"充填"过程,材料与组织间难以达到真正的"生物性融合",导致服役期短、临床疗效不理想,远不能满足临床需求;②材料的降解速率与新生组织生长速率难以匹配。与此形成强烈对照的是,当自体骨植入骨缺损部位后可以很快与周围组织、细胞建立信号联系及物质交换,主动参与整个骨修复过程,介导细胞及各种蛋白物质的黏附,最终实现理想的骨修复,这种修复效果被学术界公认为"金标准"。

新型组织修复生物材料所面临的主要挑战在于如何赋予材料良好的生物功能,即主动介导细胞黏附、增殖、分化并促进组织再生。其本质可归结为生物医用材料的生物适配科学问题。所谓生物适配,是指植入体内的医用材料在满足生物安全性的前提下,应能够主动适应人体不同组织、不同器官和不同部位的生理环境(组织学、力学、化学等环境)要求,从而达到对病损组织与器官的有效修复，或恢复、重建其生理功能。随着生物材料研究的迅速发展，传统的生物相容性和生物活性理论难以解释临床应用过程中的诸多问题。因此，研究生物适配关键科学问题，建立新型医用材料的生物适配理论体系，揭示量大面广的骨、软骨、齿等植入材料的生物适配机制，对发展新型生物医用材料的功能化设计原理与构建方法，开发出一批具有优异生物适配性能的新型生物医用材料及制备技术，促进新型生物医用材料的临床应用，提升我国生物医用材料的国际竞争力等具有重要的科学意义。

利用生物材料进行组织再生能否获得成功，除材料本身的活性化和生物适配性外，先进的制造方法是保证其实现临床转化的关键。《中国制造 2025》战略为我国发展智能制造掀开了新篇章，其中基于 3D 打印技术的增材制造是其中重要内容。3D 打印技术是以高分辨率的数字化图像为基础，利用先进的计算机辅助设计来构建模型，通过增材制造方式来逐层建造三维物体。以 3D 打印为代表的快速成型技术在制造仿生支架的微细结构方面有着其他传统工艺不可比拟的优势，能够很好地解决各种传统工艺在成形多孔支架结构方面存在的各种问题。3D 打印成形组织修复制品主要有以下优点：

(1) 及时性。3D 打印成形速度一般都比较快，而与工件的复杂程度没有直接关系这一特点秉承了快速原型制造技术的优点。

(2) 极大的柔性。每个患者所需的组织不一样，因此批量生产骨组织工程支架几乎不可能，但是 3D 打印只要根据患者组织的 CT 图像就可以个别生产其所需的组织支架。

(3) 适合组织再生的需要。组织再生材料必须具有微孔结构以适应细胞生长的需要，同时不同的组织孔隙率不一样。目前一些传统的制备方法很难形成尺寸和结构精确可控的孔隙结构，也难以保证孔隙之间的完全贯通或实现孔隙之间的梯度成型。而使用 3D 打印可以根据孔隙率微孔的大小调节支架材料粉末颗粒的大小，同时可以通过改变切层的网格填充方式来改变孔隙率和微孔大小；还可以根据 CT 或 MRI 的数据，快速制造出既具有精确解剖学形态，又具有适当尺寸的孔隙及孔隙率的三维立体结构的仿生支架，从而给细胞的生存提供最适宜的空间和营养条件。

3D 打印是当前全球产业界追逐的焦点，也是我国制造业转型升级的关键，因此必须大力发展和完善 3D 打印技术，开展基于 3D 打印技术构建组织和器官的基础研究，为我国在新一轮科技革命和产业变革中抢占未来战略制高点奠定基础[7]。

随着材料科学、细胞和分子生物学以及临床医学的发展，各种新材料层出不穷，并正在对生物材料产业产生越来越大的影响。纳米生物材料是其中的典型代表。纳米生物学是在纳米尺度上观察生命现象，解决生命科学问题的新兴学科，是纳米科学向生物学研究渗透及由纳米技术和生物学共同发展推动产生的交叉学科,在纳米水平微观、定量地研究生物问题,利用天然或人造纳米材料理解、改变或控制生物系统,从全新的角度为提升人类健康保障与重大疾病诊治水平提供新理论、新方法和新工具。

无机纳米生物材料在药物靶向输送、组织工程、基因传输治疗、分子影像和无创/微创手术治疗等生物医学领域具有广阔的应用前景,尤其是在恶性肿瘤等重大疾病的准确定位与成像引导下的精准治疗方面具有重要的应用价值。近年来,我国学者在纳米药物传输体系、纳米材料生物检测等方面开展了有影响力的工作[8~13],但目前在纳米生物学研究总体上仍与发达国家有一定差距。为了实现纳米生物学研究的快速稳步发展,巩固和加强我国在纳米生物学领域的国际竞争力,迫切需要加大基础研究力度,力争在某些新效应方面取得突破性进展,并真正实现临床应用,为打造我国生命健康产业发展提供新的驱动力。

5.3　研究现状、存在问题与发展趋势分析

5.3.1　研究现状

生物医用材料是目前国际生物技术领域中的前沿研发热点之一。世界各国都对该领域研究投入了大量的人力、物力和财力,相关技术得到迅速发展。国际上发展快、技术水平高的国家有美国、德国和日本等发达国家。

十多来年,我国生物医用材料蓬勃发展,进入了一个崭新阶段,已有一支人数多、水平高、创新能力强的研发队伍,基础研究得到飞速发展。目前,无机非金属生物材料的研究主要集中在非承重部位的硬组织再生材料、植入器械的表面涂层和新型诊疗一体化材料等方向。高生物活性和生物适配性材料、生物功能化表/界面、新型纳米生物材料以及快速成型制造方法是目前研究的核心内容。特别是以骨组织原位再生材料为代表的组织再生材料的基础研究方面,已经从单纯的跟踪、模仿逐步走上原始创新的道路。四川大学、华南理工大学和华东理工大学等研究团队已在国内外占有重要的学术地位。我国生物医用材料是材料科学 20 个分支领域中 2004～2013 年论文数年均增长率高于材料科学整体论文数增长率(7%)的三个学科之一。近十年来,从我国生物医用材料领域的论文以 27.9% 的年均增长率增加,从 2006 年至今排名保持世界第二位,十年论文总量占世界的 19.1%(约1.6 万篇);在重要期刊上的论文产出与论文被引频次所占份额显著提升并也保持世界第二位;论文世界影响力指标的增幅居世界首位。上述数据表明,我国从事生物材料研究的队伍从规模、水平和整体实力上讲已成为国际生物材料舞台上一支重要力量,具有重要的国际学术影响力。

5.3.2 存在问题

目前,我国在生物活性和生物适配性组织再生材料、活性化表/界面、功能化诊疗材料等方面水平提升较快,为提高临床治疗水平奠定了坚实的理论基础和技术积累。但需要指出的是,虽然我国在这一领域的研究取得了较大进步,但和传统强国相比,我国的原始创新仍然较薄弱,缺乏引领领域发展的开创性成果;特别在代表国际最高水平的杂志上发表的论文比较少,说明我国的高水平创新成果与发达国家仍有差距;另外,论文的引用率、篇均被引频次和相对引文影响(relative citation impact,RCI)与美、英、德、法四国的差距依然明显,相对引文影响的提升幅度低于论文数的增长幅度,存在的问题具体体现在以下几个方面:

(1)基础研究方面。对材料进入体内后与宿主体内微环境的相互作用及其机制不清楚,这一盲区可能直接导致材料在临床长期应用中暴露出许多常规手段研究无法发现的问题,突出表现在功能性、免疫性和服役寿命等尚难以满足临床需求。例如,人工关节的有效期老年组为12~15年,而中青年组仅为5年左右,其根本原因在于对植入体以异物存在体内后的机理不清。其他突出问题包括:植入体力学性能和修复能力不足,与组织间难以达到“生物融合”;降解可控性较差,特别是对材料降解与组织再生速度的匹配缺乏有效调控手段;材料仍主要以充填作用为主,主动修复能力差;机体对活性材料和生物功能化表界面的响应机制仍未完全理解;有特定生物学效应的生物材料及其表/界面构建的精准调控尚未实现;材料的免疫调控和生物相容性问题等。这些问题引起了本领域及相关临床医学领域的高度关注。

(2)技术和产业化方面。我国生物医用材料产业发展严重滞后,多数企业规模小、自主创新技术少、技术装备落后、市场竞争力缺乏,同发达国家的差距较大。国外医疗企业研发实力强、科研成果产业化机制完善,新材料及产品开发速度快、产品质量较好且种类多,垄断了生物医用材料的大部分市场。同时,各国备加关注关键技术的知识产权保护,而我国目前生物医用材料技术仍以模仿为主,产品以低端为主,产品的性能和质量与发达国家产品差距较大。我国每年要从国外大量进口生物医用材料和医疗器械产品,70%的高端产品依靠进口,其关键核心技术基本上为外商所控制。解决这一瓶颈问题的出路在于加强源头创新,合理布局,集中力量突破若干基础研究优势领域,以应用为导向,提升我国生物医用材料科技原始创新能力和国际竞争力。

(3)成果转化方面。理想的生物医用材料产业创新链应当是政、产、学、研、医相结合,但我国尚未有效形成此种结合体制。研究机构和产业的衔接还不够通畅,存在分散、孤立、缺乏协调和系统性等不足,缺乏产业化接轨机制,科研成果的产业化进程缓慢,产品技术结构落后。虽然部分基础研究已进入国际先进水平,但成果工程化、产业化水平低。目前国内科研院所80%～90%的研究成果仍然处于实验室阶段,包括无机生物材料基础研究中处于领先地位的高活性组织修复材料和生物功能化表面的研究成果也还停留在动物试验阶段,需要大量临床试验予以证实,尤其是植入体内后,功能发挥的有效性和长期安全性还有待验证。新材料和新技术的行业标准及检测标准亟待统筹解决。以3D打印技术为例,目前国内外均尚未有相关行业标准出台,导致临床推广困难重重。对于无机非金属基的组织再生材料,既无专门的基础原料供应商,也无通用基础原材料的国家或行业标准,是产业链尚未完整形成的一个典型表现。

5.3.3　发展趋势

生物医学材料及植入器械前沿研究正不断取得重大进展,并已催生一个新的学科——再生医学,预计未来20年内其市场销售额将突破5000亿美元。采用特殊功能的材料及制品进行缺损修复和组织再生是其中重要的研究方向,也是再生医学发展的基础。赋予材料特定的生物功能,使其在体内充分调动人体自我康复的能力,参与再生和重建被损坏的组织或器官,或恢复和增进其生物功能,实现被损坏的组织或器官永久康复,已成为当代生物医学材料的发展方向。

无机非金属生物材料因其组成与结构同人体硬组织相似,可与人体组织形成牢固的化学键结合,因而在硬组织修复领域具有广阔的发展前景[14~16]。无机非金属生物材料经历了从惰性材料到生物活性材料的发展历程。高强度、高稳定性的无机氧化物陶瓷自20世纪70年代起就用作牙种植体、义齿和人工关节的主要材料。随着可在生理环境中与骨组织形成化学结合的生物玻璃、羟基磷灰石陶瓷,以及体内可逐渐降解并为新骨替代的磷酸三钙可降解陶瓷的研发成功,生物活性和可降解材料的概念应运而生,并于20世纪80～90年代正式应用于骨科临床。与生物惰性材料相比,生物活性材料的骨修复能力有很大提高,这是由于材料的化学组成与骨中的钙磷无机矿物接近,有良好的生物相容性,对人体及周围组织无不良影响;同时,由于材料与骨形成骨性结合界面,防止了植入体的松动和脱落。在表/界面研究中,等离子喷涂、微弧氧化和阳极氧化等技术相继应用于人工关节和牙种植体表面涂层,这种兼具生物活性和金属基强度的羟基磷灰石或硅灰石涂层材料成功获批用于临床的可承力表面活性材料。在制造技术方面,3D打印技术已较好应用于再生医学领域,其中以3D打印骨骼最为成熟,包括在脊柱外科、节段骨修复、骨关节外科、颅颌面和手足外科等领域均已进入临床应用且成效显著,有望成为解决骨组织修复个体化治疗最有效的治疗方法之一[17]。

尽管已有了很大进步,但目前大多数材料临床应用仍存在不少问题。主要原因在于:现有材料大多缺乏生物活性,并且与天然组织仍存在较大差异,只能起到简单的填充作用,无法成为人体组织的一部分并参与正常的新陈代谢活动,因而难以满足临床治疗需求,这也是目前生物材料普遍面临的严峻挑战。尽管无机非金属生物材料具有仿生天然骨组织的钙、磷、硅等成分,并可在生理环境中与骨和软组织形成牢固的化学键结合,但对于复杂的人体组织和器官,材料仍显得活性不足,并且组成和结构都比较单一,与人体组织的组织适配性、力学适配性和降解适配性均不理想,因而导致修复效果不理想。更重要的是,目前的研究大多集中在对最终修复效果的评价以及对材料表观状态的表征,而对材料植入后在体内微环境中如何参与组织再生的过程缺乏系统、深入和精细的认识。这些认识上的盲区直接制约新型材料的设计、构建及对骨组织再生过程的调控。

虽然前沿研究正取得重大进展,但由于技术及其他原因,传统材料至少在未来20～30 年内仍是临床应用的重要材料。传统材料生物学性能的改进和提高,亦是当代生物医用材料发展的重点。生物医用材料植入体内与机体的反应首先发生于植入材料的表/界面。控制材料表/界面对蛋白的吸附/黏附,进而影响细胞行为,是控制和引导其生物学反应的关键。因此,深入研究生物材料的表/界面,发展表/界面改性技术及表面改性植入器械,是现阶段改进和提高传统材料的主要途径,也是发展新一代生物医用材料的基础。

2002 年 Hench 等[16] 在《科学》期刊上提出第三代生物材料的理念:第三代生物材料具有高生物活性和可吸收性,可"在体内分子水平上激活特定的细胞响应,从而促进细胞与材料的黏附,进而诱导细胞的增殖、分化、细胞外基质的分泌与组装"。迄今为止,这种兼具"主动修复功能"和"可调控生物响应功能"的第三代生物材料仍代表了生物材料的发展方向。围绕这一学科发展方向,无机非金属组织修复材料的核心研究内容包括:构建高活性、与组织再生环境适配的生物材料及其产品;构建活性化和生物功能化表/界面以及表面改性植入器械;探索纳米生物医用材料及其新效应;发展计算机辅助快速成型的生物制造技术。我国的研究水平同各发达国家的差距并不明显,国外也少有此类产品应用于临床,同样处于研发阶段,也同样面临诸多困难和挑战。我国应该牢牢把握这一契机,从高水平、高起点入手,加快具有良好组织修复效果的第三代无机生物医用材料的研发。

表面改性技术作为提高材料表面性能、赋予其生物功能化的重要手段,为生物医用材料的功能化和发展带来了新的机遇和挑战[18～20]。过去的 10 年中,表面功能化新方法的发展和涌现,为赋予传统生物材料新的生物学功能提供了切实可行的技术平台,并开发了一系列具有特定生物功能的材料表面,包括提高其生物相容性和生物活性、促进与周围组织整合、抑制细菌感染、抑制肿瘤侵袭等,为发挥其临床使用功效奠定了较好的理论基础和技术积累,有利于推动实验室研究成果向临床产品转化。研究成果表明,表/界面的生物活性和生物功能化有效提升了生物医用材料的使用效果,可赋予其全新的生物学性能。通过调控生物医用材料表/面结构、化学组成、亲疏水性和电荷分布等可有效改善其与体液、蛋白质、细胞/细菌及组织的相互作用,从而获得良好的生物学效应。同时,纳米技术的发展也为生物医学材料表/界面研究及表面改性开拓了新方向。特别是近年来微纳米多尺度表/界面的构建,可明显增进其生物学性能,提高常规植入体的修复质量。

植入体材料与体液、蛋白、细胞、组织间交互作用的表/界面科学问题日益受到关注,表/界面相关微观机制的研究将成为解决植入体相关问题的关键。我国在此领域与国际水平差距明显,目前临床上使用的量大面广的生物材料和医疗器械中,由表/界面与机体的相容性不理想导致修复效果差的问题凸显,尤其是在硬组织修复领域,由生物活性不足和细菌感染引起的植入体与周围组织骨整合欠佳,以及骨再生缓慢是目前临床用硬组织植入体存在的主要问题。因植入体失效而需要进行二次手术翻修更加重了患者的负担。因此亟须围绕调控生物医用材料表/界面与机体相互作用这一核心科学问题,开展生物体系对表/界面性能的响应研究,揭示材料表/界面对生物大分子、细胞、组织等的影响规律,为我国生物医用材料研发和应用提供技术支撑。

生物材料的表/界面与生物体的相互作用是构建和设计新型生物材料的重要科学依据。构建高活性和生物功能化表/界面一直是生物医用材料的核心研究内容。近年来,生物材料表/界面研究逐渐由宏观向微观转变,"表面纳米化"被证明是调控和提高植入体与细胞、周围组织之间结合的有效手段。在无机非金属表/界面涂层占主导地位的硬组织修复领域中,通过对骨缺损修复材料、关节假体、牙种植体等材料进行表/界面涂层和生物活性化修饰,获得微纳结构、拓扑结构及其与生物活性因子负载缓释相结合等高生物活性的材料表/界面,构建、调控材料与骨组织之间的相互作用,以期加快骨组织表/界面处再生或整合。但目前的研究集中于植入前对材料表/界面的构建,对于植入后漫长的服役期中材料表/界面特性对界面骨组织重建行为的影响及调控规律的研究严重缺乏。在未来10年,将聚焦于发展具有高生物活性的骨、牙等植入器械表/界面、具有良好抗菌性和抗磨损性能的固定物表/界面、具有优异靶向作用的癌症诊疗试剂表/界面、具有可控释放药物/蛋白质/基因的特异性表/界面等。特别是针对骨科、齿科领域的再生修复,从材料表/界面特性与硬组织相互作用的基本规律出发,研究生物材料表面与体液及相邻组织、细胞、生物分子间的相互作用规律及相关机理,结合材料表/界面吸附蛋白质层状态的表征和信号通道的确定,设计并构建具有可长期调制界面骨组织重建行为的材料表/界面特性是今后功能化表/界面发展的必然趋势。

生物适配是各种生物医用材料在人体环境服役并与机体相互作用的关键所在。针对宿主的病理、生理微环境,通过功能化仿生设计,使材料具有类似于天然组织的组成、结构、表/界面,植入体内后能够适应、匹配、协调人体组织器官修复与重建的复杂生物学过程,有效修复病损组织。目前,临床应用量大面广的各种生物医用材料由于生物不适配而出现各种服役寿命短、临床疗效不理想等瓶颈问题,从根本上解决这些问题的关键是对材料与机体的生物适配机制进行深入系统的研究,并在此基础上建立材料的功能化设计准则和发展功能化制备技术。多年来国内外对相关材料的研究主要集中在对不适配现象的揭示,发现现有材料的物理、化学、力学等性能上的缺陷,如植入材料的腐蚀离子和有害粒子在机体内引起组织不适配的问题,材料与机体组织力学不适配导致被周围组织吸收的问题,以及材料不具备降解性或降解不可控而导致的与组织再生修复不匹配的问题等。近几年的研究对解决特定问题也已有思路,其中基于仿生的理念对材料本体或表面进行功能化的设计甚至构建全新的材料是当前的研究前沿和热点。特别是对于骨、齿等通过复杂的生物矿化过程而形成硬组织,其天然矿物成分及多级结构形成过程和调控机制至今仍然不明确,研究类骨矿物的精确控制及其与骨、齿组织适配机制、复杂生物矿化过程中有机基质调控矿化的基本规律,可为新型骨、齿科修复材料的功能化设计提供理论依据。总体而言,目前对实现生物适配所涉及的材料学和生物学因素仍缺乏系统的研究和揭示,导致新型功能化生物医用材料的研究与发展缺乏理论依据和设计依据。因此,对量大面广生物医用材料的生物适配机制进行系统研究对于解决临床问题具有现实的迫切性和长远的科学意义。

总体来看,目前国内外在此类组成、结构仿生功能化的骨、齿修复材料的研制方面都还处于较初始阶段,材料组成和结构都比较简单。对于骨、齿植入材料与宿主骨组织、细胞之间的相互作用机制、材料表面介导生物矿化机理、材料的仿生合成、表面修饰以及生物组装等与材料的生物适配机制相关的关键科学问题还需要深入研究,从而带动新一代骨组织再生修复材料的开发和应用。

3D 打印技术在再生医学领域的应用已较广泛,其中以 3D 打印骨骼最为成熟,包括在脊柱外科、节段骨修复、骨关节外科、颅颌面和手足外科等领域均已进入临床应用且成效显著,有望成为解决骨组织修复个体化治疗最有效的治疗方法之一。此外,新一代基于细胞、生长因子和医用材料的 3D 生物打印更是为人造器官创造重要手段。未来人们面对局部病变、组织损伤和器官衰竭,可利用自身细胞作为"原料",通过智能化的 3D 打印技术再造一个新的健康器官来替换[21]。

目前,3D 打印技术仍面临诸多问题和挑战。首先,3D 打印基材研发和创新迫在眉睫,3D 打印技术对生物材料基材要求较高,包括材料本身生物相容性、可塑性、体内可降解性及其他理化性能,如化学组成、分子结构、物理尺寸、热塑和流变性能等。其次,3D 打印技术的行业标准亟待解决,目前国际上并没有针对 3D 打印技术的相应法规。我国的相关行业标准也尚未出台,无法具体衡量打印材料的精度及打印器件与植入区的实际契合度。另外,利用 3D 打印技术并结合细胞、生长因子及支架材料来打印具有活性的组织修复制品,以及活体组织打印依然是再生医学领域的一大难题,主要表现在打印后的细胞存活率低、增殖弱。

当前 3D 打印技术在医学领域的发展进入了快车道,未来 3D 打印技术将向个性化、多元化、敏捷化、智能化等方向发展,为最终实现组织/器官的再生修复奠定基础。

（1）个性化。集医学影像技术、计算机辅助技术与先进制造技术于一身的 3D 打印技术,有望便捷、快速地为患者"量体裁衣",制备个性化的植入物,使患者告别过去那种"削足适履"的传统治疗方式,实现真正意义上个性化治疗。

（2）多元化。随着 3D 打印技术的发展,对打印材料种类和性能有了更高的要求。在再生医学领域,需要发展面向 3D 打印的特殊生物陶瓷、生物玻璃、高分子聚合物、应用金属材料和水凝胶医用材料等具有特殊用途的生物医用材料。

（3）敏捷化。虽然 3D 打印技术是一种快速成型技术,且能有效缩短手术时间、提高手术安全性及精确性,然而从影像学资料的建立到试验模型打印及个性化假体与内植入物的制造,整个过程耗时不少。根据打印技术的不同及模型大小、复杂与精细程度,耗时少则几小时,多则数天,如涉及细胞的 3D 生物打印,周期会更长,因此很难运用到急诊手术当中。因此,未来 3D 打印技术可以采取系统设计和多模块协同作用,以便有效缩短整个流程时间。

（4）智能化。随着 3D 打印技术逐渐成熟,未来结合云计算、移动互联网、大数据、人工智能等高新技术,使 3D 打印机具备智能识别和反馈功能,让 3D 打印机变得更聪明、更智能将成为必然趋势。

纳米生物学的研究目标是以纳米技术为手段,从微纳观角度上揭示生物学原理及重大疾病的发生机制和发展过程,并利用纳米技术结合纳米生物材料,在新材料、新技术、新产品和新装备等方面形成关键性技术突破,在纳米层次上对分子进行操控及改性,以提高对生物学基础科学问题的深入认识并为临床医学的发展提供新方法、新技术和新材料。21 世纪伊始,美国制定的国家纳米技术行动计划,将纳米生物技术定位为其研究的突破重点之一。欧盟的框架计划中也明确提出增强其在纳米科学方面的国际地位,并积极推动将纳米科学发展的成果转化为产业界的实际竞争优势。目前,纳米生物学的发展正在以重大经济变革和社会需求为导向、变革性产品和技术为主线、协同创新为动力以及产出标志性研究和应用成果为目标而迅猛发展。

无机纳米生物材料的设计和制备是纳米生物学的基础之一。具有良好生物相容性及生物活性的新型功能性纳米材料制备技术、低毒高效的纳米生物载体及其多功能集成和协同、高灵敏度和高特异性的检测和成像材料是近年来纳米生物学研究的主要目标和国内外研究热点。生物成像技术是指借助能量与生物体相互作用,以获得生物体内组织或器官的形态、结构及特定生理功能等信息。纳米技术的开发及新型纳米材料的制备为生物成像领域带来了新契机。纳米成像技术能够显著增加其在体内外成像对比度和分辨率,提高成像质量。特别是近年来发展起来的介孔纳米材料已在生物医学应用领域,尤其是在恶性肿瘤诊治一体化应用方面取得较大的研究进展[22~24]。发展实时、定量、高灵敏度和高特异性的检测和高分辨成像技术是目前纳米生物学的核心方向之一。然而,目前介孔基纳米诊疗剂在纳米医学方面的应用研究仍然处于初级阶段,要真正实现无机介孔基纳米诊疗剂走向临床应用还需要更深入细致的工作。除通过纳米合成化学对介孔纳米诊疗剂的结构等进行裁剪外,应更多关注介孔基无机材料的可控制备及介孔基纳米诊疗剂的生物学效应,包括组织相容性、降解性、体内分布、代谢和遗传毒性等。目前国际上关于这方面的研究尚处于起步阶段,但这些研究对于介孔基生物材料的临床应用非常重要。只有在不同的动物模型上证明使用介孔纳米诊疗剂是安全的,才有可能走向临床试验和实际应用。另外,纳米材料独特的物理结构使其具有许多常规物质不具备的理化性质,如纳米粒子的抗肿瘤特性等,在生物医学领域上展现出广阔的应用前景。从原子和分子层面通过研究纳米结构材料与生物体系的相互作用分析和认识生命现象,发现材料学的新现象,对促进纳米生物学和相关生命科学的发展也具有重要意义。

5.4　发　展　目　标

目前我们的发展目标如下:

立足学科前沿,面向临床需求、跨越式发展新一代生物医用材料,提高基础研究水平,提升自主创新和协同创新能力,更加重视应用基础研究和产品的工程化,提升无机生物医用材料性能和竞争力,满足提高医疗质量和人民健康需求的迫切需求,培育国民经济的新增长点,推动我国生物医用材料产业的发展。

以生物医用材料和植入器械发展为导向,从无机非金属基生物医用材料的临床应用重大需求入手,开展具有高生物活性和生物适配性的组织再生材料的制备、生物功能化表/界面的构建及促进组织再生的研究,开展组织修复部件的快速成型精密制造方法研究以及纳米无机生物材料的新应用探索;阐明活性组织再生材料、生物适配材料、功能化表界面的制备原理和作用机制,发展无机非金属生物医用新材料的表征和评价方法并建立相关标准;掌握生物材料调控组织再生科学规律并发展和形成理论,逐步建立具有我国特色和优势的新型生物医用材料原位引导再生及生物适配基础理论与学术体系;争取在第三代生物材料构建及其生物学新效应探索方面占据国际领先地位,抢占无机非金属生物医用材料学术制高点。

在以上基础上,以突破应用面广、需求量大的生物医用材料和制品的关键核心技术为重点,研发新一代生物活性/生物适配性/生物功能化组织再生材料及植入产品,形成一批具有重大产业化价值的知识产权群,加快成果转化,促进生物材料的源头创新;引导传统产业技术升级,改变我国高端生物医用材料受制于进口的局面,形成批量化产品和新技术储备,并逐步占领国际市场,用十年左右的时间基本建成较为完整的无机非金属基组织再生材料科学与产业体系,成为世界第二大生物医用材料及相关制品供应国。

培养一批有国际影响力的领军人才和中青年学术骨干,形成一支学科交叉、紧密合作的高水平研究队伍,为我国生物医用材料科学与产业化的持续发展奠定人才和队伍基础。

5.5　未来 5～10 年研究前沿与重大科学问题

传统生物医用材料的时代正在成为历史。与生物技术相结合、赋予材料生物活性,使材料能与人体组织产生可控相互作用,通过新型生物医用材料激发或调控生物体组织再生和重建过程中的细胞黏附、迁移、生长、分化和凋亡等生理活动,增进细胞活性或新生组织的再生功能,从而帮助机体实现组织的修复和再生,已成为21世纪生物医用材料科学发展的主要方向,并正在对生物材料产业产生越来越大的影响和作用,生物医用材料及植入器械科学和产业正在发生革命性变化。特别值得关注的是,一个为再生医学提供组织/器官再生或重建的生物医用材料和植入器械新产业将成为生物医用材料产业的主体,并将带动相关产业飞速发展。图5.1展示了生物医用材料的发展路线图。

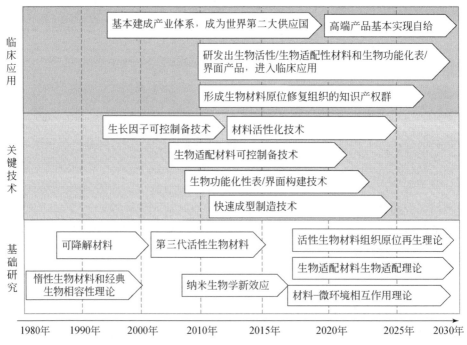

图 5.1　生物医用材料发展线路图

5.5.1　高活性组织修复材料的构建及其在微环境中的作用机制

这方面研究利用"材料＋生物活性分子"的策略,重点构建生物活性组织再生材料,实现规模化可控制备,发展第三代生物材料,使基础研究达到国际领先水平,建立活性生物材料原位引导组织再生的学术理论。此外,应加强应用基础研究,促进科研成果转化为临床应用产品,推进临床应用,提高临床治疗水平。具体涉及的科学问题包括以下几个方面:

(1)激发生物学效应的活性组织修复材料的设计与可控制备。设计具有能够快速启动细胞响应、调控细胞定向分化、促进血管化、传输营养的生物空间和通道,阐明可组装生物活性因子生物材料的制备原理和成型加工过程物理化学控制机制。

(2)生物材料与生物活性因子的相互作用及生物材料的活性化策略。通过特定生物材料的设计及其与生长因子的相互作用,提高生长因子的生物活性,并实现生长因子的活性维持和可控释放。

(3)生物活性材料-宿主微环境的相互作用机制。研究材料对宿主微环境中细胞行为的影响规律、材料的化学物理信号与微环境中细胞生物学信号的交互影响及其分子机制。

(4)材料在体内微环境中的降解、转归机制。研究材料在体内的降解途径、降解产物及其对组织再生的影响。

(5)材料介导下的组织再生过程及其机制。研究材料植入后宿主体内应答的序列事件及其发生机制;生物活性材料与宿主防御和再生体系的相互作用及其关键信号分子和分子通道;揭示植入材料如何在体内参与、完成原位修复损伤组织。

在上述研究的基础上,建立材料的特征参数、生物活性因子及其协同作用调控组织再生的作用谱,集成出生物材料原位再生理论和活性材料构建准则。

5.5.2　生物医用材料的高活性和生物功能化表/界面

这方面研究从需求出发,系统研究以赋予高活性和生物功能为目的的表/界面构建原理,建立特定生物学效应(如抗细菌感染、抗肿瘤、促进骨整合等)的生物医用材料表/界面可控制备理论,揭示材料表/界面特性对选择性调控细胞(组织)行为及其生物学效应的作用规律以及机体对表/界面的响应规律,为材料优化设计提供理论指导,并为实现骨缺损修复材料、关节假体、牙种植体等功能强化等应用提供基础;实现对损伤组织/器官的特异性调控和主动修复。推动产品开发,逐步占领国际市场。

围绕构建高活性和生物功能化表/界面,揭示材料表面性能(如表面形貌、化学组成等)与生物学效应(蛋白吸附、细胞黏附和分化、细菌黏附和生长等)之间的相

互作用关系,涉及的关键科学问题包括以下内容:

(1)植入体活性化及生物功能化表/界面的设计构建与可控制备;

(2)材料表/界面多尺度微纳结构对细胞行为的调控作用及其分子机制;

(3)材料表/界面特定元素组成对细胞行为的调控作用及其分子机制;

(4)活性化材料表/界面特性对组织再生的影响规律及其促进机制;

(5)材料表/界面特性的生物学效应及其对组织再生的影响机制。

在上述研究的基础上,从材料学和生物学两个方面建立材料的元素组成、微观结构、负载生物活性分子等参数的生物学效应谱,为表/界面性能的优化以及新型生物医用材料的功能化构建提供理论指导。

5.5.3 生物适配材料

这方面研究从临床迫切需要入手,以骨(包括软骨)修复、齿科植入等为研究对象,系统研究材料成分、结构、基团修饰和信号分子修饰等因素精确调控机理,材料与组织细胞作用机制,材料在生理环境中的可控降解及降解产物的代谢机制,材料服役期间的力学性能变化机制及材料/细胞间力学信号转导机制,材料功能化设计及构建原理等关键科学问题,建立生物医用材料的生物适配理论并形成国际影响;突破量大面广新型生物医用材料的功能化设计及制备关键技术,研发出一批新型骨科和齿科修复材料及器件,改变我国高端生物医用材料受制于进口的不利局面,并逐步占领国际市场。

组织适配、可控降解适配、力学适配是生物适配材料的核心关键问题,具体如下:

(1)材料的组织适配机制。针对无机非金属材料的特点,进行材料组成、多级仿生结构、表面拓扑结构与化学特征等多种形式的生物适配设计和生物功能设计,明确类骨材料的分子组装、形态与结构的精确控制机理,揭示材料类骨结构特征对细胞的调控作用及作用机制,提出并发展新型无机非金属植入器件表面功能化类骨结构的设计理论与构建方法。

(2)材料在生理环境中的可控降解适配机制。从提高材料临床应用的安全性出发,研究材料在生理环境中的降解方式、降解速率调控及材料力学强度衰变规律,明确体内降解途径和动力学过程,揭示不同几何结构、材料属性在动物体内降解过程中的结构完整性、力学支撑强度等性能随服役时间的退化规律。

(3)材料的力学适配机制。围绕生物医用材料的力学适配,研究材料与其周围人体组织之间的生物力学行为,包括植入体周围的应力状态对骨整合、骨愈合形成的影响规律;明确材料在服役期间的力学性能变化规律,与其周围生物体组织/细胞之间的生物力学相互作用,以及材料/细胞间力学信号转导机制。

(4)基于生物适配理论的生物医用材料功能化设计及构建原理。基于材料组织适配、可控降解机制、力学适配的理论研究,提出对材料的成分、结构、表面修饰等材料学因素精确调控的理论与技术,集成新型生物医用材料的生物适配理论和提出无机非金属材料支架的结构设计准则。

5.5.4　基于 3D 打印技术构建组织修复部件基础研究

在这方面的研究应加强基于 3D 打印技术的组织修复部件精密制造应用基础研究,实现具有良好组织修复效果的第三代生物材料的规模化可控制备,结合三维重建技术、临床修复技术、快速成型技术及精密加工技术,制备个性化硬组织修复部件,促进临床转化,实现个性化精确修复。

3D 打印为组织/器官的仿生制造提供了新技术,但目前大块体活性组织/器官的打印仍面临巨大的挑战,重点解决以下关键科学问题:

(1)高活性个性化 3D 打印专用无机生物材料研究。随着 3D 打印技术及多头同步打印工艺的发展,需要研发新型打印专用基材。在再生医学领域重点发展各类 3D 打印专用高活性材料和多级结构材料;研究 3D 打印基料中的活性元素/活性因子的固载、材料的多级结构载药、多药(多因子)协同控制释放系统及其构建;注重特殊复杂组织器官打印材料以及与各种新型打印基材相配套黏合剂的专门研究[25]。

(2)基于 3D 打印的生物材料表面构建。重视植介入材料器械表面设计构建,随着 3D 打印分辨率的不断提升,开展材料表面的特殊功能化设计(图案、拓扑结构、亲疏水性和智能化界面),如基于调控细胞行为、介导细胞命运的介质表面图案化设计,具有智能化的表面抗菌或抗凝血设计等,为构建个性化可移植的仿生组织和器官开辟新途径。

(3)精准化打印关键技术。克服 3D 打印的速度和精度之间的矛盾[26],提高精度并缩短打印时间,提高极大极小尺寸成型能力和精度;发展新的 3D 打印模式,开展精准打印技术的研究,以提高打印工艺的稳定性,获得高精度、高质量的产品。

5.5.5　新型纳米生物材料及其生物学新效应研究

在这方面的研究以纳米技术为手段,在纳米层次上操控分子并改性,提高对生物学基础科学问题的认识,为临床医学提供新方法、新技术和新材料;针对恶性肿瘤治疗的重大需求,研制性能优异的新型无机介孔基造影剂材料及新型无机介孔基靶向纳米药物;发展新型多功能介孔基纳米药物的可控制备、功能化修饰、药物传递与释放等技术;揭示无机介孔基纳米材料的载药机制、生物降解途径、细胞与动物水平毒理学机制等,研发出一系列实用新型介孔基纳米载体材料。主要的几个研究方向如下:

(1)新型纳米生物材料及纳米系统的可控制备。纳米材料在生物医药领域具有广阔的应用前景,主要研究包括基于分子组装机制等设计制备功能化纳米材料;

从原子和分子层面明确研究纳米结构材料与生物体系的相互作用。

（2）基于高灵敏纳米介孔材料的恶性肿瘤高效诊疗体系。基于纳米技术的高灵敏性及纳米材料的功能集成特性,采用纳米生物技术提高检测生物大分子和疾病相关标志物的效率、准确性以及生物成像技术的分辨率,发展出区别于传统模式的高效、精确、安全和功能可控的诊断手段和应用技术,促进临床医学影像学的发展。

（3）纳米药物与药物靶向递释系统。此系统利用纳米材料与技术构建药物载体,提高药物的生物利用度和稳定性,改善药物性能,赋予其靶向功效和延长药物作用时间,对恶性肿瘤等重大疾病的治疗、基因药物的递释和环境响应性及高精准靶向药物递释系统的构建等具有重大意义。

（4）促进组织再生修复的纳米生物材料和纳米体系。生物材料的纳米结构对细胞的黏附、增殖和分化等行为产生影响,并且在信号传导和细胞通信中发挥重要作用,显著促进组织再生修复。掌握纳米生物材料与细胞的相互作用机制,将为新型组织再生材料的设计提供理论基础。

（5）纳米材料新效应及安全性评价。这方面研究针对疾病的微环境生物学特性,设计和构筑具有体内循环、病灶组织富集与渗透、细胞摄取及胞内药物释放性能等多功能协同特性的智能纳米结构。纳米颗粒和纳米材料对人类健康及生存环境等方面的安全性评价也受到极大的关注。

5.6　未来5～10年优先发展方向

图5.2展示了生物医用材料未来研究方向框架,根据以上学科趋势及重大科学问题分析,"十三五"期间优先发展方向介绍如下。

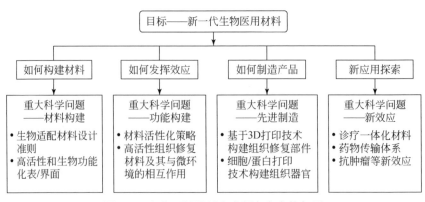

图5.2　生物医用材料未来研究方向构架图

5.6.1　生物活性材料

生物活性材料研究利用生物活性分子开展活性化修饰,构建新型高生物活性组织修复材料,借助材料-微环境的相互作用,激发体内的生物学效应,充分调动人体自身修复能力,实现缺损组织快速再生修复。生物活性材料优先发展方向如下:

(1)基于临床需求的生物材料及多功能化构建。主要发展具有促进组织快速修复作用的高活性组织再生材料,以及适于微创治疗的可注射材料及其功能组装。

(2)生物材料的活性化关键问题。重点突破生长因子等生物活性因子在生物材料上的高效固载、活性维持和可控释放,揭示生长因子在生物材料中的可控序贯释放及其对组织再生的影响。

(3)生物材料-生物活性分子的协同作用。通过添加特殊功能的材料,提高生长因子/药物等生物活性分子的生物学效应,实现生物材料的新功效。

(4)生物材料与宿主微环境的相互作用及其对组织再生的影响。重点研究材料介导下的组织再生过程及其关键信号分子和分子通道、材料激发生物体的免疫应答机制及其对组织再生的影响、材料在体内微环境中的降解途径等。

(5)活性生物材料对干细胞行为的调控作用探索。针对硬组织修复相关的干细胞,围绕组织修复过程,揭示材料参数对干细胞定向分化、募集、转归等行为的影响规律。

5.6.2　生物材料的表/界面

表/界面研究聚焦于:具有高生物活性的骨、牙等植入器械表/界面,具有良好抗菌性和抗磨损性能的固定物表/界面,具有优异靶向作用的癌症诊疗试剂表/界面,具有可控释放药物/蛋白质/基因的特异性表/界面等功能化表/界面开展研究。这方面研究包括以下几个方面:

(1)高活性和生物功能化表/界面设计理论和技术体系研究。研究包括材料表/界面功能化构建机制,表/界面性能对材料整体性能,如降解性和力学性能等的影响规律。

(2)机体对高活性和生物功能化表/界面的响应机制研究。依据材料植入部位和所发挥的功能,系统研究参与生理过程的生物大分子、细胞等对表/界面特性的响应机制。

(3)高活性和生物功能化表/界面调控人体免疫反应的机制研究。系统研究并阐述表/界面性能对免疫反应的影响,以及通过免疫信号调控后续生物学效应的规律。

(4)具有特定生物学功能的活性表/界面构建研究。根据生物医用材料所需临床功效,设计并构建具有特异性生物功能的表/界面。

①生物活性表面。通过材料表面原位固载生物活性元素、材料表面微纳结构构建、材料表面沉积生物活性涂层等策略,提高改性层与基底界面的结合强度,赋予表面高生物活性。

②抗菌表面。通过表面纳米化或引入无机抗菌元素等赋予材料抗菌功能。

③可调控生物学反应的特定功能表面。通过材料表面化学改性、固定特定结构的生物分子以及表面微构型等,可实现材料对特定蛋白质和细胞的选择性吸附、黏附及其生物功能控制。

5.6.3　生物适配材料

这方面着眼于系统研究生物医用材料与组织细胞相互作用机制,材料在生理环境中的可控降解及降解产物的代谢机制,材料在服役期间的力学性能变化机制及材料/细胞间力学信号转导机制,材料功能化设计及构建原理等关键科学问题,建立生物医用材料的生物适配理论,并且在临床量大面广使用的新型生物医用材料的功能化设计与制备方面取得重要突破,研发出一批新型骨齿科修复材料及器件。具体研究方向如下:

(1)无机非金属生物医用材料的组织适配性研究。重点阐明材料的成分(包括本体和表面区域的微量元素添加及多组分的复合等)、结构(包括多级仿生结构及表面几何构型与特定拓扑结构的构建等)、基团修饰和化学小分子/信号分子修饰等材料学因素对细胞行为的影响规律和调控机理。

(2)类骨修复材料的多级仿生设计与精确调控机理研究。从多级仿生设计出发,研究类骨材料的分子组装、微观结构、生物活性分子、功能基团等对骨修复的调控作用,研究材料组成、多级结构、表面拓扑结构与化学特性等对成骨细胞和软骨细胞的选择性吸附和分化、增殖、表型维持间的信号联系及相关细胞信号转导的作用规律。

(3)无机非金属生物医用材料的可控降解机制研究。重点突破材料在体内环境中的降解过程,阐明体内降解产物的组成、主要代谢途径和动力学规律,在生理环境中的降解方式、降解速率调控及材料力学强度衰变规律。

(4)无机非金属生物医用材料的力学适配机制研究。重点研究材料力学性质对材料/组织结合特性的影响规律和植入材料在体内服役状态下的应力分布,探讨植入器件的生物力学适配性与材料自身力学性能之间的关系规律,研究材料/细胞间力学信号转导途径。

(5)功能化新型软骨/软骨下骨一体化修复体的组织适配。重点研究不同几何结构、材料属性在动物体内降解过程中的结构完整性、力学支撑强度等性能随服役时间的退化规律,构建可降解材料的结构连续损伤模型。

5.6.4　诊疗用纳米生物材料

新型无机介孔材料的可控制备及其在药物缓控释体系、医学成像及诊疗一体化中的应用将为疾病的快速诊断与治疗提供新思路和新手段。具体包括以下内容：

(1)新型介孔基无机生物材料体系的可控制备及生物学效应；

(2)新型多功能化介孔基成像材料的成像机理与性能；

(3)诊疗一体化纳米介孔材料的精准治疗；

(4)用于恶性肿瘤高效诊断与治疗的新型多功能介孔基无机生物材料体系及其生物学效应；

(5)基于纳米介孔材料的新型药物/蛋白质缓控体系。

5.6.5　基于 3D 打印技术的组织再生构件快速成型制造

以 3D 打印技术为代表的计算机辅助仿生设计及快速成型制造技术，包括精密加工及自动化生产技术、个性化植入器械的制备技术、组织工程化仿生活体器械的快速成型和制备技术等，其发展可为组织再生临床提供新的技术。具体包括以下内容：

(1)新型高性能材料的合成与改性，突破现有材料在强度和可打印性方面的突出矛盾；

(2)细胞/蛋白质/生物材料的 3D 仿生打印，探索细胞/蛋白质打印的基础制造学问题。

参 考 文 献

[1] Irvine D J, Swartz M A, Szeto G L. Engineering synthetic vaccines using cues from natural immunity. Nature Materials, 2013, 12(11):978－990.

[2] Veiseh O, Doloff J C, Ma M L, et al. Size- and shape-dependent foreign body immune response to materials implanted in rodents and non-human primates. Nature Materials, 2015, 14(6):643－651.

[3] Savage N. Synthetic coatings super surfaces. Nature, 2015, 519(7544):S7－S9.

[4] Webber M J, Appel E A, Meijer E W, et al. Supramolecular biomaterials. Nature Materials, 2016, 15(1):13－26.

[5] Nel A E, Madler L, Velegol D, et al. Understanding biophysicochemical interactions at the nano-bio interface. Nature Materials, 2009, 8(7):543－557.

[6] Mitragotri S, Lahann J. Physical approaches to biomaterial design. Nature Materials, 2009, 8(1):15－23.

[7] 吴勇毅，陈渊源. 《中国制造 2025》上的 3D 打印"国家战略". 上海信息化, 2015,(10):10－15.

[8] Vallet-Regi M, Ramila A, Real R P D. A new property of MCM-41:Drug delivery system. Chemistry Materials, 2001, 13(2):308-311.

[9] Li W, Yue Q, Deng Y H, et al. Ordered mesoporous materials based on interfacial assembly and

engineering. Advanced Materials,2013,25(37):5129—5152.

[10] Schlossbauer A, Sauer A M, Cauda V, et al. Cascaded photoinduced drug delivery to cells from multifunctional core-shell mesoporous silica. Advanced Healthcare Materials,2012,1(3):316—320.

[11] Tang F, Li L, Chen D. Mesoporous silica nanoparticles: Synthesis, biocompatibility and drug delivery. Advanced Materials,2012,24(12):1504—1534.

[12] Yang P, Gai S, Lin J. Review—Functionalized mesoporous silica materials for controlled drug delivery. Chemical Society Reviews,2012,41(9):3679—3698.

[13] He Q J, Shi J L. Mesoporous silica nanoparticle based nano drug delivery systems: Synthesis, controlled drug release and delivery, pharmacokinetics and biocompatibility. Journal of Materials Chemistry,2011,21(16):5845—5855.

[14] Roethera J A, Boccaccinib A R, Hench L L, et al. Development and in vitro characterisation of novel bioresorbable and bioactive composite materials based on polylactide foams and Bioglasss for tissue engineering applications. Biomaterials,2002,23(18):3871—3878.

[15] Hench L L. Biomaterials:A forecast for the future. Biomaterials,1998,19(16):1419—1423.

[16] Hench L L, Polak J M. Third-generation biomedical materials. Science, 2002, 295 (5557): 1014—1017.

[17] Susmita B, Sahar V, Amit B. Bone tissue engineering using 3D printing. Materials Today,2013, 16(12):496—504.

[18] Rautray T R, Narayanan R, Kim K H. Ion implantation of titanium based biomaterials. Progress in Materials Science,2011,56(8):1137—1177.

[19] Kango S, Kalia S, Celli A, et al. Surface modification of inorganic nanoparticles for development of organic-inorganic nanocomposites—A review. Progress in Polymer Science,2013,38(8):1232—1261.

[20] Wu G S, Li P H, Feng H Q, et al. Engineering and functionalization of biomaterials via surface modification. Journal of Materials Chemistry B,2015,3:2024—2042.

[21] Sean V M, Anthony A. 3D bioprinting of tissues and organs. Nature Biotechnology,2014,32:773—785.

[22] Chen Y, Chen H R, Shi J L. Construction of homogenous/heterogeneous hollow mesoporous silica nanostructures by silica-etching chemistry: Principles, synthesis, and applications. Accounts of Chemical Research,2014,47(1):125—137.

[23] Benezra M, Penate-Medina O, Zanzonico P B, et al. Multimodal silica nanoparticles are effective cancer-targeted probes in a model of human melanoma. Journal of Clinical Investigation,2011,121 (7):2768—2780.

[24] Phillips E, Penate-Medina O, Zanzonico P B, et al. Clinical translation of an ultrasmall inorganic optical-PET imaging nanoparticle probe. Science Translational Medicine,2014,6(260):260ra149.

[25] Kaufui W, Aldo H. A review of additive manufacturing. ISRN Mechanical Engineering,2012,12: 1—8.

[26] Gardan J. Additive manufacturing technologies:state of the art and trends. International Journal of Production Research,2016,54:3118—3132.

（主笔:刘昌胜,王迎军,王靖,陈晓峰,刘宣勇,张胜民,翁文剑,常江,李永生）

第6章 新能源材料

6.1 内涵与研究范围

6.1.1 内涵

能源是人类文明的重要物质基础,而能源短缺是人类 21 世纪面临的最大社会问题之一。能源一般可以划分为常规能源和新能源两类。常规能源是指已能大规模生产和广泛利用的能源,包括煤炭、石油、天然气、水力和核裂变能等。这些常规能源储量较为有限,特别是地球上的石油等化石能源,如按照目前的年消耗量,大部分将在 21 世纪内枯竭,因此必须开发新的能源。新能源是常规能源以外能源形式的统称,又称非常规能源,包括风能、太阳能、生物质能、地热能、海洋能和核聚变能等一次能源及二次能源中的氢能等。在新能源利用过程中需要的关键材料称为新能源材料,这些材料性质、功能等方面的研究称为新能源材料科学,其发展对新能源的应用具有决定性影响。

太阳能、风能等一次新能源难以直接应用于人类生产生活,需将其转换为当前可为人类社会便捷利用的能源形式,如电能等。新能源转换技术正是实现上述转换的关键技术,如将光能转换为电能的技术等。在新能源转换中必须借助特定的能量转换装置,如太阳能电池、风力发电机等,其核心是实现能量转换的关键材料,它构成新能源材料研究的第一个方面——新能源转换及利用材料的设计与改进。

另外,风能、太阳能等一次能源受地域限制和天气影响,发电不稳定,并入电网会影响电网稳定性,限制了新能源的大规模利用。为解决这一问题,必须借助能源储存技术。能源储存技术是将不可保存或难以携带的能源转换为易于保存或携带的能源并在需要时可便捷利用的技术。传统的储能技术有抽水蓄能和铅蓄电池等,但抽水蓄能对地理环境条件要求高,难以推广;铅蓄电池能量密度较低,难以满足一些重要工作的需求,发展新的能源储存技术势在必行。能源储存技术的核心是可实现能量储存和高效转换的关键材料,它构成了新能源材料研究的第二个方面——新能源储存材料的设计与改进。

综上所述,新能源材料科学是研究新能源转换及利用材料和新能源储存材料(见图 6.1),并实现新能源装置能量转换的高效化、新能源材料制备与工艺的低成本化和环境友好化的一门学科。

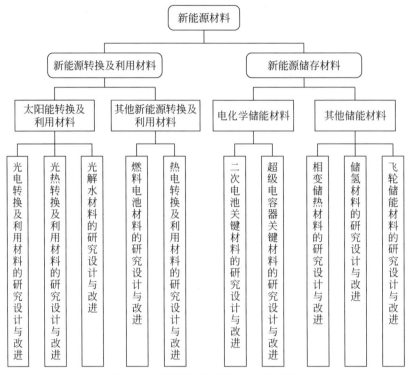

图 6.1　新能源材料研究方向构架图

6.1.2　研究范围

新能源材料研究的目标是实现新能源的大规模应用。为此,基本思路是突破高效率、低成本的能源转换及利用材料和能源储存材料的制备及应用中存在的困难:从研究材料和器件的能量吸收、转换、储存机理到适宜材料的性能和特征参数的表征,寻找新的能源材料或新的材料制备方法,进一步改进材料性质或其制备工艺,以获得具有更高能量转换效率和更低制造成本的新能源材料。其研究范围包括以下三个方面。

1. 新能源材料、器件能量转换关键过程机理

新能源材料、器件主要有新能源转换与利用材料、器件,以及新能源储存材料、器件。前者的功能是能量转换,后者的功能是能量储存,两者共同的核心是不同形式能量间的转换过程。充分表征这些过程,理解其本质和机理,发展相应理论模型,可以提高对能量转换本质的理解,建立理论模型指导现有新能源材料的改良。其关键过程机理包括:新能源材料、器件从能源吸收到能量转换的微观过程,新能源材料的基本结构、性质及其与能量转换效率的关系,特别是其表面形貌对能级结

构的影响;新能源器件中辅助材料与核心材料间的相互作用,新能源器件中各材料间界面性质对器件性能的影响。

2. 新能源材料及其制备工艺的改进

新能源材料器件的研究目标是提高器件的工作效率,降低器件生产成本。因此,需要提高现存材料特性及改进材料制备工艺,包括以下内容:构建适宜能量转换的材料微观结构和表面形貌,调控新能源材料的能带结构;新能源材料掺杂、新能源材料及器件制备工艺的简化与调整和新能源器件的结构优化。

3. 开发具有潜在优势的新材料和新制备工艺

为提高新能源材料器件效率并不断降低能源成本,要积极探索,寻找具有潜在优势的新材料和新制备工艺。研究内容包括:探索元素储量更丰富或具有更高极限效率的潜在新能源材料;探索对材料纯度或质量要求更低的高效新能源器件;将适于纳米技术的新材料制备方法应用于新能源材料制备等。

6.2　科学意义与国家战略需求

在我国能源消费结构中,煤炭消费比例远高于美国及世界平均水平(见表 6.1)。使用煤炭等化石能源会加重"温室效应",产生的粉尘等污染物也对我国自然环境造成了非常严重的污染,"雾霾"等环境问题已成为当前最重要的民生问题之一。《中华人民共和国国民经济和社会发展第十三个五年规划纲要》(简称"十三五"规划)明确提出要"坚持绿色发展,着力改善生态环境",进行"低碳循环发展"。我国需要加快能源技术创新,建设清洁低碳、安全高效的现代能源体系,提高非化石能源比例,推动煤炭等化石能源的清洁高效利用,加速风能、太阳能、生物质能、水能和地热能等新能源利用。新能源材料科学作为新能源技术的核心,是新能源取代化石能源这一发展战略最重要的技术保障。

表 6.1　中国、美国及世界 2014 年能源消费结构　　　　　　　　（单位:％）

能源种类	中国	美国	世界
原油	17.50	36.40	32.60
天然气	5.60	30.20	23.70
原煤	66.00	19.70	30.00
核能	1.00	8.30	4.40
水电	8.10	2.60	6.80
新能源	1.80	2.80	2.50

资料来源:Energy Economics BP,*Statistical Review of World Energy*,London,2015,1964 版。

由于环境污染和能源短缺的加剧,可再生能源日益受到全球各国的重视,欧盟、日本、美国,以及中国、印度等发展中国家都提出了本国的新能源发展战略。欧盟在 2014 年公布的《2030 年气候与能源政策框架》中提出:至 2030 年,成员国内的可再生能源使用比例提高至 27% 以上;中美也在同年发表联合声明,承诺为应对"温室效应"而积极实现"温室气体"减排,并提出了相应减排目标,其中中国承诺至 2030 年"温室气体"排放不再增加,并使非化石能源比例超过 20%。

截至 2014 年底,在全球能源消耗结构中,石油、煤炭、天然气仍然位列一次能源前三甲,分别占总量的 32.6%、30.0% 和 23.7%,但比例有所下降。而可再生能源(包含风电、太阳能等)占到 2.5%,较 2010 年提升了近 1 个百分点。由于太阳能资源丰富无污染,受到世界各国普遍重视。根据欧洲光伏工业协会(European Photovoltaic Industry Association,EPIA)预测,太阳能光伏发电在 21 世纪会成为世界能源供应的主体,到 21 世纪末,可再生能源将占能源总量的 80% 以上,太阳能发电将占到 60% 以上。

由表 6.2 可见,光伏发电以高达 52.51% 的复合年增长率位居第一;光热发电和风力发电紧随其后,年增长率均超过 20%,而生物质能发电和地热发电的发展较慢,低于 10%。因此,太阳能是未来新能源领域中最重要的方向之一。

表 6.2　2004～2014 年全球新能源产业发展趋势[1]

新能源项目	2004 年产业容量/GW	2014 年产业容量/GW	10 年复合年增长率/%
光伏发电	2.6	177	52.51
风力发电	48	370	22.66
生物质能发电	<36	88	9.35
地热发电	8.9	12.8	3.70
光热发电	0.4	4.4	27.10

近年来,我国汽车工业得到飞速发展,汽车产业在国民经济中占据举足轻重的地位。但是,目前我国传统汽车工业相比欧美日等发达国家和地区还有较大差距,难以在短期内实现超越。同时,我国原油长期依赖进口,2015 年原油消费 5.43 亿 t,其中进口原油达 3.34 亿 t,对外依存度首次超过了 60%。燃油汽车大量消耗石油,是"雾霾"污染的一个重要成因。对我国来说,新能源汽车技术不仅可以降低石油消耗,有效地解决我国石油能源过分依赖进口的问题,并有希望实现我国汽车工业的"弯道超车"。"十三五"规划中提出要"实施新能源汽车推广计划,提高电动车产业化水平"。目前,新能源汽车发展一个最关键的问题是如何安全、高效、低成本地储存与应用能量,这正是新能源储能材料所集中关注的研究目标。该领域的重大研究突破将极大地带动我国的汽车工业发展,为我国国民经济和社会发展做出贡献。

新能源材料科学是材料科学和材料制造技术实用化的最前沿方向之一,应用凝聚态科学理论和各种材料制造技术的最新成果,使之得到充分的实际检验,带动多学科发展。通过"假设→验证→反馈→再假设"的过程,借助实际体系澄清光电转换、二次化学电池充放电等能量转换过程的微观机制;同时表征对比不同技术所制备的新能源器件的特征参数,能够深入了解这些不同方法的局限性及其应用范围。

6.3 研究现状、存在问题与发展趋势分析

自提出"可持续发展战略"以来,我国非常重视新能源产业,目前该产业已成为我国制造业最重要的分支之一,其中光伏产业更是占据全球第一位。2005 年我国太阳能电池产量 145MW,光伏装机量仅 4MW,2015 年我国太阳能电池组件产量 43GW,10 年复合年增长率 76.7%,2015 年装机量 15GW,10 年复合年增长率 127.9%,累计装机量 43.18GW,位居世界第一。目前,我国已超越美国、欧盟,成为世界光伏制造业的最大基地和市场,并培育出保利协鑫、天合光能等世界知名的光伏企业。2015 年,世界十大光伏组件制造商中有 8 家(包括主要生产基地设在中国的阿特斯太阳能和韩华太阳能)在我国。

我国光伏产业能发展壮大,与我国研究者的不懈努力有密切关系。我国太阳能电池组件的成本一直处于下降趋势(见图 6.2)。此外,至 2015 年,我国光伏发电的度电成本已接近 0.7 元/(kW·h),基本可实现"平价上网"。但是值得注意的是,这一成本与约 0.4 元/(kW·h)的煤炭火力发电仍有一定差距。因此,我国光伏产业亟须进一步突破新能源材料技术,持续降低成本,真正使光伏发电成为未来的"能源支柱"。

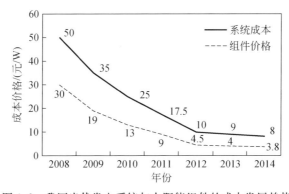

图 6.2 我国光伏发电系统与太阳能组件的成本发展趋势

在储能材料基础研究方面,我国发表的 SCI 论文在规模和高被引论文数量都

已处于世界前列。2004 年,我国在储能材料领域发表 SCI 论文 1061 篇,占该领域世界同年论文总数的 11.8%,低于美国(21.5%)和日本(19.5%)而位居世界第三;到 2013 年,我国发表论文增至 9400 篇,占世界 30.0%,已超越美国(19.6%)和日本(8.4%)居世界第一位。从 SCI 论文总被引频次来看,2004 年我国位居第四;到 2013 年,我国的总被引频次亦升至世界第一位,占 1/3 的份额。从该领域顶级 1% 高被引论文数来看,2004 年我国仅有 3 篇,位居第十,到 2013 年,增加至 108 篇,仅次于美国(121 篇)位列第二。

尽管如此,我国在论文发表等方面与美国还有较大差距,例如,一方面,2004～2013 年我国顶级 1% 高被引论文数占世界相应份额的 20.0%(166 篇),不及美国占世界相应份额(46%,387 篇)的一半;另一方面,我国在这一领域发表的论文平均被引频次刚刚超过世界平均水平,仍不及美英德等先进国家(见表 6.3)。因此,我国新能源材料学科在科研方面需要再接再厉。

表 6.3　2004～2013 年新能源材料领域六国论文的篇均被引频次

国家	2004～2013 年	2004～2008 年	2009～2013 年
世界平均水平	22.7	34	16.5
中国	20.3	30.5	17.2
美国	35	53.9	24.7
日本	22.2	31.4	15.6
德国	25.3	35.3	19.5
法国	20.5	32.3	12.9
英国	31.4	48.3	21.6

资料来源:中国科学院文献情报中心,《材料科学十年:中国与世界》,北京,2016。

在上述数据背后,从国际学术会议和论文具体成果来看,尽管我国的储能材料研究已大有进步,但是在高水平表征技术、理论模拟方法、高水平的材料制备和控制技术方面与美国、德国、日本等国家相比还有较大差距,他们在利用同步辐射、中子光源、先进成像、原位技术及 3D 表征技术、单晶制备与高质量多层外延薄膜制备等方面明显优于我国。相较于日本,我国储能材料研究在系统性、细致程度、数据质量、精度和可靠性等方面,以及基础研究成果对技术发展的推动作用等领域还存在较大差距。储能材料的一些原始创新研究,如材料基因组用于电池材料的筛选、可充放锂空气电池、室温电导率达到液态电解质水平的硫基固体电解质、锂镧锆氧固体电解质、碳纳米管硫碳复合正极材料、离子液体电解质材料、石墨烯用于储能材料、原子层沉积技术、高容量富锂正极材料、柔性和透明储能器件等,均是西方科学家首先提出和发展的。

总体而言,我国目前储能材料的研究十分活跃,创新能力显著提高。虽然目前跟踪、模仿类研究仍占主要部分,原始创新的原理器件、新材料体系还较少,但随着科研队伍持续壮大,海外优秀青年科学家大批学成归国,国家投入稳步增长,试验条件和理论水平不断稳步提高,储能材料的基础研究与应用的结合越来越密切,未来一定会取得更多成果、做出更大贡献,逐步走向世界领先[①]。

6.3.1　太阳能转换材料

1. 太阳能电池材料

太阳能电池,即光伏转换装置,是实现太阳能转换为电能的一次能源装置。现代太阳能电池源于 1954 年美国贝尔实验室所研制的硅太阳能电池。经过 60 多年的发展,太阳能电池材料,即光伏转换材料,目前已不再局限于硅材料,已从同质结走向异质结,从无机材料走向有机材料和复合材料,从体材料走向纳米材料(见图 6.3),并在此发展过程中衍生出晶硅太阳能电池技术、薄膜太阳能电池技术、染料敏化太阳能电池技术、有机薄膜太阳能电池技术、有机无机杂化薄膜(钙钛矿型)太阳能电池技术、量子点太阳能电池技术等分支。对太阳能电池归纳介绍如下:

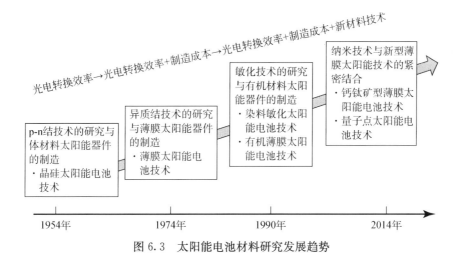

图 6.3　太阳能电池材料研究发展趋势

(1)硅太阳能电池。硅太阳能电池的历史最为悠久,于 20 世纪 50 年代由美国贝尔实验室发明。根据硅材料的晶态不同,又可以细分为单晶硅太阳能电池、多晶硅太阳能电池和非晶硅太阳能电池。其中单晶硅电池和多晶硅电池并称晶硅太阳能电池,目前应用最广泛,约占市场的 90%。单晶硅太阳能电池的光电转换效率

---

① 资料来源:中国科学院文献情报中心,《材料科学十年:中国与世界》,北京,2016。

最高,2015 年底,松下公司的单结单晶硅太阳能电池的最高效率达到 25.6%[1,2]。由于单晶生长成本较高,单晶硅电池制造工艺烦琐,折算成发电功率的单位成本高于多晶硅,目前市场份额约占晶硅电池市场的 30%。多晶硅薄膜太阳能电池是为降低成本而发展起来的技术,所使用材料为多晶硅,显著简化了制造工艺,其制造成本明显低于单晶硅电池。多晶硅太阳能电池依靠性价比的优势,成为当今应用最广泛的太阳能电池,约占晶硅电池市场 70%。我国太阳能工业多采用多晶硅电池技术路线,行业内有一大批先进企业,2015 年我国天合光能集团以 21.25% 的电池效率为我国首次刷新了世界纪录并保持至今。非晶硅薄膜太阳能电池是随纳米技术发展的一种新型技术,使用更廉价的非晶硅作为关键材料,成本更低,是太阳能电池未来发展方向之一。2015 年底,非晶硅太阳能电池的最高效率已达10.2%[3],并能保证上千小时的连续工作寿命。但这一结果与实用化晶硅电池仍有较大差距,尚处于研究阶段。

总体来说,晶硅太阳能电池制造工艺已相当成熟,学术界和产业界一致认为可以保持十至二十年绝对优势地位。未来将围绕"实用技术改良"发展,主要体现在晶硅太阳能电池生产技术细节的"微创新"和现有实验室发展的高效晶硅太阳能电池技术[如带有本征薄层的异质结太阳能电池(hetero-junction with intrinsic thin-layer solar cells, HIT)、钝化发射极背接触(passivated emitter rear contact, PERC)电池和全背电极接触(interdigitated back contact, IBC)晶硅太阳电池等]低成本实用化上,如解决多晶硅金刚石线切割后的制绒问题等。换言之,硅太阳能电池材料技术的发展图像清晰,发展稳定,成本下降空间有限。因此,为普及光伏能源,研究发展晶硅电池以外的新型太阳能电池材料与技术是非常有意义的。

(2)多元化合物薄膜太阳能电池。多元化合物薄膜太阳能电池主要包括Ⅲ-Ⅴ族化合物(如砷化镓等)、硫化镉、碲化镉和铜铟镓硒(CIGS)薄膜电池等。这类电池的光活性层为纳米量级,理论上材料耗费比晶硅太阳能电池更少,因而更有潜在的成本优势,生产成本理论上可降至 5 元/W 以下。硫化镉、碲化镉多晶薄膜太阳能电池的效率较非晶硅薄膜太阳能电池效率高,目前认证的最高效率达到22.1%[2,4](First Solar 公司)。但由于镉元素本身剧毒,会造成环境污染,发展受到一定的限制。铜铟镓硒是在铜铟硒(CIS)基础上发展起来的薄膜太阳能电池,制造工艺已比较成熟,生产成本与晶硅太阳能电池相当,2015 年最高效率为21.0%[2],已实现应用和生产。但由于铟和镓都为稀有元素,这类电池的发展受到一定限制。

砷化镓的能隙为 1.4eV,是很理想的电池材料。单晶砷化镓电池的最高转换效率目前达到 28.8%[2],多晶砷化镓电池的效率也达到 18.4%[2]。除砷化镓外,其他Ⅲ-Ⅴ族化合物,如磷化铟等,也得到开发,并取得了相当高的效率。这类电池还可以与其他材料形成叠层电池,电池效率高于 30%(如 InGaP/GaAs/InGaAs,

电池效率 37.9%[2]),广泛用于航天领域。

目前这类化合物薄膜太阳能电池大多含有稀有元素,对比晶硅太阳能电池单位成本并无显著优势,因而只占据约 10% 的市场份额。寻找廉价无毒的替代元素已成为这一方向发展的重点。其中,以铜锌锡硫(CZTS)为代表的新型化合物薄膜太阳能电池格外受到关注,该电池当前认证电池效率已达 9.1%[2],其硒化产物 CZTSS 电池认证电池效率达到 12.6%[2]。

(3)有机聚合物太阳能电池。有机聚合物太阳能电池简称有机太阳能电池或聚合物太阳能电池,其工作原理类似于无机异质结太阳能电池,只是其中形成 p-n 结的是几种不同性能的有机材料(主要为聚合物材料,也有部分小分子材料)[4]。有机材料具有柔性好、加工工艺简单、材料选择范围广泛等优点和潜在的成本优势,因而是太阳能电池材料发展的一个重要方向。有机太阳能电池可追溯至 20 世纪 50 年代,但单层电池结构过于简单,有机光电转换材料和无机电极的功函数不匹配,不利于光生电子-空穴对分离,电池效率在 0.1% 以下。1986 年,邓青云引入给体-受体的双层有机太阳能电池结构[5],首次突破这一问题。此后,研究者重点研究新给体、新受体材料和改善器件结构形貌,取得了丰硕成果。2014 年,香港科技大学研制的有机太阳能电池认证效率已达 11.5%,刷新了世界纪录。

目前常用的有机太阳能电池关键材料,如受体[6,6]-苯基-61-丁酸异甲酯(PCBM)等、给体聚 3-己基噻吩(P3HT)等材料的成本较高,加之电池效率低于晶硅电池,电池稳定性也有待进一步提高,因而短期内还难以实用化。目前其效率偏低主要有以下三方面的原因:①现有有机材料禁带宽度大,对入射光的吸收率较小;②光生电子-空穴对无辐射复合严重;③现有有机材料激子分离能较高,载流子迁移率较低。因此,未来将着重寻找低成本高光电性能的新型给受体材料,改善器件结构以降低电池复合,提高器件效率。

(4)染料敏化太阳能电池。染料敏化太阳能电池是 20 世纪 90 年代兴起的新型太阳能电池,一般是三明治结构,即电池两边分别为由宽带隙半导体纳米多孔薄膜、染料分子组成的光阳极和对电极,中间夹心层为连接光阳极和对电极的电解液。该电池的工作原理与传统的 p-n 结太阳能电池有所不同,由染料分子吸收光能,并被激发至激发态;利用浓度梯度的差别实现光生电子从处于激发态的染料分子注入纳米晶的宽禁带半导体的导带,再由导带传输至导电基底上,然后经外电路做功传输到对电极。同时,失去电子处于氧化态的染料分子被电解质中的氧化还原电对还原,被氧化的电解质再接受经外电路传递至对电极的电子复合,从而完成一个电池循环。

染料敏化太阳能电池的优点是其低廉的材料成本和简单的制备工艺,至今这一电池的最高认证效率已达 11.9%[2],在封装情况下取得可观使用寿命,因而已有小规模试验性生产。我国在这一领域成果众多,特别是在新型染料分子的设计与制备方面达到世界先进水平。但是这一电池性能相比晶硅电池仍有较大差距，电池使用寿命也远低于 20 年(晶硅标准)。若以度电成本为标准，该技术目前远不足以与晶硅电池竞争。制约染料敏化太阳能电池性能的关键是光生电子在界面转移过程中与电解质的复合和多孔 TiO_2 纳米薄膜中晶界对电子传输的阻碍。综上所述，尽管有近 20 年来的不断努力，也取得了诸多进展，但是电池效率相比 1991 年并没有显著突破，特别是最近十年认证最高电池效率仅提升不到 2%，使这一领域的研究热度已有消退。但是染料敏化太阳能电池具有独有的良好弱光响应性能和柔性潜质，因而在光伏衣物等特殊的应用领域有显著优势，而且其工作原理也与 p-n 结电池有显著不同，因而作为基础研究有重要意义。因此，染料敏化太阳能电池的发展将以新型固态(准固态)电解质、柔性材料、弱光响应器件、光电机理研究等方向为重点，并期望能在电池效率方面有所突破。

(5)量子点太阳能电池。量子点太阳能电池是随纳米技术发展而兴起的一种新技术，因利用无机半导体量子点(quantum dots)作为吸光材料而得名[6]。量子点是准零维的纳米晶材料，其三个空间维度的尺寸均小于体相材料激子的德布罗意波长(即玻尔半径)，因而内部电子在各个方向上的运动都受到限制。量子点材料有诸多优点：①可以通过调控量子点的尺寸改变量子点的带隙，从而拓宽吸光范围；②可以吸收一个高能光子产生多个电子-空穴对，即多激子效应；③量子点具有很大的消光系数和本征偶极矩，便于电子-空穴快速分离；④电子给体和受体材料的能级匹配容易实现；⑤制备工艺简单，成本低，稳定性好。因此，量子点太阳能电池发展潜力很大，估计其理论效率可以达到44%。

到目前为止，已经发展出量子点薄膜太阳能电池和量子点敏化太阳能电池两类。前者电池结构和工作原理与化合物薄膜太阳能电池类似，只是光活性材料从体相的半导体变成了量子点材料，如 CIGS、CdS 等材料在量子点太阳能电池里的应用即是如此。这一类型中最为突出的是 PbS 量子点电池，最高效率已达到 10.6%[2]。量子点敏化太阳能电池的电池结构和工作原理与染料敏化太阳能电池非常类似，只是光活性材料由有机染料分子变成了无机量子点。这一类电池在我国发展尤为突出，其中液态电解质量子点敏化太阳能电池效率已达到 11.6%[7]，准固态电解质量子点敏化太阳能电池效率也达到了 11.3%[8]。

量子点太阳能电池技术发展时间还不长，电池效率也远不能与已实用化的太阳能电池相提并论，且量子点材料固有的稳定性缺陷导致该电池的工作寿命较低。这一领域的发展需解决上述问题，研究工作集中在新型电池结构、新型复合材料(多元量子点)、新量子点材料界面修饰手段，以及电荷转移过程机理、模型研究等方向。

(6)有机无机杂化薄膜太阳能电池。有机无机杂化薄膜太阳能电池又称钙钛矿型薄膜太阳能电池，简称钙钛矿太阳能电池，是 2009 年出现的一种新型太阳能电池技术,主要以一种有机无机杂化的钙钛矿晶体结构的半导体材料 ABX_3 (A＝MA,甲脒(FA)等,B＝Pb,Sn 等,X＝Cl,Br,I 等)。其中 BX_3 为无机部分,以 $[BX_6]$ 八面体存在于晶体中共顶点连接,B 一般为 Pb,X 为卤素,一般为碘(I);A 为有机部分,一般为甲胺(MA),插在 $[BX_6]$ 八面体网络的空隙中。

这类甲胺铅碘钙钛矿材料具有良好的吸光能力和非常长的载流子输运距离(载流子迁移距离均超过 $1\mu m$),因此格外受到重视。自 2009 年钙钛矿太阳能电池技术首次报道以来,六年内电池效率从 3.8％至超过 20％呈飞跃式提高,成为新型太阳能电池领域最受欢迎的研究方向。但是在高光电转换效率背后还要看到这类电池所存在的致命缺陷。例如,电池的工作寿命,最新美国国家可再生能源实验室(National Renewable Energy Laboratory,NREL)认证的该电池 22.1％的最高效率就是不稳定的。事实上,钙钛矿型太阳能电池的关键材料甲胺铅碘钙钛矿的化学稳定性和空气热稳定性均较差,很容易与空气中的水分发生反应导致材料失效,电池损毁。此外,该材料在电池工作过程中存在严重的离子迁移,理论上难以长时间稳定工作。因此,这类电池实际上距离取代晶硅电池相当遥远。考虑到这一领域在电池效率已取得突破性进展的当下,为进一步缩短该类电池迈向实用化的路程,未来该领域将把研究重心从电池效率提高转移至材料器件的稳定性提高和大面积器件制备上。

2. 光热转换材料

光热转换技术是将太阳能转换为热能并加以利用的技术,是目前世界范围内利用太阳能最普遍的一种形式。我国在这方面已经走在了世界前列,屋顶太阳能热水器安装量世界第一,并在 2015 年提出要大力发展“光热发电”。

以太阳能选择性吸收涂层为代表的光热转换材料是太阳能集热器的主要功能组件之一,是太阳能光热转换中最为关键的部分,其质量和光学性质决定了器件的热捕集性能。目前,有关选择吸收涂层系统的研究很多。选择性吸收涂层材料包括金属氧化物、硫化物、碳化物、氮化物及近年来出现的金属-陶瓷复合材料等,其发展是从金属氧化物涂料、黑镍、黑铬到铝阳极化涂层再到超级蓝膜涂层的更新换代过程。但至今仍有许多技术问题没有解决,成为制约太阳能光-热-电利用的瓶颈。其中光谱选择性吸收/反射/透射/辐射涂层尤为重要,其难点包括:①光热转换效率(用光谱选择性吸收涂层的吸收率/发射率之比衡量);②耐温性能(高温/低温);③服役寿命及评估方法;④耐候性等。目前集热器的耐温性、寿命、耐候性均不过关,所存在的问题成为该工程技术领域的制约瓶颈。

未来光热材料的研究发展将围绕上述关键问题开展,并主要集中在如下方向:①高效、低成本、长寿命、耐高温的太阳光谱选择性吸收涂层的研究;②太阳光谱选择性吸收涂层的低成本、大面积制备技术及其装备;③太阳光谱选择性吸收涂层的耐候性(冷热交变、腐蚀、抗辐射、阻氢等);④高温下的热辐射可控机理;⑤材料服役寿命评估方法。

3. 光化学能转换材料

太阳能的化学能应用是指利用太阳能实现化学反应,使太阳能转换为反应产物的化学能。由于原料易得、无污染,在所有光化学能转换形式中,光解水制氢和光催化固碳最为人们所关注。目前利用太阳能制氢的方法主要有光催化制氢、光伏电解水制氢、光热热解水制氢等。光催化制氢技术的核心是可以吸收光能从而催化水分解的催化剂材料,其依靠光催化材料吸收光子,实现光生电子-空穴对的分离,再依靠分离的电子和空穴实现对水的氧化和还原,从而得到氢气。光催化固碳技术的核心是吸收光能从而催化二氧化碳碳氧键活化的催化剂材料,依靠光催化材料吸收光能并将光能转移给二氧化碳实现其碳氧键的活化,从而实现固碳,将光能转换为便捷使用的化学能。

光催化研究开始于 1972 年日本学者就 TiO_2 开展的工作[9]。由于 TiO_2 的禁带宽度过宽(3.2eV)只有紫外区的作用,而太阳光中的紫外成分小于 5%。为了解决这一问题,研究者开发出氧化物、硫化物和氮化物三大类光催化材料,通过负载助催化剂、纳米化等方式修饰改性,使紫外光催化制氢技术基本成熟,并可以在可见光范围内光分解水制氢。要利用可见光分解水,对催化剂的要求很高:①能带位置与水的氧化还原电位相匹配;②带隙小于 3eV;③在光催化反应过程中稳定。到目前为止,只有 GaN-ZnO 固溶体可以称作真正的可见光分解水催化剂,利用这种催化剂,在可见光下可以将水分解为化学计量比的氢气和氧气,但其量子效率只有 6%。事实上,大多数光催化剂只能诱导水分解半反应,即只能借助外加牺牲剂来单独产氢或产氧,且能量转换效率不高,这显然不能满足实际需要。

为实现光催化制氢技术大规模应用,必须在可见光范围高效完全分解水。为此,光催化材料的发展将主要为:①开发可实现可见光完全分解水的高效新型光催化材料;②构造新型催化体系,如构建产氧催化剂和产氢催化剂相结合的异质结催化剂或电子转移体系(即 Z 型反应(Z-scheme)催化剂)等,实现更高光催化效率;③深入研究光分解水反应动力学机制,形成基于分子水平的光催化机制理论。

光催化固碳技术的研究始于 1978 年 Halmann 基于 TiO_2 体系的报道[10],但由于 CO_2 还原需要预先吸附 CO_2,且 CO_2 比质子更难得电子,因而难度较光解水制氢更大。至今已取得诸多成果,除 TiO_2 体系外,还有如 ZnTe、石墨复合的 C_3N_4 等越来越多的可见光吸收催化剂的报道,但上述材料的量子转换效率仍较低,距离走向实际应用很远。目前来看,光催化固碳技术的难点主要在 CO_2 的吸附与活化过程上,但对上述过程的研究还远远不够。因此,未来光催化固碳材料的发展除发展更高效的新型光催化固碳材料外,更需要深入研究光催化固碳反应的动力学机制,形成基于分子水平的光催化固碳机制理论。

6.3.2　燃料电池材料

在能量转换材料研究领域,论文和专利数量排第一的是太阳能转换材料,第二就是燃料电池。

燃料电池是一种通过氧化还原反应,使燃料与氧化剂结合,将化学能直接转换为电能的电化学装置。自 1839 年出现第一个燃料电池装置以来,燃料电池已经发展出质子交换膜型燃料电池、碱性膜燃料电池、熔融碳酸盐燃料电池和固体氧化物燃料电池等,并能实现氢气、一氧化碳等无机物到甲烷、甲醇、乙醇等有机物的化学能转换,从而在环境友好条件下实现氢能、生物质能、各种碳氢燃料直接转换和有效利用,受到广泛关注[11]。燃料电池材料主要包括传导离子的电解质、传导电子/离子的阴极和阳极材料,在燃料电池集成过程中,还需要用到连接体、封接等多种材料。这些材料不仅涉及无机和有机,还包括固体和液体等多种形态,同时有板式、管式等多种结构,需要不同的制备技术。下面按照燃料电池电解质材料的分类,介绍不同种类燃料电池材料的发展趋势。

1. 氧离子导体电解质的燃料电池材料

以氧离子导体为电解质的燃料电池通常称为固体氧化物燃料电池(solid oxide fuel cell,SOFC),其最大的优点是氧离子从阴极侧穿过电解质到阳极侧(燃料侧),可以直接氧化几乎所有的碳氢燃料,实现碳基燃料的化学能向电能的直接转换,因此具有燃料来源广泛、与现有能源供应系统兼容等突出优点。另外,氧离子有效半径大,氧离子导体均在较高温度下(500～1000℃)才可以有效传导,因此SOFC 工作温度高,这使得其具有转换效率高、无需贵金属催化剂、热管理及维护容易等突出优点,但是明显加大了材料选择和制备技术的难度。

氧离子导体电解质的组成和结构:电解质是 SOFC 的核心部件,决定其工作温度、功率密度、能量转换效率及稳定性等,因此需针对氧离子电解质的材料组分、离子传导机理、微观结构以及制备工艺开展研究,主要内容包括:①电解质材料中离子传导机理以及与晶体结构的关联性,通过组分和结构设计获得新型高性能电解质材料;②通过晶粒尺寸和取向控制、异质界面引入等微观结构调控方法获得离子快速传导通道以及高离子电导率;③研究增强离子传导的新型物理机制,如过渡金属氧化物中的电子强相关作用等;④采用较低温度下具有较高氧离子电导率的电解质,如掺杂氧化铈、掺杂镓酸镧等,要解决的问题是氧化铈基电解质在还原气氛下的电子导电问题、应力变化问题和掺杂镓酸镧长期工作后的成分偏析和元素迁移问题[12]。低成本、高品质、多构型电解质薄膜的制备工艺:电解质薄膜化,如厚度 $10\mu m$,可显著减小电解质的欧姆电阻。

在电解质支撑型、阴极支撑型和阳极支撑型等 SOFC 中,阳极支撑型 SOFC 输出功率最高。阳极支撑型 SOFC 需要开展以下方面的研究:①阳极支撑体在氧化还原气氛中切换时的稳定性问题;②传统镍基阳极使用含碳燃料时的积碳问题;③使用非氢气燃料时,浓差极化与电极微结构关系等问题。对于阴极支撑型,需要展开阴极材料的高温稳定性和力学性能等方面的研究。具体研究内容包括以下几个方面:

(1)适用碳基燃料的阳极材料。SOFC 的优势之一是燃料范围广,不仅可使用氢气燃料,还可使用含碳气体,甚至还可以直接使用固体碳燃料。SOFC 使用含碳燃料的方式有两种:一是将含碳燃料[如甲烷(CH_4)]通过水蒸气或二氧化碳重整,变成主要含氢气和一氧化碳的合成气,然后将合成气输入 SOFC 中运行;二是直接将含碳燃料输入电池中。第一种重整的方式能够避免阳极积碳,但大量水蒸气或二氧化碳的使用降低了燃料的利用效率,同时燃料气中的有效成分低导致电池的开路电压变低,影响电池的发电效率。第二种直接使用含碳燃料的方式效率高,电池系统结构简单,是 SOFC 发展的重要方向;但使用传统的镍基阳极时有严重的积碳问题,导致电池性能下降甚至完全失活。为此,需要开展阳极的积碳机理和新型抗积碳阳极材料研究的探索。

(2)直接碳固体氧化物燃料电池阳极材料。直接碳固体氧化物燃料电池(direct carbon solid oxide fuel cell, DC-SOFC)是直接采用固体碳为燃料的 SOFC,其工作原理是:起始时,固体碳与阳极室内残留在空气中的氧反应生成一氧化碳,一氧化碳扩散到阳极发生电化学氧化反应生成二氧化碳,二氧化碳扩散到碳燃料表面发生 Boudouard 反应生成更多的一氧化碳,如此循环进行,电池不断地消耗碳并发电[13]。DC-SOFC 无需输入气体,也无需液态介质,是真正的全固态电池(燃料都为固体),转换效率高,有望在煤炭、生物质碳高效发电方面得到广泛应用;同时,可能在便携式电源方面得到应用。需要进一步研究的是阳极材料的耐二氧化碳性能、原位 Boudouard 反应催化剂等。

(3)高活性阴极材料。当 SOFC 在中低温工作时,氧还原的极化电阻较大,往往是燃料电池内阻的最大贡献,为此,需要探索高性能阴极,包括新型阴极材料和阴极的新结构。近年来还发展了一批新型阴极材料,除钙钛矿基氧化物外,还包括双钙钛矿型,R-P(Ruddlesden-Popper)结构等其他结构氧化物阴极;还开发了多种阴极材料新结构,如表面修饰的多级多孔结构阴极、异质结构纳米催化阴极、梯度孔结构阴极等。SOFC 阴极在实际运行中还会遇到来自空气中的二氧化碳和水蒸气的侵蚀,以及来自连接体材料中的铬侵蚀等[14],因此评价阴极在实际情况下的长期稳定性,阐述材料组成结构、导电特性及电化学应用的关系,以及建立快速衰减测试平台,预测燃料电池寿命和实际应用前景也具有重大意义。

(4)连接体材料和涂层材料。固体氧化物燃料电池工作温度降低,使金属取代陶瓷作为连接体材料已经成为可能。金属连接体具有热导率高、导电性能好、热膨胀性匹配等优点;但也存在一些问题,如高价铬的挥发、抗氧化性弱以及铬挥发导致的阴极毒化等问题。目前的研究主要集中在连接体材料表面改性与新合金材料的研制上。其中通过金属材料表面改性,即涂层的方式,可以明显改善不锈钢连接体的相关性能,成为目前的研究热点。用作金属连接体的涂层自身除应该具有抗氧化性和导电性外,还应该能增加金属连接体的抗氧化性、降低面比电阻、改善基体的黏附性、满足热膨胀性和化学稳定性以及与电池各组件匹配等条件。基于以上要求,目前涂层材料主要包括稀土氧化物涂层、钙钛矿涂层以及尖晶石涂层等。Mn-Co 尖晶石涂层能有效增加合金的抗氧化性,降低面比电阻(ASR),主要抑制基体中铬的挥发而减少高价铬对阴极的毒化,是目前比较有前景也是一种未来研究的主要涂层。此外,还要探索新的性能更加优越的涂层材料。

(5)高温封接材料。作为 SOFC 的关键技术之一,可靠的封接技术将对 SOFC 的发展具有重大的促进意义。SOFC 的运行温度较高,用作 SOFC 的封接材料需要满足以下条件:封接材料与待封接部件具有良好的热膨胀系数匹配性、电绝缘性、长期工作中的热化学稳定性、密封性能以及易加工性能等。目前封接材料主要分为玻璃、玻璃-陶瓷、云母以及耐热金属材料等,其中以玻璃、玻璃-陶瓷封接材料的研究最为普遍。

在玻璃体系中复合 ZrO_2 等氧化物及陶瓷材料,一方面能够通过添加骨料改善复合玻璃材料的性能,提高稳定性,同时能够增强玻璃与电解质或电极的热匹配和化学匹配,使其与电解质或电极的相互稳定性有所提高。目前,玻璃-陶瓷封接材料应用在 SOFC 上,得到了良好的气密性,但是在热循环稳定性和寿命方面还需进行更多的研究工作。

2. 质子(氢离子)导体电解质的燃料电池材料

与氧离子导体电解质材料不同,质子导体电解质可以是有机材料,也可以是无机材料。以有机材料为基础的质子导体电解质燃料电池称为质子交换膜燃料电池(proton exchange membrane fuel cell,PEMFC),通常在低温下(80~120℃)工作,而以无机材料为基础的质子导体电解质燃料电池需要在中高温下(300~800℃)工作。

(1)质子交换膜燃料电池。随着丰田、本田等车企相继推出各自的商业化燃料电池汽车,全世界又兴起了新一轮的燃料电池研发热潮,而成本、寿命、环境适应性等问题仍然是制约燃料电池大规模推广应用的主要问题。在材料方面受制约最大的是稀缺资源铂。随着电极材料中铂用量降低,势必造成电池的反应活性位减少,进而造成电池性能下降,甚至会引发由铂降低带来的可靠性等问题,因此,如何解决低铂燃料电池性能、功率密度、可靠性等科学问题成为全世界的研究热点。为此,需要重点研究降低燃料电池的铂用量和提高功率密度两个方向:①在降低铂用量方面,着重解决低铂催化剂的核心机理和构效关系等科学问题,并探明低铂膜电极的质子传导机理以及液态水传输过程,实现低铂高性能膜电极结构设计;②在提高功率密度方面,将围绕具有立体化 3D 流场的双极板展开研究,分析流场结构对气液传输过程的影响,通过流场结构设计优化电池内部气液传输过程。基于上述两个方面的研究,为低铂燃料电池技术发展奠定理论基础,促进燃料电池铂用量降低,同时保证低铂燃料电池的性能和功率密度。

(2)质子导体固体氧化物燃料电池。基于无机材料质子导体电解质的 SOFC 具有电导活化能低、电极反应势垒低、燃料利用率高、适合在中低温条件下运行等优点,极具竞争优势和应用前景,其在材料方面主要研究方向为:①稳定电解质材料研究。以固体化学、材料化学等为基础,构建双掺杂、三掺杂等复杂钙钛矿型质子电解质材料。利用理论计算及试验观测等方法,研究掺杂剂种类及浓度等对质子导体电解质在酸质气体中稳定性的影响规律;明确电解质质子电导率及其离子迁移数对掺杂剂的种类和浓度、测试气氛等的依赖关系;掌握晶界对质子传输的“捕获”效应及其与晶界构筑方式间的影响关系。②高性能阴极的设计与制备。应用理论研究及试验探索,明确钙钛矿型阴极材料的组成及含量等对材料碱性、质子电导率、电子电导率的影响;发展 R-P 结构等新型层状阴极材料,研究材料的组成和结构对材料传导性能及稳定性的影响机制。通过第一性原理计算及阻抗谱测试研究氧气在阴极材料表面的反应过程,明确电解质/阴极的界面稳定性与测试气氛、电池工作条件等之间的影响规律,通过材料结构和组分调整及微结构优化,提高材料化学稳定性,降低阴极极化电阻,提高电池性能。③含碳燃料在阳极的反应过程及应用。通过质谱、红外光谱等原位研究含碳燃料在阳极反应的产物及中间产物,从理论与实践两方面探讨燃料反应过程与阳极组成及微结构间的构效关系,明确电池运行的温度、电流等条件对转换过程的影响机制,掌握质子导体阳极可能的抗积碳机理和加快电极反应速率的催化机理,构建新型高效阳极。

3. 其他离子导体电解质的燃料电池材料

(1)碱性阴离子交换膜燃料电池(alkaline anion exchange membrane fuel cells,AAEMFC)材料。近年来,随着碱性阴离子交换膜的技术突破,碱性阴离子交换膜燃料电池(AAEMFC)也发展起来,它结合质子交换膜燃料电池和传统碱性燃料电池(alkaline fuel cell,AFC)的优点,可从根本上摆脱对贵金属催化剂的依赖,从而引起了研究者的广泛关注。然而,目前 AAEMFC 研发还处于起步阶段,许多技术环节不够成熟,包括膜和催化剂在内的核心材料仍然是制约其电池性能和反应效率的关键因素,适应 AAEMFC 反应过程的膜电极结构设计以及电极界面行为也需要进一步探明,以确保整个碱性膜燃料电池的性能和稳定性。

需要从 AAEMFC 的核心材料和关键部件两个层次展开研究：①在核心材料方面,将针对碱性聚合物电解质开展分子结构设计等基础研究,以获取高稳定性的超薄碱性聚合物电解质膜,将开展高性能非铂电催化剂研究,深入研究碱性体系电催化特性与电极过程;获得性能与铂相当的稳定的氢氧化与氧还原非铂催化剂。②在关键部件方面,将开展膜电极结构与界面行为研究,根据碱性聚合物电解质与非铂催化剂的特点设计膜电极组合体的微纳结构,研究其在燃料电池工作条件下的演化规律。上述研究为进一步获得高性能和高稳定性的碱性膜燃料电池奠定基础。

（2）熔融碳酸盐燃料电池（molten carbonate fuel cells,MCFC）关键材料。熔融碳酸盐燃料电池以碳酸根离子为传导对象,在中高温（500～700℃）下,可以直接使用碳基燃料,尤其适合大型发电系统;其逆过程还可以有效处理 CO_2,也是一个新的研究热点。关于 MCFC 关键材料,需要开展工作镍基电极反应过程中电极腐蚀机理;研究燃料中 CO 对电池性能的影响规律及积碳形成机制;研究环保型水基 $LiAlO_2$ 隔膜材料和烧结方法对隔膜穿透压的影响规律;研究 MCFC 膜电极中隔膜、电解质、电极及双极板间的匹配特性与规律;研究 MCFC 高温密封方法;研究电池堆内部的能量释放、传递、转换及利用的作用机制;研究高效率的 MCFC 新系统和新方法、系统内物质变化与能量转换的耦合规律与机制。

4. 高性能电解电池材料

燃料电池是一个能够可逆运行的器件,当外界提供燃料时可以发电（化学能转化为电能）,当外界供给电能时,可以将 H_2O/CO_2 电解成氢气和合成气（H_2 和 CO 的混合气）,从而把电能以化学能的形式储存起来。在所有可逆的电解过程中,以固体氧化物电解池（solid oxide electrolyser cell,SOEC）电解效率最高,但是其关键材料和过程都非常需要进一步研究。

固体氧化物电解池可以直接电解 H_2O/CO_2 制备合成气燃料,进一步还可以合成甲烷等碳氢化合物,在能源转换和利用方面具有重要的应用前景。传统金属电极,如 Ni 基电极,具有优良的催化性能,但是直接高温电解 H_2O/CO_2 制备燃料易氧化,而且热循环性能差,严重制约电解池的进一步发展。发展具有氧化还原稳定的陶瓷阴极,制备全陶瓷电解池,实现高效电解 H_2O/CO_2 制备燃料,是发展固体氧化物电解池的方向。氧化还原稳定的陶瓷材料,如钙钛矿陶瓷等,其还原态具有优良的电子导电性,其离子电导率通过掺杂后显著提高,非常适合作为陶瓷阴极电解 H_2O/CO_2 制备燃料。通过协同控制陶瓷电极的掺杂和非化学计量比,设计并构筑陶瓷电极表/界面催化新体系,构筑方法主要是原位可逆生长、原位浸渍生成和电解质催化剂复合等,可以提高催化剂的稳定性和催化性能。另外,还需要进一步研究电解电化学催化还原的热力学、动力学和电化学机制。

6.3.3　热电材料

热电材料是能直接进行热能和电能相互转换的功能材料。利用温差电材料构制的热电器件在存在温度梯度的条件下通过泽贝克(Seebeck)效应可输出电能,称为温差电池;与之相反的效应,热电器件还可以通过佩尔捷(Peltier)效应产生温差达到电子制冷的效果。热电器件在诸如航天探测器电源、深空探测电源、工业废热发电、汽车尾气废热发电、太阳光电复合发电、微型移动能源和半导体制冷与温控等技术领域有重要的应用。随着社会对新能源材料的需求,近年来热电材料及其相关技术受到极大的关注,主要活跃的研究机构分布在中国、美国、欧洲、日本、韩国、澳大利亚、印度和新加坡等,说明全球较强的经济实体都在大力度地关注热电材料的研究。在"十一五"和"十二五"期间,我国研究人员在热电材料研究领域做出了很多有国际影响的工作,处于国际领先水平。热电发电技术在我国目前实施的重大航天计划中将扮演重要的角色。

热电发电技术的转换效率主要由其性能优值 ZT 决定。从 ZT 值定义 $ZT = (S^2\sigma/\kappa)T$ 可见,在一定的温度 T 下,应该具有大的温差电动势 S,高的电导率 σ 和低的热导率 κ,这几个性能参数之间相互依赖,此消彼长。热电领域的主要研究目标是通过对电传输和热传输进行耦合调控,实现优异的电传输性能($S^2\sigma$)和低的热传输性能(κ)。根据最高 ZT 值在不同温区的分布,热电材料可分为三种:低温区(室温附近)、中温区(600～900K)和高温区(>1000K)[15]。低温区热电材料主要以 Bi_2Te_3 基材料为主,美国、中国和韩国的研究人员现已研发出 ZT 最大值分别达到 1.4、1.5 和 1.8 的块体纳米晶 $Bi_{2-x}Sb_xTe_3$ 热电材料[16]。除对传统 Bi_2Te_3 基材料进行改进外,开发新的低温区热电材料也是一个重要的发展趋势,休斯敦大学、浙江大学、哈尔滨工业大学、中国科学院物理研究所等报道的与 Bi_2Te_3 基材料性能相当的 MgAgSb 合金,其 ZT 最大值目前已达到 1.4。在高温区热电材料方面,各国研究人员也取得了显著进展,除传统的 SiGe 合金外,现已研究出在 1000K 温度下 ZT 最大值达到 1.5 的 Cu_2Se 和 ZT 最大值达到 1.7 的 $Cu_{1.97}S$ 热电材料以及 ZT 最大值达到 2.6 的 Al 掺杂的 Cu_2Se 材料[17];此外,浙江大学报道了一种在 1100K 温度下 ZT 最大值可以达到 1.1 的半 Heusler 合金[18]。由于中温区热源分布比较广泛,与低温区和高温区热电材料相比,对于中温区热电材料的研究尤为活跃,具有代表性的材料以 $CoSb_3$ 基方钴矿、$Mg_2Si_{1-x}Sn_x$ 和 PbTe 基化合物等为主,中国科学院上海硅酸盐研究所、上海大学、武汉理工大学和华盛顿大学的研究人员相继研究报道了方钴矿型材料,目前多填充方钴矿的 ZT 最大值可达 1.7;武汉理工大学开发的 $Mg_2Si_{1-x}Sn_x$ 在 700K 中温区 ZT 值可达 1.3。PbTe 基化合物是一种备受关注的中温区热电材料,美国研究人员曾在 2004 年报道了一种 ZT 值达 2.2 的 n 型 $Ag_nPb_mSb_nTe_{m+2n}$(LAST)材料。针对 LAST 体系,清华大学采用简易的球磨和快速烧结工艺,通过优化工艺和元素配比等手段在 723K 温度下使材料的 ZT 最大值达到 1.54。由于 PbTe 的特殊价带结构,近年来对于 p 型 PbTe 的研究也取得了很大进展:美国学者采用态密度共振的方法提高室温泽贝克系数;通过元素合金化的方法调整轻重价带之间的距离,提高高温泽贝克系数;通过设计全范围声子散射的多尺度显微结构来降低声子热导率,进而将 ZT 最大值提高到 2.2;此外,采用非平衡态的制备方法可以提高第二相固溶度,从而调控能带结构,将 ZT 最大值提高到 2.5。近年来,具有层状结构的新型材料由于其二维特征而表现出优异的热和电传输特性,如 SnSe 和 BiCuSeO 热电材料在中温区也表现出较为优异的热电性能[19~21]。

从以上发展的趋势来看,对传统热电材料采用新概念新方法协同调控和开发新型储量丰富能够代替贵金属材料的新型热电材料为主要的发展趋势。热电材料领域涉及材料、物理、化学和计算材料学等多个学科交叉,并涉及与热电器件设计和应用等相关的热工程管理等多个领域。"十三五"期间的研究主要集中在以下几个关键问题:①电和声输运的耦合调控新机制、新概念和新方法;②界面调控、显微结构和性能演化调控规律,探索材料界面对导电导热的影响规律;③探索晶体结构(化学键及非对称)、缺陷化学(空位和点缺陷)、电子能带结构(能带工程)及弹性性能(非谐振和低声速)等与电和声的影响规律、关联与表征;④材料合成的新工艺和新方法;⑤有助于筛选高性能新材料的材料基因数据库的建立和储备。

综上所述,新能源转换材料发展路线如图 6.4 所示。

6.3.4　新能源储存材料

先进储能技术在国民经济中占据日益重要的地位,储能技术的发展离不开储能材料的进步。在发展太阳能、风能、潮汐能、地热能发电及燃料电池技术中,需要高效储存电能,以满足应用需求。此外,在智能电网、电动汽车、先进通信终端、工业节能、数据中心、电动工具、启停电源、智能建筑、通信基站和先进武器等领域,也需要先进储能技术。

目前,储能材料基础研究十分活跃,涉及适于不同应用的各类储能技术,包括化学储能(如二次电池、超级电容器、相变储热材料和氢能储存)以及物理储能(如飞轮、超导磁存储和电介质储能)等。储能器件中一般包含无机非金属、金属、有机化合物、聚合物及其复合物等多种材料。储能材料的基础研究内容包括储能机制、储能特性、热力学、动力学、微结构、组元相互作用与反应、物理化学特性及其演化、界面和表面、缺陷、尺寸效应、可控制备、先进表征、多尺度理论模拟等。

1. 二次电池关键材料

二次电池又称作蓄电池、可充电电池,已有近 160 年的发展历史。其工作原理

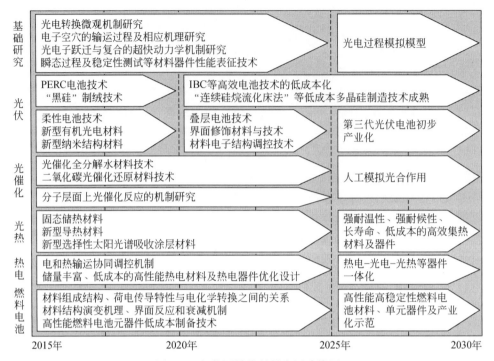

图 6.4 新能源转换材料发展路线图

是利用可逆化学反应以达成化学能与电能间的转换。目前,市场中常见的二次电池包括锂离子电池、镍氢电池、镍镉电池和铅酸电池等。二次电池通常用于车辆启动和照明、便携式电子设备电源及紧急备用电源,范围十分广泛。近年来,由锂离子电池作为动力的电动汽车的应用及推广再次引起人们对二次电池的认同与关注。与此同时,二次电池的发展也面临前所未有的挑战。开发高能量、高功率、长寿命、高安全和低成本的二次电池体系成为人们关注的重点。如果想根本解决这些问题,需要对二次电池材料的基本科学和技术问题有系统、深入的认识[22～24]。这包括:二次电池电极材料的储能机制,电子结构、晶体结构和界面结构的多尺度演化;电子、离子输运特性,电荷转移机制与电极反应过程动力学;能提升材料性能的掺杂、表面修饰和复合结构等方法;从原子尺度到宏观尺度材料的计算与模拟方法;二次电池材料服役过程的失效机制;二次电池材料的高通量计算、制备、表征和测试方法;二次电池在充放电过程中的电、磁、声、热、光等物理特性的演化。综合理解这些基础的科学与技术问题会对理解电池的运行机制、开发电池潜力有不可替代的作用。下面从二次电池的体系入手,介绍各方向的研究情况及最新进展:

(1)锂离子电池。1991 年索尼公司首次将锂离子电池商品化,由于具有比能量高、寿命长、自放电率低和无记忆效应等优点,锂离子电池迅速占领了很大的市场份额并几乎垄断了消费电子领域的电池市场。随着锂离子电池安全性能和寿命的不断提高、成本的不断下降,其应用范围已经扩展到智能电网、电动汽车等各个领域。考虑电池的综合性能,锂离子电池已成为二次电池中的佼佼者,但仍有许多问题亟待解决,如时有发生的安全事故、使用寿命的衰减、低温天气的充电特性等。

　　未来锂离子电池主要向进一步提高安全性、寿命和能量密度的方向发展,研究内容将涵盖固态电池、锂硫电池、锂空气电池、高能量密度锂离子电池和电池失效分析等几个方面。在这些研究领域中,国内外学者不断攻坚克难,挑战一个又一个新的极限。作为锂离子电池生产大国,我国在以上领域研究中处于国际先进行列。例如,在固态电池方面,我国与国际先进研究水平同步,且发展迅速。

　　深入理解已有电池体系,挖掘潜力也是提高电池性能的最佳手段之一。通过失效分析与逆向工程结合,能迅速找到电池老化原因及电池性能和设计之间的关联,通过对关联性与老化的分析,可以反过来指导材料的生产与电芯的设计。目前,世界范围的失效分析研究刚刚起步,中国科学院物理研究所团队已与国内外多家企业签署了失效分析合作协议,凸显我国高水平的电池分析测试技术。

　　当前,锂离子电池正处于最繁荣也是最艰难的时代。锂离子电池能否继续引领二次电池的潮流,要看其是否能够达到人们预期的标准,锂离子电池将继续向高安全性、高能量密度与低成本化方向迈进。

　　(2)铅酸电池。铅酸电池是最早普遍应用的老牌二次电池,已经历了 100 多年的发展历程。其应用领域遍及交通、航天和通信等多个重要领域。相比于其他二次电池,铅酸电池以其低廉的成本、良好的安全性能等优势受到青睐,尤其是在汽车启停电源市场的优势至今尚无法撼动。

　　铅酸电池目前主要的缺点在于能量密度低,难以满足当前轻、薄、小的时代需求。同时,在日益提倡环保的新世纪,铅酸电池生产及废弃可能造成的环境污染问题也为人们所诟病。

　　铅酸电池的主要发展方向是:①铅酸电池的反应机理,对机理的深入了解将会加快电池研发的速度。②电池材料的开发,包括研发新的电极材料、集流体材料、隔板和包装材料等,材料的研发可以决定电池一半性能,另一半则需由工艺来控制。材料体系决定电池能量密度、功率密度、环保性能等,是研发的重中之重。③电池设计与加工工艺,卷绕、封装、焊接等步骤都会影响电芯最后的性能。④废旧电池回收,尤其是污染物的回收处理会影响铅酸电池的可持续发展。

　　综上所述,铅酸电池的未来将围绕提高能量密度、循环性与环保性进行发展,在稳固现有市场的基础上进一步拓宽应用领域。

　　(3)镍氢电池。镍氢电池从 20 世纪 90 年代逐渐发展起来,并由于其较高能量密度和安全性能一直处于二次电池市场前沿。镍氢电池主要用 $NiOOH$ 作为正极材料,储氢材料作为负极材料进行充放电。

　　在二次电池中,镍氢电池的比能量和比功率仅次于锂离子电池,但其安全性远高于锂离子电池,因此镍氢电池是车用二次电池的重要成员之一,在混合动力电动汽车中得到了较好的应用。镍氢电池主要问题在于自放电效应比较严重。镍氢电池的发展方向是:①开发高能量密度的材料体系与封装工艺,使其能量密度能与锂离子电池相比拟。②解决电池自放电问题,显著提高镍氢电池的市场竞争力;需要深入完整地认识镍氢电池自放电机制,找到原因,采取相应对策。

2. 超级电容器关键材料

超级电容器亦称为电化学电容器。根据能量存储机制不同,超级电容器可分为双电层电容器和赝电容器。双电层电容器是物理过程,即通过电极/电解液界面的静态电荷积累来存储能量;赝电容器涉及电化学反应,是在电极表面或体相中二维或准二维空间内,电活性物质进行欠电位沉积,发生高度可逆的化学吸附、脱附或氧化-还原反应,产生和电极充电电位相关的电容。

超级电容器通常包含双电极、电解质、集流体和隔离物等四个部件。其重点研究方向为非对称电容器、锂离子电容器、混合电池电容器等储能器件的关键材料体系;电极材料方面,碳材料目前是商业化电容器运用最广泛的电极材料,碳材料的比表面积越大,在电极/电解液的表面,电荷储存的能力越高[25],表面功能化及引入导电聚合物和金属氧化物复合也可提高容量;赝电容器电极材料主要包括金属氧化物和导电聚合物等;RuO_2作为超级电容器有前景的电极材料,其理论比电容可达$2000F/g$[24],包括多孔薄膜、纳米棒、纳米片、纳米管等不同形貌的RuO_2均可为人们所利用,目前一种含水的RuO_2纳米管状阵列电极的比电容可以高达$1300F/g$,能量密度和功率密度分别是$7.5W\cdot h/kg$和$4.3kW/kg$,但是这类水系超级电容器价格昂贵、资源稀缺,$1.2V$的电压范围限制在小型电子设备的应用;MnO_2是一种替代RuO_2的有效超级电容器电极材料,影响其电化学性能的主要原因有结晶度、晶型、形貌、导电性、活性物质的质量负载及测试所用的电解液等;Co_3O_4也是一种有潜力的超级电容器电极材料,优点是成本低、氧化还原活性高、高度可逆及超高的理论比电容($3560F/g$),目前研究主要集中在不同形貌的Co_3O_4纳米结构,包括纳米片、纳米线、纳米管、纳米花、气凝胶及微米球等。导电聚合物是指既具有导电性又具有高分子材料特性的一类导电高分子材料,运用在超级电容器上的导电聚合物是通过共轭π键中的电子转移发生氧化还原反应进行储能,最具代表性的导电聚合物有聚苯胺(PANI)、聚吡咯(PPy)、聚噻吩(PTh)及相应衍生物,聚合物在高的正电势范围内易分解,电势越趋于负值越易变成绝缘态,对于此类电容器,电势窗口的选择至关重要。因此,下一步应重点研究提升能量密度、功率密度和循环寿命的材料体系设计与器件结构设计;研究多维结构、微纳组装、介孔、纳米阵列、掺杂、表面修饰、插层复合和层层组装等对电容材料电化学性能的影响,在多尺度上揭示其结构、表面和界面等与电化学性能的关联和规律;研究尺寸效应、电子输运和离子吸附扩散特性等作用机制。此外,电解液对电容器的性能具有十分重要的影响,超级电容器的工作电解液分为固态电解质和液态电解液两种,液态电解液又分为水系电解液和非水系电解液。水系电解液的额定工作电压范围窄,不利于实现超级电容器的高能量密度,非水系电解液是指有机系电解液,主要由溶质和溶剂组成,常用的溶剂是乙腈、碳酸乙烯酯(EC)、碳酸丙烯酯(PC)、N,N-二甲基甲酰胺(DMF)、碳酸甲乙酯(EMC)、碳酸二甲酯(DMC)和碳酸二乙酯(DEC)等,常见的溶质有高氯酸锂(LiClO$_4$)、四乙基四氟硼酸铵(季铵盐)等,电势窗口一般为 2～3V,理论值最高可达 5V,优于水系电解液;超级电容器的储能机理主要发生在电解质/电极的界面处。因此,要着重研究适合超级电容器的电解液和电极材料/电解液界面反应及输运等问题,研究高性能复合电极材料与电解质材料的协同匹配及材料体系的系统集成问题。

3. 相变储热材料

相变材料(phase change material, PCM)是指随温度变化而改变形态并能提供潜热的物质,相变储能技术是指利用相变材料物态变化时吸收或释放大量潜热的技术,解决可再生能源在利用时的空间和时间不匹配的问题,延长可再生能源的利用时间。发展针对不同温区,具有高比热容、高相变热、高热导率、低相变体积变化率、环境友好和相变点可控的相变储热材料及化学反应储热材料对提高可再生能源的综合利用效率有重要意义。目前,可应用于相变储能技术的 PCM 根据其物态主要分为气液、固气、固液以及复合材料和新型的熔融盐材料。

近年来,国内外主要研究了石蜡烃、脂肪酸、多元醇类等有机物传统相变储能材料的应用。例如,可采用高温保温与超声波结合的方法制备出相变温度为室温的相变储能材料;采用化学方法,对固液相变高分子材料进行改造,在低熔点物质与骨架材料间引入化学键,使其具有固固相变性质,克服高分子相变材料使用寿命短、易老化的缺点。

新兴的熔融盐技术,由于使用温度范围广、蒸气压低、无过冷和相分离现象而广泛作为太阳能热发电吸热与蓄热介质。其中,碳酸盐价低、腐蚀性小、密度和溶解度大、黏度大;有些碳酸盐存在高温分解;氟化盐具有高熔点和高潜热,但液固相变体积收缩大、热导率低。氯化物种类繁多、价格低,缺点是腐蚀性严重;硝酸盐熔点在 300℃左右,价格低、腐蚀性小、500℃下不分解、热导率低,但易发生局部过热。向熔融盐体系中添加膨胀石墨制备相变储热复合材料,可提高热导率。无机盐/陶瓷基体相变复合材料是由相变材料(无机盐)分布在多微孔的陶瓷基体中复合而成的,能同时实现基体陶瓷和相变无机盐双储热的效果。

为解决固液相变材料的泄漏问题,主要办法是将其封装于不发生相变的胶囊或者壳体装置中,封装相变材料的壳体可以是简单的容器,也可以是经历复杂化学变化形成的聚合物纳米球体,即微胶囊。

该领域将针对不同温区,发展具有比热容高、相变热高、热导率高、相变体积变化率低、环境友好和相变点可控的相变储热材料及化学反应储热材料;发展显热储热、潜热储热和热化学储热等多种类型的储能材料;发展熔融盐、复合相变材料和相变微胶囊等新型储热材料。

4. 储氢材料

氢能是指以氢及其同位素为主体的反应所释放的化学能或由状态变化所释放的核能。氢无毒性和放射性,且储量丰富,通过电化学反应可转化成电能和水,无任何污染且有很好的可再生性,是一种终极绿色能源。发展高密度、安全、高效和快速释氢的综合性能优异的储氢材料是氢能技术的关键。储氢材料主要包括金属氢化物、配位氢化物、液体有机氢化物、多孔材料和碳质吸附储氢材料以及新兴的金属有机框架材料(MOFs)等。

金属氢化物储氢材料最重要的特性是能可逆地吸/放大量氢气,但体积储氢密度通常很低,且金属在吸放氢过程中与氢结合的能力通常过强或过弱。配位金属氢化物储氢材料一般是由配位金属阳离子(如 Li^+、Na^+、Mg^{2+} 等)和配位阴离子(如 AlH_4^-、BH_4^-、NH_2^- 等)组成的一类化合物,储氢容量很高。有机液体氢化物储氢量大,便于储存、运输和维护保养,是一类有应用前景的储氢材料,目前研究的有机液体储氢体系包括环己烷-苯、咔唑和乙基咔唑等;氨硼烷(NH_3BH_3)的体积储氢密度为150g/L,理论质量储氢密度高达19%,使用过渡金属催化剂的条件下能够在70℃快速放氢。

物理吸附储氢材料与氢之间的物理相互作用较弱,提高比表面积、增强氢在表面的吸附能力及降低吸附温度是提高这类材料储氢性能的关键因素;碳纳米管、富勒烯和石墨烯是较早发现的具有储氢性能的碳基物理吸附材料。金属有机框架材料是一类由金属离子和有机配体自组装形成的晶态材料,具有很高的比表面积、高的孔隙率和良好的稳定性,是一类重要的物理吸附储氢材料;目前研究表明,MOFs-177 比表面积可达 $5500m^2/g$,在 70bar[①] 压力下的 MOFs-177 能吸附 7.5%(质量分数)的氢气;通过调节金属离子和有机配体以及控制空腔的大小及形状,目前制备了新型类 MOFs,如 ZIFs(沸石咪唑框架材料)、COFs(共价有机框架材料)等。下一步继续研究化学储氢(储氢合金、配位氢化物、氢基化合物、有机液体等)和物理储氢(如碳基材料、金属有机框架材料等)新材料与新设计;同时发展高压储氢容器用材料,发展原位制氢技术(如铝水制氢)用关键材料。

---

① 1bar=10^5Pa。

新的储能材料体系、储能技术不断涌现,储能技术的指标也不断被突破。当前储能材料最主要的研究内容仍然是发展新材料,而针对实际储能器件和量产储能材料的服役行为、失效机制、规模制备技术的研究也日益增多。

储能技术逐渐渗透到从纳瓦到百兆瓦的几乎所有的电子产品与设备中,不同应用对储能技术指标要求不一,柔性、可穿戴、透明、高低温、大容量、超高功率、自充电和自修复等新要求也不断涌现,为储能材料与器件的多元化提供了很大的发展空间,使得储能材料的基础科学研究在已经十分活跃的态势下,呈现出更加繁荣的景象。图 6.5 是储能材料战略发展路线图。

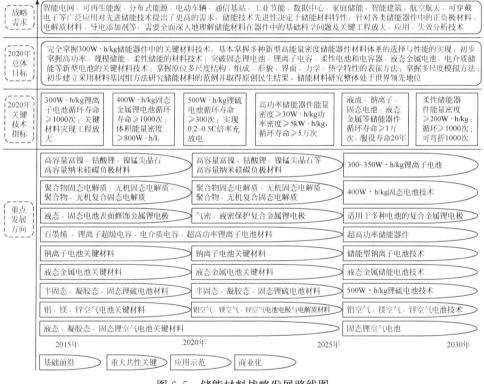

图 6.5　储能材料战略发展路线图

6.4　发展目标

新能源材料科学发展目标包括学术研究和实际应用两方面。

学术研究方面,不仅要重视相关成果数量的增加,更重要的是实现研究成果质量的提升,使得被引用率高的文章数量能够进一步增加。

新能源材料科学发展的最终目标是实现对新能源及新能源技术的大规模应

用,因此在实际应用方面,新能源材料科学的核心发展目标是研究发展出高效率、长寿命、低成本、绿色环保的新能源材料及其制造工艺。但是根据具体的材料方向种类不同,其具体的关键考核指标也有所不同,例如,未来 5~10 年光伏材料将以成本降低为主要发展目标,目标是将终端的发电成本降低至 0.3 元/(kW・h)以下;燃料电池材料将以提高工况稳定性为宗旨,进而延长燃料电池系统寿命;储能材料将储能成本降低至 1 元/(W・h),能量密度提高到 400W・h/kg 等。

6.5　未来5~10年研究前沿与重大科学问题

新能源材料的关键功能在于实现对新能源的有效利用,包括新能源吸收和新能源转换利用两个关键过程。因此,高效率、长寿命、低成本、绿色环保的新能源材料的研究,均是对新能源吸收过程、新能源能量转换利用过程和这两个过程间相互作用的研究。随着新能源材料科学的研究不断深入,涉及的空间尺度由宏观向介观、微观和纳观扩展,时间尺度一方面向皮秒乃至飞秒的超快过程延伸,另一方面向十年乃至三十年以上的超长寿命扩展,体系由单一材料向复合材料发展,器件由简单结构向复杂有序结构发展。研究对象与过程开始涉及纳/微/宏阔尺度,尺度与表/界面效应成为主导作用。新能源材料涉及光、电、热、催化、高分子、有机、无机等多学科交叉,需要对多场耦合、多种材料进行综合研究。而由于新能源材料的时间尺度、空间尺度的延伸以及材料的多样性,材料与器件的测量和表征方法成为重要的关键问题。因此,未来5~10年应当研究的重大科学问题如下。

6.5.1　新能源材料对新能源的吸收机制

新能源转换材料器件对新能源的利用首先需要最大限度地实现对新能源的吸收,从而使得能够转换的效率达到最大。储能材料与之类似,只有最大限度地将待用能源吸收转换为可以长期稳定保存的能源形式,才可以高效地实现能源的储存应用。为了实现这一目标,研究不同新能源材料的具体能量吸收机制就成为一个非常重要的科学问题。研究前沿总结如下:探索新的具有能量吸收选择性的新能源材料,如选择性太阳光吸收涂层技术和梯度太阳能电池技术等;新能源能量吸收增强技术,如减反膜材料技术、"黑硅"技术等;探究新能源材料结构特性与其能量吸收性质的对应关系,如在金属氧化物光催化材料中研究氧空位如何具体促进光吸收等;发展具有更高能量吸收效率的新能源材料,如可见光分解水材料、红外相应的光伏器件等;发展全新的能源储存形式,如构建新的化学电池结构,发展具有更大理论能量密度、低成本、高寿命的电池材料等。

6.5.2 新能源材料能量转换机制

新能源材料器件在吸收新能源后为实现对被吸收能量的利用,要将吸收的能量转换为可以被外界利用的能量并将其释放出来,这一过程即新能源材料的能量转换过程,可以分为能量转换及能量利用两个步骤,但在实际工作过程中不可分割,往往视为一个整体来进行研究。例如,对于光伏材料,材料吸收光能实现光生电子-空穴对分离即完成了能量转换步骤,而要将得到的电能加以利用,即完成能量利用步骤,则需要将分离的电子-空穴对导出,并在外电路中完成复合。

对于燃料电池,首先要研究的是氧气在多孔阴极的催化吸附,然后依次是研究多孔阴极中三相界面上的氧还原过程,复合电极中的电子离子传导,电极电解质界面的氧离子迁移,固体电解质中的离子传导,多孔阳极中三相界面上的氧化过程,以及多孔介质中的气体输运等过程。

对于储能材料,与之类似,例如,化学电池首先需要在电极处发生电极反应实现所储存的化学能向电能的转换,然后通过电荷迁移实现电能的导出。

能量转换过程是新能源材料器件工作中的核心过程,因而新能源材料能量转换机制及荷电传导机制的研究就成为本领域受到广泛关注的科学问题。研究前沿总结如下:研究新能源材料电子结构与能量转换过程及性质的关系,如掺杂技术对半导体光伏器件及燃料电池导电材料性能的影响等;研究新能源材料的微观结构与能量转换过程及性质的关系,如涂层纳米结构处理在提高光热利用效率方面的作用问题研究等;研究新能源器件中不同材料界面与能量转换过程及性质的关系,如光催化材料中助催化剂研究等;研究新能源材料及器件能量转换的物理和化学性质、宏观到微观显微组织、热力学和动力学因素,如热电材料的电和声输运的协同调控机制等;建立相关物理模型研究部分新能源材料器件的先导参数与其能量转换性能的关系,如光伏太阳能电池的阻抗谱模拟研究、载流子输运动力学研究等;研究新能源材料在能量转换过程中出现的性质、结构变化及其电化学性能影响,如固体氧化物燃料电池中材料的界面元素迁移及还原气氛下元素原位析出等问题,锂离子电池中正极材料锂离子迁移引起的正负极变化及枝晶问题等。

6.5.3 新能源材料与器件性能及工作状态下其关键过程的测试与表征

目前,国内外对新能源材料与器件的研发投入高速增长,既支持对现有材料体系性能的持续改进,又支持材料领域的变革性、前瞻性技术的研发。而推进这些研究需要依靠可靠的测试表征手段。随着研究的发展,上述两个关键过程的研究已步入微观化和瞬态化,常规的测试表征手段已不能满足要求,发展空间尺度能够达到纳米尺度,时间尺度达到纳秒乃至皮秒的测试表征技术,并建立其测试结果与新能源材料工作过程中关键状态的关系将显得至关重要。以光伏材料器件为例,发展瞬态吸收光谱、瞬态太赫兹光谱将有助于研究光伏器件中光生电荷的分离与输运速率;发展微区探针技术将为新能源材料的微观结构与能量转换过程及性质关系的研究提供巨大帮助。对燃料电池材料而言,一些材料在电池工作状态下的原位表征技术,如拉曼光谱分析、X 射线衍射、扫描隧道显微术等原位(高温、含碳燃料气氛、电场等)检测技术,将为研究电池内部表/界面的反应机制提供巨大帮助;发展电化学弛豫法,探测表/界面的动力学常数,对研究电极材料组成、结构对含碳燃料转换的影响有促进作用。

综合来看,实现多尺度动态模拟,发展原子尺度、三维、实时、非破坏性表征技术,并尽可能多地同时获得新能源材料的物理、化学信息及追踪其演化规律,发展高通量、多尺度的理论计算、制备、表征能源转换及储能材料的技术,基于大数据挖掘,系统研究新能源材料的构效关系,将构成新能源材料基础研究中最活跃的部分。

6.6　未来 5~10 年优先研究方向

围绕上述三点关键问题,未来新能源材料科学应按照如下研究方向优先开展:

(1)发展新能源材料器件的新测试方法与新表征手段,特别是针对其微观性质与瞬态过程的测试方法及原位无损表征手段;

(2)新能源材料器件中关键物理化学过程的解析;

(3)新能源材料器件工作机理的深入解析及衰减机制的探究;

(4)新能源材料及器件工作状态的理论计算模拟与基础理论构筑;

(5)新能源材料器件的表界面性能研究与改良;

(6)新能源材料器件结构的多样性与功能设计;

(7)新能源材料种类的开发,特别着重有机无机杂化材料、高分子材料和陶瓷金属复合材料的研究;

(8)新能源材料器件的低成本制造新工艺方法研究。

参 考 文 献

[1] REN21(Renewable Energy Policy Network for the 21st century). Renewables 2015 global status report. http://www. ren21. net/status-of-renewables/global-status-report/[2016-3-10].

[2] Green M A, Emery K, Hishikawa Y, et al. Solar cell efficiency tables (version 48). Progress in Photovoltaics, 2016, 24(7): 905—913.

[3] Lee Y, Park C, Balaji N, et al. High-efficiency silicon solar cells: A review. Israel Journal of Chemistry, 2015, 55(10): 1050—1063.

[4] Etxebarria I, Ajuria J, Pacios R. Solution-processable polymeric solar cells: A review on materials, strategies and cell architectures to overcome 10%. Organic Electronics, 2015, 19(9): 34—60.

[5] Tang C W. 2-layer organic photovoltaic cell. Applied Physics Letters,1986, 48 (2):183−185.

[6] Badawy W A. A review on solar cells from Si-single crystals to porous materials and quantum dots. Journal of Advanced Research,2015,6(2):123−132.

[7] Du J,Du Z L,Hu J S,et al. Zn-Cu-In-Se quantum dot solar cells with a certified power conversion efficiency of 11. 6%. Journal of the American Chemical Society,2016,138(12):4201−4209.

[8] Wei H,Wang G,Shi J,et al. Fumed SiO_2 modified electrolytes for quantum dot sensitized solar cells with efficiency exceeding 11% and better stability. Journal of Materials Chemistry A,2016,4(37): 14194−14203.

[9] Fujishima A,Honda K. Electrochemical photolysis of water at a semiconductor electrode. Nature,1972, 238(5358):37−38.

[10] Halmann M. Photoelectrochemical reduction of aqueous carbon-dioxide on p-type gallium-phosphide in liquid junction solar-cells. Nature,1978,275(5676):115−116.

[11] Joon K. Fuel cells—A 21st century power system. Journal of Power Sources,1998,71(1-2):12−18.

[12] Kilner J A,Druce J,Ishihara T. 4-Electrolytes. High-Temperature Solid Oxide Fuel Cells for the 21st Century. 2nd ed. Pittsburgh:Academic Press,2016:85−132.

[13] Hemmes K,Cooper J F,Selman J R. Recent insights concerning DCFC development:1998−2012. International Journal of Hydrogen Energy,2013,38(20):8503−8513.

[14] Yang Z B,Liu Y H,Han M F,et al. Mechanism analysis of CO_2 corrosion on $Ba_{0.9}Co_{0.7}Fe_{0.2}Nb_{0.1}O_3$-delta cathode. International Journal of Hydrogen Energy,2016,41(3):1997−2001.

[15] Li J F,Liu W S,Zhao L D,et al. High-performance nanostructured thermoelectric materials. NPG Asia Materials,2010,2(4):152−158.

[16] Su X L. Multi-scale microstructural thermoelectric materials transport behavior,non-equilibrium preparation,and applications. Advanced Materials,2017,29(20):1602013.

[17] Shi X,Chen L D. Thermoelectric materials step up. Nature Materials,2016,15(7):691−692.

[18] Zhu T J. Compromise and synergy in high-efficiency thermoelectric materials. Advanced Materials,2017, 29(14):1605884

[19] Zhao L D,Lo S H. Ultralow thermal conductivity and high thermoelectric performance in SnSe crystals. Nature,2014,508(7496):373−377.

[20] Zhao L D,Tan G J. Ultrahigh power factor and thermoelectric performance in hole-doped single-crystal SnSe. Science,2016,351(6269):141−144.

[21] Tan G J,Zhao L D,Kanatzidis M G. Rationally designing high performance bulk thermoelectric materials. Chemical Reviews,2016,116(19):12123−12149.

[22] 彭佳悦,祖晨曦,李泓. 锂电池基础科学问题-I. 储能科学与技术,2013,2(1):55−62.

[23] 李泓. 锂电池基础科学问题-XV. 储能科学与技术,2015,(3):306−318.

[24] 李泓,吕迎春. 电化学储能基本问题综述. 电化学,2015,21(5):412−424.

[25] Hulicova D,Yamashita J,Soneda Y,et al. Supercapacitors prepared from melamine-based carbon [J]. Chemistry of Materials,2005,17(5):1241−1247.

（主笔：孟庆波，李泓，韩敏芳，赵立东）

第7章　低维碳及二维材料

7.1　内涵与研究范围

自 20 世纪 80 年代中期以来,人们陆续发现了富勒烯[1]、碳纳米管[2]、石墨烯[3]等一系列碳元素新型同素异形体(见图 7.1),从而掀起了持续至今的低维碳材料研究热潮。低维碳材料具有以 sp^2 杂化为主的化学键结构及其独特的几何构型,往往同时具有优异的电学、力学、热学、光学等特性,因此可以在纳电子器件、光电器件、电化学储能、结构和功能增强复合材料等领域获得广泛应用[4~8],是一类可能主导未来高科技产业竞争的超级材料。进入 21 世纪以来,随着碳纳米管和石墨烯等规模化制备技术的突破,以低维碳材料为源头的新兴产业在不远的将来可能形成并发展为战略新兴产业。同时,低维碳材料由维数变化带来的新奇性能和巨大的应用前景也极大地推动了其他低维材料的研究。近年来,石墨烯之外其他二维材料的研究正逐渐成为材料科学、凝聚态物理和化学领域新的研究前沿(见图 7.1)[9~13]。

低维碳及二维材料研究涉及新材料探索、材料制备科学、物理化学特性研究和材料的应用等,涉及的学科包括材料科学、物理学、化学和化学工程、电子学等,是学科高度融合和交叉的研究领域。其主要研究内容包括:①制备科学,研究材料原子尺度的生长热力学和动力学,发展材料的控制生长方法和规模制备技术,为研究材料的性能和应用提供材料保障;②物理化学特性研究,维数的变化往往会带来材料性能的突变以及新性能、新物理和新效应的出现,这正是低维碳和二维材料的魅力所在,因此对其电学、光学、光电、热学、力学和反应活性等物理化学特性的研究一直是该领域最活跃的前沿,是探索低维碳和二维材料应用的基础和前提;③应用,根据低维碳和二维材料独特的结构性能特点,探索其在纳电子器件、光电子器件、柔性器件、储能、催化和功能复合材料等领域的应用,寻找其不可替代的独特应用,以期解决当前电子信息、能源和航空航天等领域面临的瓶颈问题,是低维碳及二维材料领域的研究重点;④新材料探索,新材料是材料科学创新的基础和源泉,因此对其他新型低维碳材料和二维材料的探索一直是本领域最核心的研究内容,不仅可以丰富材料的性能和应用空间,而且蕴含了新的重大科学发现突破的前景。

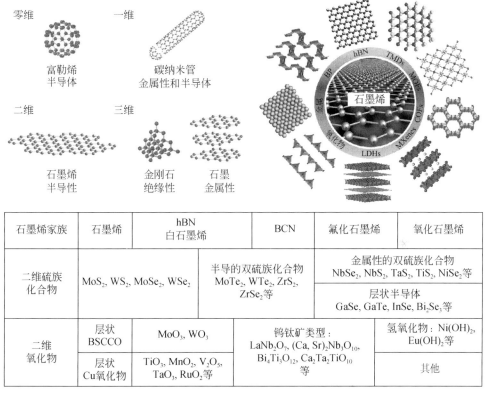

石墨烯家族	石墨烯	hBN 白石墨烯		BCN	氟化石墨烯	氧化石墨烯
二维硫族 化合物	MoS_2, WS_2, $MoSe_2$, WSe_2	半导的双硫族化合物 $MoTe_2$, WTe_2, ZrS_2, $ZrSe_2$等			金属性的双硫族化合物 $NbSe_2$, NbS_2, TaS_2, TiS_2, $NiSe_2$等	
					层状半导体 GaSe, GaTe, InSe, Bi_2Se_3等	
二维 氧化物	层状 BSCCO	MoO_3, WO_3		钨钛矿类型： $LaNb_2O_7$, $(Ca, Sr)_2Nb_3O_{10}$, $Bi_4Ti_3O_{12}$, $Ca_2Ta_2TiO_{10}$ 等		氢氧化物：$Ni(OH)_2$, $Eu(OH)_2$等
	层状 Cu氧化物	TiO_2, MnO_2, V_2O_5, TaO_3, RuO_2等				其他

图 7.1　丰富多彩的碳材料和二维材料家族[13,14]

hBN：六方氮化硼；TMDs：过渡金属硫族化合物；MOFs：金属有机骨架材料；COFs：共价有机骨架材料；

MXenes：二维过渡金属碳化物、氮化物和碳氮化物；LDHs：层状双金属氢氧化物；BP：黑磷

　　"十二五"期间,我国在碳纳米管和石墨烯的制备、应用及产业化方面取得了一系列原创性成果,在国际上产生了重要影响。新材料"十三五"规划中明确提出要将石墨烯打造成新材料产业的先导产业。2015 年,工业和信息化部、国家发展改革委、科技部联合发布了《关于加快石墨烯产业创新发展的若干意见》,以引导石墨烯产业创新发展,助推传统产业改造升级、支撑新兴产业培育壮大、带动材料产业升级换代。因此,如何在"十二五"研究的基础上,围绕低维碳和二维材料这一研究前沿,优化发展策略,进一步增强我国在该领域的自主创新能力,实现重大科学突破,推动相关产业的升级换代和战略新兴产业的发展,是"十三五"期间本领域面临的重要课题。

7.2　科学意义与国家战略需求

低维碳材料是过去三十年来材料科学领域最重要的科学发现之一。低维碳和二维材料作为低维材料的典型代表,蕴含了块体材料不具备的新原理、新物性和新效应,为研究维数对材料性能的影响提供了理想的模型体系。例如,一维的单壁碳纳米管的导电属性取决于其直径和手性[15];二维的石墨烯载流子为零质量的狄拉克费米子,为研究相对论量子电动力学效应提供了便捷的手段,并有零载流子浓度极限下的最小量子电导率、半整数量子霍尔效应、室温量子霍尔效应、分数量子霍尔效应等多种新奇的物理效应[4,6,16];半导体性二维硫族化合物的带隙类型和大小随层数发生变化,并具有显著的谷极化效应等[10,17,18]。因此,对低维碳和二维材料的研究可以丰富人类对客观物质世界的理解和认识,具有极其重要的科学研究价值,科学家因富勒烯和石墨烯研究已分别获得诺贝尔化学奖和物理学奖。

石墨烯是最薄的二维原子晶体材料,具有巨大理论比表面积($2630m^2/g$)、极高的弹性(杨氏)模量(约1.0TPa)和抗拉强度(130GPa)、超高电导率(约$10^6 S/cm$)和热导率[$3000～5000W/(m·K)$]。碳纳米管是最细的一维材料,其弹性(杨氏)模量为$0.27～1.34$TPa,抗拉强度为$11～200$GPa,具有极高的电导率($0.17×10^5～2×10^5 S/cm$)和热导率[$3000～6600W/(m·K)$]。碳纳米管和石墨烯中的载流子迁移率远高于传统的硅材料,室温下电子和空穴的本征迁移率大于$100000cm^2/(V·s)$,而典型的硅场效应晶体管的电子迁移率仅为$1000cm^2/(V·s)$。金属性碳纳米管费米面上的电子速率高达$8×10^5 m/s$,可承载超过$10^9 A/cm^2$的电流密度,远高于集成电路中铜互连线所能承受的$10^6 A/cm^2$上限。此外,低维碳材料具有极高的稳定性,且易于大规模制备。因此,低维碳材料可望在纳电子器件、光电器件、电化学储能、结构和功能增强复合材料等领域获得广泛应用(见图7.2),是最有希望获得大规模实际应用的超级材料。二维材料是一个庞大的材料家族,目前已知的层状材料有两千多种,涵盖了从绝缘体、半导体、半金属、金属到超导体,可极大弥补石墨烯在物性和应用方面的不足[7,19]。例如,单层过渡族金属硫化物 MoS_2、WS_2、$MoSe_2$、WSe_2等为直接带隙半导体,并具有显著的谷极化性质,在逻辑器件和电路、高灵敏光探测器件、光伏器件、电致荧光器件、自旋器件等方面具有重要的应用前景。

低维碳和二维材料广阔的应用前景为新科学技术革命带来了新的机遇,其实用化可对国家安全、信息通信、新能源、航空航天、智能交通、资源高效利用、环境保护生物医药以及新兴产业发展起到极大的推动作用。

低维碳基集成电路是解决硅基微电子产业发展瓶颈最有力的选项。现代信息技术的心脏是集成电路芯片,而构成集成电路芯片的器件中约90%源于硅基互补

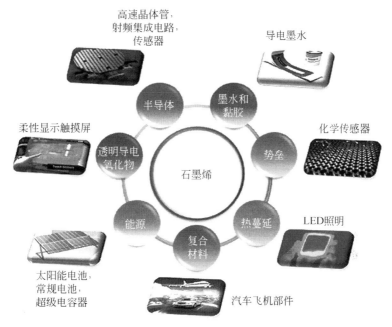

图 7.2　石墨烯广阔的应用前景[7]

型金属氧化物半导体（complementary metal oxide semiconductor，CMOS）技术。目前最先进的商业化微电子芯片已进入 22nm 技术节点，而走到 12nm 技术节点时可能不得不放弃继续使用硅材料作为晶体管的导电沟道。据预测，2020 年左右作为现代信息技术核心的硅基 CMOS 技术将达到其物理极限。由于优异的综合性能，碳纳米管和石墨烯被公认为最有希望的替代材料，并早在 2008 年已列入国际半导体技术发展路线图，半导体性二维材料的出现为寻找硅替代材料提供了新的可能。此外，纳米碳材料还可用作集成电路的互连材料和高效热管理材料。虽然我国微电子产业近年来得到了快速发展，但许多高科技产业，尤其是国防科技的发展，都不同程度地受到高端微电子芯片技术的制约。低维碳基信息产业将是我国实现微电子技术跨越式发展的关键所在。

低维碳和二维材料将在下一代信息技术革命中扮演重要角色。伴随着数字化的进程，数据的处理、存储和传输得到了飞速发展，以计算机和光纤通信网络为代表的信息技术的空前发展使人类社会迈入了信息时代，信息数据量每年都在以难以预料的速度快速增长。下一代移动通信、互联网和光互连等均要求发展具有宽带、高速性能的信息产生、放大、传输和探测等先进技术。石墨烯具有超高载流子迁移率、超宽带的光学响应谱及极强的非线性光学特性，原子层厚度的过渡族金属硫化物、GaS、InSe 和黑磷等二维材料具有高的光吸收、随层数可调的带隙以及可通过局域栅极实现 p-n 结的特性,并且这些二维材料与硅基半导体工艺兼容性好,使其在光电子应用领域具有得天独厚的优势,有望在下一代宽带高速的光互连中发挥重要作用。目前,基于这些二维材料的超快脉冲激光器、光调制器及光探测器等已相继研制成功,并展现出优异的性能和良好的应用前景。

低维碳和二维材料是柔性电子等新兴产业的关键支撑材料。柔性电子技术是未来电子技术的重要发展方向,有可能带来一场新的电子技术革命,改变人类日常的生活方式,已引起全世界范围的广泛关注,并得到了迅速发展。随着可穿戴设备的兴起,对柔性电子产业化的需求更为迫切。纳米碳和二维材料由于具有优异的柔韧性和电学、光学等性质,认为是柔性电子技术的关键支撑材料,在柔性集成电路、柔性显示、可穿戴智能电子器件、印刷电子等柔性电子领域具有重要的应用前景,可用于大众消费类电子产品、国防和医疗健康等方面。

低维碳材料是理想的航空航天用轻质高强材料。碳纳米管纤维具有极高的本征强度,其断裂伸长率高达 17.5%,并且密度小,目前人工合成的碳纳米管长度已接近 1m。这种超强碳纳米管纤维的基本性能远高于美国国家航空航天局提出的制造太空梯的要求,在国防、航空航天等领域具有重要的应用前景。将碳纳米管、石墨烯与高分子材料可控复合,可获得高强度柔性材料,其力学性能可超越现有的凯夫拉防弹衣材料,还同时具备导电或抗静电特性。纳米碳基复合材料同样将在航空材料领域发挥重要作用,目前波音 787 客机已经开始大量使用碳基复合材料,其机身和部分机翼采用碳基复合材料,显著降低了飞机自重,并且显著提高了飞机性能。

低维碳材料将成为新能源产业电化学储能领域的核心材料。低维碳材料本身耦合了优异的导电性、极高的比表面积和可控的三维网络结构,赋予其在电化学储能领域的巨大应用潜力。在锂离子电池和超级电容器领域,碳纳米管和石墨烯均显示出巨大的优势。碳纳米管因其大长径比、高导电性等特点可用作高性能锂离子电池的导电添加剂。根据 2010 年全球范围内电极材料的产量估算,电极材料添加剂的年使用量可达 1000t,并随锂离子电池产业发展而快速增长。碳纳米管导电添加剂近五年来销售量逐年以 50%～100% 的增长率迅速提升。国内包括比亚迪、力神等锂电池大厂均开始采用碳纳米管逐步替代传统导电添加剂。随着我国和各大城市对汽车尾气污染的日益关切和对清洁能源的需求,电动汽车将在未来几年内得到长足的发展,而低维碳基导电添加剂也将迎来大发展时期。

综上所述,低维碳和二维材料研究不仅具有重大的科学研究价值,孕育着新的原创性突破,而且具有重大应用前景,符合国家的战略需求。

7.3　研究现状、存在问题与发展趋势分析

富勒烯[1]、碳纳米管[2]和石墨烯[3]分别发现于 20 世纪 80 年代、90 年代和 21

世纪初,作为主导未来高科技产业竞争的超级材料,这些低维碳材料自诞生之日起即迅速获得广泛关注,研究论文和专利数量一直呈指数增长。经过多年的基础研究,碳纳米管和石墨烯的规模制备技术已取得重要突破,发现和揭示了一系列新原理、新物性和新效应,并已研制了一批初步应用产品。目前,尽管其控制制备仍存在很多问题,新物性方面仍有很大的探索空间。总体而言,低维碳材料已经逐渐从基础研究进入产业化阶段,寻找低维碳材料不可替代的独特应用和实现其实际应用成为本领域的工作重心,以低维碳材料为源头的新兴产业在不远的将来可能形成并发展为战略新兴产业。在二维材料方面,近年来除石墨烯之外,原子层厚度的氮化硼、过渡金属硫化物、氧化物、Ⅲ-Ⅵ族和Ⅴ-Ⅵ族化合物等二维材料也迅速发展起来,并已成为材料领域新的研究前沿[9~13]。但与低维碳材料相比,二维材料研究尚处于基础研究阶段,无论是新材料的探索,还是在已有材料的制备、基本物理化学性质研究和应用方面,都仍面临大量问题和挑战。

目前,低维碳和二维材料已得到各发达国家政府和企业界的高度重视,正在加紧布局,占领战略制高点。美国、日本、欧盟、韩国和新加坡都已启动专门的研究计划。2011 年,国际电气和电子工程师协会及美国国家标准与技术研究院开始建立低维碳材料技术标准。2013 年,欧盟启动为期十年总额 10 亿欧元的石墨烯旗舰计划,力争在石墨烯等二维材料的技术创新和商业化应用方面取得突破;韩国启动六年计划投入 3.5 亿美元开展石墨烯研究,并制定出详细的商业发展路线图;英国和新加坡分别成立了专门从事石墨烯和二维材料研究的石墨烯研究所和二维材料研究中心。各大跨国公司也纷纷投入低维碳材料产业开发,例如,美国杜邦公司投巨资用于航空航天领域,日本东丽公司和欧洲 Arkema、Nanocyle 公司重点投资碳基透明导电薄膜和高分子导电复合材料等。低维碳材料已有明确的产业化路线图,在未来二十年,将陆续实现储能应用、高强度复合材料、柔性显示器件、光通信、高频晶体管、柔性晶体管和碳基大规模集成电路等的产业化。

7.3.1 研究现状与问题

我国的低维碳和二维材料研究在国际上起步较早且拥有庞大的研究队伍,目前从事低维碳材料研究的高校和科研院所超过 1000 家。据 Web of Science 统计,截止到 2015 年底,我国科学家共计发表富勒烯、碳纳米管和石墨烯相关的 SCI 论文 65000 余篇,占全世界相关领域论文数量的 1/4,已超越美国跃居世界第一位(见图 7.3)。近五年来该领域发展尤为迅速,仅 2013 年一年,我国科学家发表与低维碳材料相关的 SCI 论文 8600 多篇,被 SCI 引用 151000 多次,远高于排名第二的美国当年发表的论文数(4700 多篇)和被引用数(100000 多次)。从学科分布来看,我国低维碳材料研究主要集中在化学、物理和生态环境科学等领域(见图 7.4)。从发表论文的单位分布来看,中国科学院、清华大学、北京大学、浙江大学、中国科学技术大学、南京大学、复旦大学、吉林大学、上海交通大学和哈尔滨工业大学位居全国前十位,中国科学院、清华大学和北京大学发表的论文数量分别位列全世界研究机构的第 1、3、5 位。这些成就的取得归功于国家各部门对低维碳材料研究的积极支持。在过去二十多年里,国家自然科学基金委员会、科技部和中国科学院等部门部署了低维与碳材料相关的研究项目达 1500 多项,累计经费 20 多亿元。随着相关技术的发展和成熟,地方政府和企业也纷纷投入经费,与高等院校及科研机构合作开展低维碳材料的批量生产和应用开发研究,有力促进了我国低维碳材料产业的迅速发展。2002 年,富士康科技集团投资 3 亿元人民币支持清华大学范守善团队建立清华富士康纳米科技研究中心,开展低维碳材料的应用研发工作。近年来,地方政府和企业投入石墨烯研究和产业化的经费已达 5 亿多元。我国的低维碳材料研究和产业化已经逐步形成自己的特色和优势,在国际上拥有举足轻重的地位。

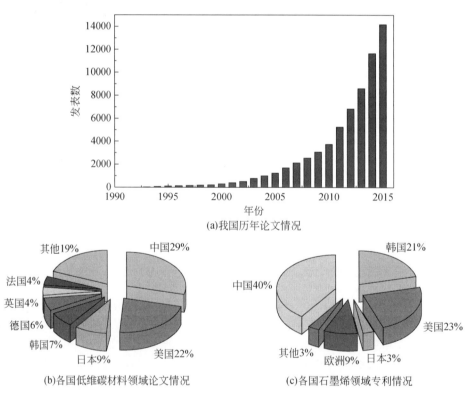

(a)我国历年论文情况

(b)各国低维碳材料领域论文情况

(c)各国石墨烯领域专利情况

图 7.3 我国历年在低维碳材料领域发表论文情况以及各国在低维碳材料领域发表论文和石墨烯领域专利情况

我国在低维碳材料的制备方法和批量生产方面具有显著优势,尤其在碳纳米

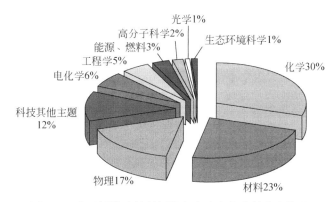

图 7.4　我国低维碳材料领域发表论文的学科分布情况

管和石墨烯的精细结构控制、性能调控以及宏量制备方面做出了一系列原创性和引领性的工作,有力地推动了低维碳材料领域的整体发展。该方向的主要优势团队包括北京大学、清华大学、中国科学院金属研究所、中国科学院物理研究所和中国科学院化学研究所等。例如,中国科学院物理研究所解思深团队和清华大学范守善团队在国际上率先提出并实现了碳纳米管定向阵列、碳纳米管超顺排阵列的制备[20~22];北京大学刘忠范与张锦团队还在国际上率先实现了碳纳米管的直径和手性调控[23]、高密度单壁碳纳米管的生长[24],近年来刘忠范团队还在石墨烯、马赛克石墨烯的大面积层数可控生长和石墨烯玻璃的制备方面取得了系列重要进展[25~27];中国科学院金属研究所成会明团队提出了浮动催化剂化学气相沉积方法宏量制备单壁碳纳米管及其定向长绳[28]和非金属催化剂制备单壁碳纳米管的方法[29],成会明与任文才等在国际上率先制备出高导电、柔性的石墨烯三维网络结构材料[30],实现了毫米级高质量单晶石墨烯的制备与无损转移[31];清华大学魏飞团队提出了规模制备碳纳米管的流化床方法[32];北京大学的李彦团队研制出一种钨基合金催化剂,获得了单一手性含量高于 92% 的单壁碳纳米管[33];中国科学院物理研究所张广宇团队和中国科学院上海微系统与信息技术研究所谢晓明团队在氮化硼基体上外延生长石墨烯方面也做出了很有特色的工作[34,35],最近,谢晓明团队又实现了晶圆尺寸单晶石墨烯的快速生长[36]。我国在低维碳材料的规模制备技术研发方面也发展迅速,处于国际领先地位。例如,清华大学魏飞团队、中国科学院成都有机化学有限公司、中国科学院金属研究所与企业合作实现了碳纳米管的规模制备,建成了世界上最大的碳纳米管生产线;清华大学范守善团队在碳纳米管阵列制备的基础上利用纺丝技术实现了碳纳米管透明导电薄膜的批量生产并大量应用于智能手机触摸屏;中国科学院金属研究所成会明与任文才团队、中国科学院宁波材料技术与工程研究所刘兆平团队与企业合作实现了高质量石墨烯的吨级规模制备;中国科学院重庆绿色智能技术研究院史浩飞团队实现了石墨烯透明导电薄膜的批量生产并应用于智能手机触摸屏等。

我国低维碳材料应用研究主要集中于储能、复合材料和透明导电薄膜等领域,在基于低维碳材料的锂离子电池和超级电容器的电极材料设计、制备、性能改善和储能机制及复合材料应用中涉及的复合工艺、功能利用及增强机制探索方面开展了大量工作,已逐步走向产业化。该方向的主要优势团队包括清华大学、中国科学院金属研究所、中国科学院成都有机化学有限公司、南开大学、天津大学等。例如,中国科学院金属研究所成会明团队设计制备出一系列石墨烯/碳纳米管复合电极材料[37～39],提高了锂离子电池的性能,探索了石墨烯和碳纳米管在锂硫电池中的应用[40,41],并开拓了低维碳材料在柔性储能器件中的应用[42～44];清华大学石高全团队、南开大学陈永胜团队和天津大学杨全红团队等系统深入研究石墨烯超级电容器[45～47],制备出具有极高体积能量密度的石墨烯基电极材料[47];清华大学魏飞团队和中国科学院成都有机化学有限公司瞿美臻团队开发出锂离子电池用碳纳米管导电添加剂的规模化应用技术。此外,我国在碳纳米管和石墨烯纤维、薄膜和海绵等低维碳材料宏观体的组装和应用方面也很有特色。例如,浙江大学高超团队在国际上率先制备出石墨烯纤维[48],最近又进行系列改进,显著提高了纤维的强度和导电性[49];南开大学陈永胜团队研制出具有高压缩弹性和接近零泊松比的海绵状石墨烯材料[50]。碳基电子器件研究也是我国在低维碳材料领域颇为活跃的研究方向,特别是北京大学彭练矛团队,基于低维碳材料载流子的双极性提出无掺杂场效应晶体管(field effect transistor,FET)模型,发现钪与碳纳米管欧姆接触的n型FET,在几十纳米通道尺度实现室温弹道输运,进而构建了数字倒相器和加法器等电路,受到国际同行的广泛关注[51]。中山大学许宁生团队面向军事、航天和信息产业的核心器件需求,发展新型真空微纳电子器件,研制出碳纳米管和石墨烯冷阴极,并开拓了在功率高频真空电子器件、发光与显示器件中的应用[52～55]。

我国在低维碳材料产业化方面已有国际瞩目的突出表现。例如,基于清华大学富士康纳米科技中心的技术,2012年实现了全球首个碳纳米管触摸屏的产业化,月产150万片;北京天奈科技有限公司于2009年建成全球最大的碳纳米管生产线,年产逾500t;深圳纳米港有限公司已实现年产200t碳纳米管粉体、1000t浆料规模。中国科学院金属研究所与四川金路集团股份有限公司于2012年建成具有自主知识产权的石墨烯中试生产线,2014年技术入股成立德阳烯碳科技有限公司,2016年建成年产能达30t的高质量石墨烯粉体生产线;宁波墨西科技有限公司于2016年初建成了年产能达500t的石墨烯生产线。常州二维碳素科技股份有限公司于2013年建成了年产能达30000m² 的石墨烯透明导电薄膜生产线;无锡格菲电子薄膜科技有限公司于2013年已形成年产500万片石墨烯触控产品;重庆墨希科技有限公司于2015年发布了全球首批3万部石墨烯触屏智能手机。深圳烯旺新材料科技有限公司的石墨烯智能暖贴、理疗保健用品、发热服饰等产品也相继问世。此外,我国已实现碳纳米管复合导电剂、碳纳米管复合高功率人造石墨负极、碳纳米管复合磷酸亚铁锂正极材料等材料的中试和规模化生产,碳纳米管复合负极产能达到 500t/a,复合正极产能 300t/a,相关产品已在深圳比亚迪、深圳无极、东莞新能源、天津力神、哈尔滨光宇、浙江微宏等电池公司获得批量使用。

需要强调指出的是,2010 年中国科学院化学研究所李玉良团队在国际上首次合成出新型低维碳材料——石墨炔[56],在低维碳材料发现史上留下了中国人的足迹。这种新的碳的同素异形体在具有能带带隙的同时,还保留着远高于硅材料的载流子迁移率,在电子、能源领域表现出良好的应用前景。《科学》期刊速评指出,这是可望超越石墨烯的新一代低维碳材料。毫无疑问,石墨炔绝非低维碳材料家族的末代成员,新的发现还将继续,这也是低维碳材料的巨大魅力所在。可以预期,低维碳材料家族还将有新的诺贝尔奖诞生。

在二维材料领域,我国科学家在二维材料的制备方面成绩卓著,在新型二维材料的探索方面尤为活跃。北京大学的刘忠范团队在 MoS_2、WS_2 等的控制制备和电催化等应用方面取得了系列创新成果[57~59];中国科学院金属研究所任文才与成会明团队提出以金为基体的表面自限制催化 CVD 方法,制备出严格均一单层的 WS_2,并进而制备了大面积柔性晶体管阵列[60];中国科学院上海微系统与信息技术研究所谢晓明团队实现了大尺寸单层氮化硼单晶的生长[61];湖南大学的潘安练团队制备出原子级厚度的 MoS_2-$MoSe_2$ 和 WS_2-WSe_2 的二维半导体面内异质结,并展示了其在光电探测器、光伏和反相器方面的应用[62];复旦大学龚新高团队折叠单层 MoS_2 获得了双层 MoS_2,进而调控 MoS_2 谷极化和电子结构[63];南京大学王欣然团队发现了 MoS_2 中缺陷引起的局域态导致的载流子跳跃输运行为,提出修复硫空位以提高器件性能的方法,研制出基于二维分子晶体的场效应晶体管[64~66]。中国科学院物理研究所高鸿钧团队制备出硅烯、锗烯、铪烯和单层 $PtSe_2$ 等一系列新型二维材料[67~70],吴克辉团队在银基体上外延生长二维硼片[71];上海交通大学的贾金锋团队采用分子束外延方法制备了二维锡烯,为研究宽带隙二维拓扑绝缘体行为、拓扑超导以及近室温量子反常霍尔效应奠定了材料基础[72];清华大学李亚栋团队采用水热合成方法制备出单层铑纳米片[73]。复旦大学张远波团队在国际上研究了黑磷烯的物理性质,发现少层黑磷具有高达 $1000cm^2/(V \cdot s)$ 的迁移率和 10^5 以上的开关比,开辟了一个新的二维材料研究领域[74]。最近,他们又在该材料中相继发现了二维电子气的量子振荡和量子霍尔效应[75,76]。中国人民大学季威团队通过理论计算发现少层黑磷表现出高迁移率各向异性电导和光线性二色性[77],上海大学的江进武发现单层黑磷烯具有负泊松比[78]。中国科学院金属研究所任文才与成会明团队制备了一种非层状的新型二维材料——超薄过渡族金属碳化物晶体,发现高质量超薄 Mo_2C 表现出二维超导体特征[79]。

综上所述,我国无论在低维碳和二维材料的基础研究还是在低维碳材料产业研发方面都处于国际第一方队,有着雄厚的积累和特色优势。但是,总体看来,我国在低维碳和二维材料研究方面仍存在几点不足:①对新型低维碳材料的探索不够,富勒烯、碳纳米管和石墨烯都是国外科学家发现的,尚需加强源头创新和原创性研究;②理论和试验研究结合不够,对低维碳和二维材料物性的试验研究相对缺乏,与美国、英国、欧盟等国家和地区存在巨大差距,在低维碳和二维材料的众多新奇物性、新效应和新物理现象研究和发现中,难以找到中国科学家的身影;③对低维碳和二维材料的器件应用探索尚需加强,特别是基于低维碳和二维材料优异特性的新原理器件;④目前我国低维碳材料应用领域研究面相对较窄,主要集中在储能和触屏等低端应用,与日本、韩国等相比在应用广度及高度上仍存在差距。

此外,我国低维碳材料研究已逐渐从发散性的基础探索进入工程化和产业化推进阶段,但研发模式的一些不足也凸显出来。尽管拥有庞大的研究队伍,发表论文数量也跃居世界第一,但多为遍地开花式的自由自发探索,缺少顶层设计和强有力的导向。尽管有多方经费投入,但缺少相互协调,低水平重复现象显著,所涉及研究单位分布广泛、参差不齐。同时,还存在片面追求发表论文,产学研的协同创新能力差等问题。目前,应加强协调,需要重点支持和集中突破,避免低水平的重复立项。

7.3.2　发展趋势

与其他材料的发展一样,低维碳材料也正经历着从材料制备、物性研究、应用探索到实际应用和产业化这几个阶段。自 1991 年发现碳纳米管,到“十二五”之前,逐步发现和证实了它的一些新奇物性和新应用,碳纳米管的规模化制备技术基本成熟;“十二五”期间碳纳米管已从基础研究逐步走向了产业化。石墨烯的发现比碳纳米管晚了十多年,“十二五”期间集中于发展可控和规模制备技术、发现新奇物性和新物理现象及探索新应用。得益于碳纳米管十多年的研究积累,石墨烯的发展比碳纳米管更快,“十二五”期间石墨烯的规模制备技术已基本成熟,初步实现了产业化,但存在产品均一性差、成本高等问题。可以预见,“十三五”期间将持续发展低维碳材料的规模制备技术,重视提高规模制备的石墨烯和碳纳米管的可控性、进一步降低成本,针对不同应用进行材料的分类、修饰和功能化等;在突破规模制备的基础上拓展石墨烯和碳纳米管的规模应用、实现产业化和实用化是低维碳材料研究领域的重中之重。可能在不久的将来,一些实际应用会逐步走进人们的日常生活。

虽然碳纳米管和石墨烯的规模制备问题已经基本解决,但是在控制制备应用于电子、光电子器件的高品质材料方面仍存在巨大的挑战,如碳纳米管的手性精确控制和定位、高密度半导体性单壁碳纳米管和晶圆尺寸无缺陷石墨烯单晶的制备以及石墨烯层间堆垛结构的精确控制等。此外,碳纳米管和石墨烯许多新奇的物性及应用也尚待人们揭示和开发。例如,近年来人们相继在石墨烯中发现了奇特的等离激元特性[80,81]、氧化石墨烯薄膜对气体和液体的选择性分离特性[82,83]以及双层石墨烯的可调分数量子霍尔相、量子霍尔铁磁性、电子和空穴不对称的整数和分数量子霍尔效应等[84~87],斯坦福大学的研究人员于 2013 年开发出完全使用碳纳米管的计算机原型等[88]。因此,高品质低维碳材料的控制制备及其电子和光电子器件应用探索,低维碳材料特别是石墨烯其他新奇物性和新效应的研究和发现,仍然是低维碳材料领域最为活跃和重要的研究方向,对实现其高端应用具有决定性意义。

　　碳是自然界一种最神奇的元素,存在多种同素异形体,如传统的石墨和金刚石,自 20 世纪 80 年代以来相继被发现的富勒烯、碳纳米管和石墨烯等低维碳材料。虽然基本构成单元都是碳原子,但是由于碳原子的排列方式不同,这些材料表现出完全不同的物理性质,如石墨具有金属性,金刚石是绝缘体,富勒烯具有半导体性,碳纳米管根据手性不同为金属性或半导体性,而石墨烯具有半金属特性,且随层数不同其物理性质会发生巨大变化。除了目前已知的排列方式,碳原子是否还存在其他的排列方式,石墨烯之后是否还有其他具有新奇特性的低维碳材料,这是每一个从事低维碳材料研究的科技工作者最关心的问题。从富勒烯、碳纳米管和石墨烯的发展来看,任何一个低维碳材料的出现,无一例外都带来了一些前所未有的新物性、新效应、新物理现象、新器件和新应用。新材料是材料科学创新的基础和源泉,因此对其他新型低维碳材料的探索将一直是低维碳材料领域最核心的内容。另外,通过化学反应,实现碳原子和其他原子的键合,有规则地组合、排列,将低维碳材料进行修饰和功能化,以改变其性能和扩展其应用是最近出现的一个新的研究方向,也是低维碳材料化学的重要研究内容。例如,把石墨烯看成大分子,通过在石墨烯的每个碳原子上增加一个氢原子,可制备出具有绝缘特性的石墨烷[89];通过与氟原子反应,可制备出稳定、耐高温的氟化石墨烯[90];通过与氧反应,可获得水溶性的氧化石墨烯[91]。

　　相比于低维碳材料研究,二维材料的研究刚刚起步。二维材料是一个庞大的材料家族,目前已知的层状材料有两千多种,而这些材料理论上都可以通过剥离获得单层或者少数层的二维材料。由于维度的变化和纳米尺度效应,这些二维材料以及原子层厚度的非层状材料极有可能会表现出与块体材料迥异的新奇物理化学特性。因此,探索新型二维材料,揭示其本征物理化学性质仍是近期二维材料研究领域的重点。发展二维材料的可控和规模制备方法,实现对其层数、晶界和缺陷等的控制以及大面积高质量薄膜材料的制备和粉体材料的规模制备,进而探索其在电子、光电子等领域的应用是二维材料领域永恒的主题。以不同特性的二维材料为基本结构单元,通过简单叠层可以构筑出多种多样的范德瓦耳斯叠层异质结(见图 7.5),这是二维材料不同于其他维数材料的一种独特性质,不仅有可能会产生意想不到的新现象和新效应,创造出自然界并不存在的新材料,进一步拓展低维材料的物性和应用,而且对研究高温超导机制、巨磁阻效应和多体物理现象等提供了很好的模型材料[14,92~94]。此外,在生长过程中通过气氛改变还可以制备出二维面内异质结[95~97]。这种二维层状范德瓦耳斯叠层异质结和面内异质结的研究,是目前二维材料领域新的科学前沿。

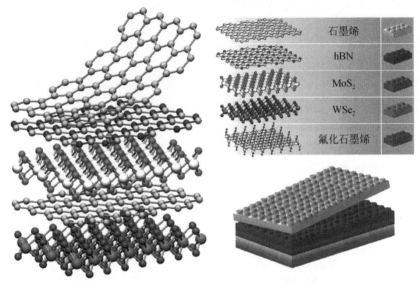

图 7.5　基于二维材料构筑的范德瓦耳斯叠层异质结[14]

　　综上所述,"十三五"期间低维碳和二维材料领域的研究重点主要集中在两方面,即低维碳材料从基础研究向产业化转移并最终形成新兴产业突破,以及发展新型低维碳和二维材料形成重大科学突破,具体包括:①低维碳材料的低成本规模制备及应用的产业化关键技术;②电子、光电子应用的高品质低维碳和二维材料的精确控制制备;③低维碳和二维材料的新物性、新效应、新原理器件和新应用探索;④新型低维碳和二维材料探索。相比而言,富勒烯和碳纳米管的研究已相对成熟,因此"十三五"期间的研究重点应集中于石墨烯等二维材料,重点加强应用于电子和光电子的高品质二维材料的控制制备,及其新物性、新效应和新原理器件的探索。我国科学家在上述大多领域有深厚研究积累,有望取得系列国际领先的原创性突破和具有里程碑意义的研究成果,形成几个引领性研究方向,并造就一批在国际上有影响的科学家,建成多个国际知名的低维碳和二维材料研究中心,大幅提升我国在该领域的国际地位。

7.4　发展目标

　　图 7.6 给出了我国未来低维碳和二维材料的发展路线图:以产业化引领和原

始性创新为牵引,力争到 2030 年实现低维碳材料的产业化应用,在新型低维碳和二维材料研究方面取得重大科学突破,具体包括以下方面:

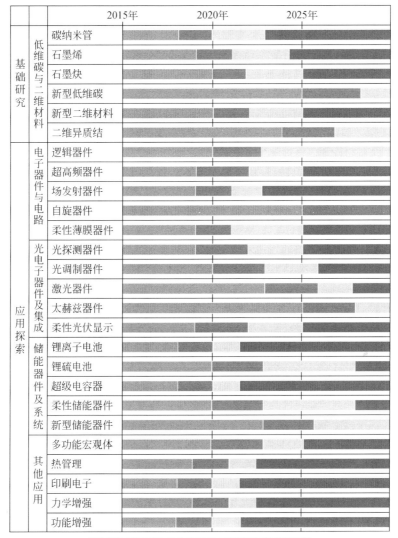

图 7.6　我国未来低维碳和二维材料的发展路线图

(1)结合计算材料学和高通量计算,研发具有"中国标签"的低维碳和二维材料以及二维异质结构,突破其制备技术,揭示其新奇的物理化学特性,阐明二维面内和叠层异质结材料的界面特征和性能耦合效应,广泛探索其在电子、光电子、信息、能源等领域的应用,研制出新原理器件,力争在材料发展史上留下中国人的足迹。

(2)建立低维碳和二维材料的制备科学,解决用于下一代电子、光电子器件的晶圆尺寸电子级材料的批量控制制备技术,针对高效电化学储能、高性能复合材料等应用需求,重点突破石墨烯等二维材料的低成本高效规模制备技术,制定相关标准,实现产业化,保持我国在低维碳和二维材料制备领域的领先地位。

(3)揭示石墨烯等二维材料的光电物理和新效应,充分发挥其结构和综合优异性能,发展新原理器件和新应用,突破其在高性能光探测、光调制、激光器、太赫兹器件和柔性光伏、有机发光二极管(organic light-emitting diode,OLED)器件等光电应用中的关键科学技术问题,探索片上光互连技术,实现光电器件集成。

(4)突破基于碳纳米管和石墨烯等二维材料的器件和电路设计、加工和集成技术,实现中等规模到大规模碳纳米管数字集成电路;突破高密度大电流碳基纳米冷阴极制备关键技术,实现新型功率型高频真空电子器件;实现碳纳米管和石墨烯等二维材料在超高频器件、柔性薄膜电子器件、显示器件中的应用和功能集成。

(5)突破碳纳米管和石墨烯在大功率、长寿命动力型锂离子电池和高能量密度超级电容器中应用的关键技术,实现其在电动汽车中的批量应用,探索低维碳和二维材料在其他新型电化学储能体系中的应用,在锂硫电池和柔性储能器件方面取得突破,力争在全柔性器件动力系统的研制及集成方面处于国际先进水平。

(6)解决低维碳和二维材料在复合材料应用中的功能化、稳定均匀分散、有序化等关键科学技术问题,研制出基于石墨烯等二维材料的具有独特性能的宏观体材料,实现低维碳和二维材料在印刷电子、热管理、电磁屏蔽、重腐蚀防护及轻质高强复合材料等中的应用和产业化,显著提升性能,促进相关领域的升级换代。

7.5　未来5～10年研究前沿与重大科学问题

二维叠层和面内异质结是目前二维材料研究领域新的科学前沿。通过将不同特性的二维材料按照一定的次序堆叠,不仅有可能会带来各种新现象和新效应,创造出自然界不存在的新材料,而且可为研究高温超导机制、巨磁阻效应和多体物理现象等提供很好的模型体系,而基于二维材料的面内异质结是电子和光电子器件的基础。尽管低维碳材料研究已比较成熟,但仍揭示出很多新奇的物性和效应。目前低维碳材料已有的应用大多是对已知应用中相关材料通过替换来改善性能,如碳纳米管作为锂离子电池导电添加剂的应用,缺乏可以真正体现低维碳材料结构性能优势的不可替代的独特应用。因此,物性研究和独特应用探索将一直是低维碳和二维材料领域的研究前沿。同时,应用于电子、光电子的电子级材料的制备仍然是该领域公认的难点和挑战,如单一手性单壁碳纳米管的选择性生长、高密度半导体性单壁碳纳米管阵列的制备、晶圆尺寸无缺陷石墨烯和二维材料单晶的制备等,这是决定低维碳和二维材料生命力和能否实现高端应用的关键。

新型低维碳和二维材料探索涉及的重大科学问题包括以下内容：

（1）材料原子尺度的结构特征、表征方法、稳定性、制备科学以及新物性、新效应的物理起因；

（2）二维异质结材料中不同性能的二维结构单元间的界面特征、近邻效应和性能耦合；

（3）低维材料生长热力学和动力学行为，材料中电子、光子、声子等的运动规律、耦合机制及维度效应、尺度效应、表/界面效应、空间限域效应等；

（4）低维碳和二维材料在其他物质中的分散及其相互间作用和机制。

7.6　未来 5～10 年优先研究方向

7.6.1　晶圆尺寸电子级低维碳和二维材料的制备科学

此方向重点研究碳纳米管和石墨烯等二维材料的生长热力学和动力学行为及规律；发展其控制制备方法，实现单壁碳纳米管的手性控制；制备出高密度半导体性单壁碳纳米管和不同层数的晶圆尺寸电子级石墨烯等二维材料；实现大面积金属性/半导体性单壁碳纳米管薄膜和高性能石墨烯等二维材料薄膜的规模制备；发展二维材料的结构性能表征方法，揭示二维材料的微观结构特征和结构性能关系。

7.6.2　低维碳和二维材料在光电器件中的应用探索

此方向重点研究石墨烯等二维材料的光电物理与新效应，揭示二维体系的光电传输、散射、吸收、发射新规律、光电耦合行为以及外场对光电性能的影响；研究新原理器件的设计、构筑及表面、界面相互作用等，实现界面控制和场效应控制；重点突破二维材料在光探测、光调制、激光器、太赫兹器件、柔性光伏和 OLED 器件等中应用的关键科学技术问题，探索片上光互连和集成技术。

7.6.3　低维碳和二维材料在电子器件中的应用探索

此方向研究基于碳纳米管和石墨烯等二维材料的器件和电路的设计、加工与集成技术，发展与硅工艺的集成技术，获得 8nm 的碳纳米管 CMOS 器件；实现中等规模到大规模碳纳米管数字集成电路；研究高密度大电流碳基纳米冷阴极材料及其制备关键技术和功率型高频真空电子器件；探索石墨烯在超高频电子器件、自旋器件中的应用以及低维碳和二维材料在柔性薄膜电子器件、显示器件等中的应用和功能集成。

7.6.4　低维碳和二维材料在能源等领域的应用探索

此方向重点研究石墨烯等二维材料的宏量制备、组装方法和产业化关键技术，发展其功能化方法及在基体中的分散和有序化技术;突破碳纳米管和石墨烯在大功率、长寿命动力型锂离子电池和高能量密度超级电容器中应用的关键技术,探索其在锂硫电池、柔性储能器件和催化等领域的应用,实现其在电动汽车、印刷电子、热管理、电磁屏蔽、吸波、重腐蚀防护及轻质高强复合材料等中的实际应用和产业化;揭示材料与不同基体的相互作用和机制。

7.6.5 石墨炔研究及新型低维碳和二维材料探索

此方向研究大面积单层和少数层石墨炔的控制制备、物理化学特性和应用;结合计算材料学和高通量计算,探寻具有独特性质的新型低维碳和二维材料;揭示其原子排列、键合方式等精细结构特征和光、电、力、热及其稳定性等基本物理化学性质;探索二维材料的相变,研究基于二维材料的面内和垂直叠层异质结的构筑,阐明不同性能的二维结构单元间的界面特征、近邻效应、性能耦合和空间限域效应,发展其制备方法;探索其在隧道晶体管、光探测器件、光伏器件、光发射二极管、等离子基元器件及其他新原理器件中的应用。

参 考 文 献

[1] Kroto H W, Heath J R, O'Brien S C, et al. C_{60}: Buckminsterfullerene. Nature, 1985, 318(6042): 162—163.

[2] Iijima S. Helical microtubules of graphitic carbon. Nature, 1991, 354(6348): 56—58.

[3] Novoselov K S, Geim A K, Morozov S V, et al. Electric field effect in atomically thin carbon films. Science, 2004, 306(5696): 666—669.

[4] Geim A K, Novoselov K S. The rise of graphene. Nature Materials, 2007, 6(3): 183—191.

[5] Novoselov K S, Fal'ko V I, Colombo L, et al. A roadmap for graphene. Nature, 2012, 490(7419): 192—200.

[6] Geim A K. Graphene: status and prospects. Science, 2009, 324(5934): 1530—1534.

[7] Ferrari A C, Bonaccorso F, Fal'ko V, et al. Science and technology roadmap for graphene, related two-dimensional crystals, and hybrid systems. Nanoscale, 2015, 7(11): 4598—4810.

[8] Baughman R H, Zakhidov A A, de Heer W A. Carbon nanotubes—The route toward applications. Science, 2002, 297(5582): 787—792.

[9] Novoselov K S, Jiang D, Schedin F, et al. Two-dimensional atomic crystals. Proceedings of the National Academy of Sciences of the United States of America, 2005, 102(30): 10451—10453.

[10] Wang Q H, Kalantar-Zadeh K, Kis A, et al. Electronics and optoelectronics of two-dimensional transition metal dichalcogenides. Nature Nanotechnology, 2012, 7(11): 699—712.

[11] Chhowalla M, Shin H S, Eda G, et al. The chemistry of two-dimensional layered transition metal dichalcogenide nanosheets. Nature Chemistry, 2013, 5(4): 263—275.

[12] Butler S Z, Hollen S M, Cao L, et al. Progress, challenges, and opportunities in two-dimensional materials beyond graphene. ACS Nano, 2013, 7(4): 2898—2926.

[13] Zhang H. Ultrathin two-dimensional nanomaterials. ACS Nano,2015,9(10):9451—9469.

[14] Geim A K,Grigorieva I V. Van der waals heterostructures. Nature,2013,499(7459):419—425.

[15] Saito R,Fujita M,Dresselhaus G,et al. Electronic-structure of chiral graphene tubules. Applied Physics Letters,1992,60(18):2204—2206.

[16] Novoselov K S,Geim A K,Morozov S V,et al. Two-dimensional gas of massless dirac fermions in graphene. Nature,2005,438(7065):197—200.

[17] Mak K F,Lee C,Hone J,et al. Atomically thin MoS_2: A new direct-gap semiconductor. Physical Review Letters,2010,105(13):136805.

[18] Mak K F,He K,Shan J,et al. Control of valley polarization in monolayer MoS_2 by optical helicity. Nature Nanotechnology,2012,7(8):494—498.

[19] Xu M S,Liang T,Shi M M,et al. Graphene-like two-dimensional materials. Chemical Reviews, 2013,113(5):3766—3798.

[20] Fan S S,Chapline M G,Franklin N R,et al. Self-oriented regular arrays of carbon nanotubes and their field emission properties. Science,1999,283(5401):512—514.

[21] Li W Z,Xie S S,Qian L X,et al. Large-scale synthesis of aligned carbon nanotubes. Science,1996, 274(5293):1701—1703.

[22] Jiang K,Li Q,Fan S. Nanotechnology:Spinning continuous carbon nanotube yarns. Nature,2002, 419(6909):801.

[23] Yao Y G,Li Q G,Zhang J,et al. Temperature-mediated growth of single-walled carbon-nanotube intramolecular junctions. Nature Materials,2007,6(4):283—286.

[24] Hu Y,Kang L X,Zhao Q C,et al. Growth of high-density horizontally aligned SWNT arrays using trojan catalysts. Nature Communications,2015,6:6099.

[25] Dai B Y,Fu L,Zou Z Y,et al. Rational design of a binary metal alloy for chemical vapour deposition growth of uniform single-layer graphene. Nature Communications,2011,2:522.

[26] Yan K,Wu D,Peng H L,et al. Modulation-doped growth of mosaic graphene with single-crystalline p-n junctions for efficient photocurrent generation. Nature Communications,2012,3:1280.

[27] Sun J Y,Chen Y B,Priydarshi M K,et al. Direct chemical vapor deposition-derived graphene glasses targeting wide ranged applications. Nano Letters,2015,15(9):5846—5854.

[28] Cheng H M,Li F,Su G,et al. Large-scale and low-cost synthesis of single-walled carbon nanotubes by the catalytic pyrolysis of hydrocarbons. Applied Physics Letters,1998,72(25):3282—3284.

[29] Liu B,Ren W C,Gao L B,et al. Metal-catalyst-free growth of single-walled carbon nanotubes. Journal of the American Chemical Society,2009,131(6):2082—2083.

[30] Chen Z P,Ren W C,Gao L B,et al. Three-dimensional flexible and conductive interconnected graphene networks grown by chemical vapour deposition. Nature Materials,2011,10(6):424—428.

[31] Gao L B,Ren W C,Xu H L,et al. Repeated growth and bubbling transfer of graphene with millimetre-size single-crystal grains using platinum. Nature Communications,2012,3:699.

[32] Wang Y,Wei F,Luo G H,et al. The large-scale production of carbon nanotubes in a nano-agglomerate fluidized-bed reactor. Chemical Physics Letters,2002,364(5—6):568—572.

[33] Yang F,Wang X,Zhang D,et al. Chirality-specific growth of single-walled carbon nanotubes on solid alloy catalysts. Nature,2014,510(7506):522—524.

［34］ Yang W,Chen G R,Shi Z W,et al. Epitaxial growth of single-domain graphene on hexagonal boron nitride. Nature Materials,2013,12(9):792－797.

［35］ Tang S J,Wang H M,Wang H S,et al. Silane-catalysed fast growth of large single-crystalline graphene on hexagonal boron nitride. Nature Communications,2015,6:6499.

［36］ Wu T R,Zhang X F,Yuan Q H,et al. Fast growth of inch-sized single-crystalline graphene from a controlled single nucleus on Cu-Ni alloys. Nature Materials,2016,15(1):43－47.

［37］ Wu Z S,Ren W C,Wang D W,et al. High-energy MnO_2 nanowire/graphene and graphene asymmetric electrochemical capacitors. ACS Nano,2010,4(10):5835－5842.

［38］ Wu Z S,Wang D W,Ren W C,et al. Anchoring hydrous RuO_2 on graphene sheets for high-performance electrochemical capacitors. Advanced Functional Materials,2010,20(20):3595－3602.

［39］ Wu Z S,Zhou G M,Yin L C,et al. Graphene/metal oxide composite electrode materials for energy storage. Nano Energy,2012,1(1):107－131.

［40］ Zhou G M,Pei S F,Li L,et al. A graphene-pure-sulfur sandwich structure for ultrafast,long-life lithium-sulfur batteries. Advanced Materials,2014,26(4):625－631.

［41］ Fang R P,Zhao S Y,Hou P X,et al. 3D interconnected electrode materials with ultrahigh areal sulfur loading for Li-S batteries. Advanced Materials,2016,28(17):3374－3382.

［42］ Li N,Chen Z P,Ren W C,et al. Flexible graphene-based lithium ion batteries with ultrafast charge and discharge rates. Proceedings of the National Academy of Sciences of the United States of America,2012,109(43):17360－17365.

［43］ Wang D W,Li F,Zhao J P,et al. Fabrication of graphene/polyaniline composite paper via in situ anodic electropolymerization for high-performance flexible electrode. ACS Nano,2009,3(7):1745－1752.

［44］ Weng Z,Su Y,Wang D W,et al. Graphene-cellulose paper flexible supercapacitors. Advanced Energy Materials,2011,1(5):917－922.

［45］ Wu Q,Xu Y X,Yao Z Y,et al. Supercapacitors based on flexible graphene/polyaniline nanofiber composite films. ACS Nano,2010,4(4):1963－1970.

［46］ Wang Y,Shi Z Q,Huang Y,et al. Supercapacitor devices based on graphene materials. The Journal of Physical Chemistry C,2009,113(30):13103－13107.

［47］ Xu Y,Tao Y,Zheng X Y,et al. A metal-free supercapacitor electrode material with a record high volumetric capacitance over 800 F cm^{-3}. Advanced Materials,2015,27(48):8082－8087.

［48］ Xu Z,Sun H Y,Zhao X L,et al. Ultrastrong fibers assembled from giant graphene oxide sheets. Advanced Materials,2013,25(2):188－193.

［49］ Fang B,Peng L,Xu Z,et al. Wet-spinning of continuous montmorillonite-graphene fibers for fire-resistant lightweight conductors. ACS Nano,2015,9(5):5214－5222.

［50］ Wu Y P,Yi N B,Huang L,et al. Three-dimensionally bonded spongy graphene material with super compressive elasticity and near-zero Poisson's ratio. Nature Communications,2015,6:6141.

［51］ Ding L,Wang S H,Zhang Z Y,et al. Y-contacted high-performance n-type single-walled carbon nanotube field-effect transistors: scaling and comparison with Sc-contacted devices. Nano Letters,2009,9(12):4209－4214.

［52］ Xu N S. Cold-cathode one-dimensional nanomaterials and application//The 5th International Vacuum Electron Sources Conference,Beijing,2004.

[53] Xu N S,Chen Y,Deng S Z,et al. Vacuum gap dependence of field electron emission properties of large area multi-walled carbon nanotube films. Journal of Physics D: Applied Physics, 2001, 34(11):1597−1601.

[54] Zhang Y,Du J L,Tang S,et al. Optimize the field emission character of a vertical few-layer graphene sheet by manipulating the morphology. Nanotechnology,2012,23(1):015202.

[55] Xu N S,Huq S E. Novel cold cathode materials and applications. Materials Science & Engineering R-Reports,2005,48(2-5):47−189.

[56] Li G X,Li Y L,Liu H B,et al. Architecture of graphdiyne nanoscale films. Chemcial Communications, 2010,46(19):3256−3258.

[57] Ji Q Q,Zhang Y,Shi J P,et al. Morphological engineering of CVD-grown transition metal dichalcogenides for efficient electrochemical hydrogen evolution. Advanced Materials,2016,28(29):6207−6212.

[58] Shi J P,Ma D L,Han G F,et al. Controllable growth and transfer of monolayer MoS$_2$ on Au foils and its potential application in hydrogen evolution reaction. ACS Nano,2014,8(10):10196−10204.

[59] Zhang Y, Zhang Y F,Ji Q Q, et al. Controlled growth of high-quality monolayer WS$_2$ layers on sapphire and imaging its grain boundary. ACS Nano,2013,7(10):8963−8971.

[60] Gao Y,Liu Z B,Sun D M,et al. Large-area synthesis of high-quality and uniform monolayer WS$_2$ on reusable Au foils. Nature Communications,2015,6:8569.

[61] Lu G Y,Wu T R,Yuan Q H,et al. Synthesis of large single-crystal hexagonal boron nitride grains on Cu-Ni alloy. Nature Communications,2015,6:6160.

[62] Duan X D,Wang C,Shaw J C,et al. Lateral epitaxial growth of two-dimensional layered semiconductor heterojunctions. Nature Nanotechnology,2014,9(12):1024−1030.

[63] Jiang T,Liu H R,Huang D,et al. Valley and band structure engineering of folded MoS$_2$ bilayers. Nature Nanotechnology,2014,9(10):825−829.

[64] Yu Z H,Pan Y M,Shen Y T,et al. Towards intrinsic charge transport in monolayer molybdenum disulfide by defect and interface engineering. Nature Communications,2014,5:5290.

[65] Qiu H,Xu T,Wang Z L,et al. Hopping transport through defect-induced localized states in molybdenum disulphide. Nature Communications,2013,4:2642.

[66] He D W,Zhang Y H,Wu Q S,et al. Two-dimensional quasi-freestanding molecular crystals for high-performance organic field-effect transistors. Nature Communications,2014,5:5162.

[67] Wang Y L,Li L F,Yao W,et al. Monolayer PtSe$_2$,a new semiconducting transition-metal-dichalcogenide, epitaxially grown by direct selenization of Pt. Nano Letters,2015,15(6):4013−4018.

[68] Meng L,Wang Y L,Zhang L Z,et al. Buckled silicene formation on Ir(111). Nano Letters,2013, 13(2):685−690.

[69] Li L F,Wang Y L,Xie S Y,et al. Two-dimensional transition metal honeycomb realized:Hf on Ir(111). Nano Letters,2013,13(10):4671−4674.

[70] Li L F,Lu S Z,Pan J B,et al. Buckled germanene formation on Pt(111). Advanced Materials, 2014,45(40):4820−4824.

[71] Feng B J,Zhang J,Zhong Q,et al. Experimental realization of two-dimensional boron sheets. Nature Chemistry,2016,8(6):563−568.

[72] Zhu F F,Chen W J,Xu Y,et al. Epitaxial growth of two-dimensional stanene. Nature Materials,

2015,14(10):1020—1025.

[73] Duan H H,Yan N,Yu R,et al. Ultrathin rhodium nanosheets. Nature Communications,2014,5:3093.

[74] Li L K,Yu Y S,Ye G J,et al. Black phosphorus field-effect transistors. Nature Nanotechnology, 2014,9(5):372—377.

[75] Li L K,Yang F Y,Ye G J,et al. Quantum hall effect in black phosphorus two-dimensional electron system. Nature Nanotechnology,2016,11(7):593—597.

[76] Li L K,Ye G J,Tran V,et al. Quantum oscillations in a two-dimensional electron gas in black phosphorus thin films. Nature Nanotechnology,2015,10(7):608—613.

[77] Qiao J S,Kong X H,Hu Z X,et al. High-mobility transport anisotropy and linear dichroism in few-layer black phosphorus. Nature Communications,2014,5:4475.

[78] Jiang J W,Park H S. Negative poisson's ratio in single-layer black phosphorus. Nature Communications, 2014,5:4727.

[79] Xu C,Wang L B,Liu Z B,et al. Large-area high-quality 2D ultrathin Mo_2C superconducting crystals. Nature Materials,2015,14(11):1135—1141.

[80] Fei Z,Rodin A S,Andreev G O,et al. Gate-tuning of graphene plasmons revealed by infrared nano-imaging. Nature,2012,487(7405):82—85.

[81] Chen J N,Badioli M,Alonso-Gonzalez P,et al. Optical nano-imaging of gate-tunable graphene plasmons. Nature,2012,487(7405):77—81.

[82] Joshi R K,Carbone P,Wang F C,et al. Precise and ultrafast molecular sieving through graphene oxide membranes. Science,2014,343(6172):752—754.

[83] Li H,Song Z N,Zhang X J,et al. Ultrathin,molecular-sieving graphene oxide membranes for selective hydrogen separation. Science,2013,342(6154):95—98.

[84] Maher P,Wang L,Gao Y D,et al. Tunable fractional quantum hall phases in bilayer graphene. Science, 2014,345(6192):61—64.

[85] Lee K,Fallahazad B,Xue J,et al. Chemical potential and quantum hall ferromagnetism in bilayer graphene. Science,2014,345(6192):58—61.

[86] Kou A,Feldman B E,Levin A J,et al. Electron-hole asymmetric integer and fractional quantum hall effect in bilayer graphene. Science,2014,345(6192):55—57.

[87] Ju L,Shi Z W,Nair N,et al. Topological valley transport at bilayer graphene domain walls. Nature,2015,520(7549):650—655.

[88] Shulaker M M,Hills G,Patil N,et al. Carbon nanotube computer. Nature,2013,501(7468): 526—530.

[89] Elias D C,Nair R R,Mohiuddin T M G,et al. Control of graphene's properties by reversible hydro-genation:evidence for graphane. Science,2009,323(5914):610—613.

[90] Nair R R,Ren W C,Jalil R,et al. Fluorographene:A two-dimensional counterpart of teflon. Small, 2010,6(24):2877—2884.

[91] Park S,Ruoff R S. Chemical methods for the production of graphenes. Nature Nanotechnology, 2009,4(4):217—224.

[92] Novoselov K S,Castro Neto A H. Two-dimensional crystals-based heterostructures:Materials with tailored properties. Physica Scripta,2012,T146:014006.

[93] Lee C H, Lee G H, van der Zande A M, et al. Atomically thin p-n junctions with van der Waals heterointerfaces. Nature Nanotechnology, 2014, 9(9): 676－681.

[94] Novoselov K S, Mishchenko A, Carvalho A, et al. 2D materials and van der Waals heterostructures. Science, 2016, 353(6298): aac9439.

[95] Liu Z, Ma L L, Shi G, et al. In-plane heterostructures of graphene and hexagonal boron nitride with controlled domain sizes. Nature Nanotechnology, 2013, 8(2): 119－124.

[96] Ci L, Song L, Jin C H, et al. Atomic layers of hybridized boron nitride and graphene domains. Nature Materials, 2010, 9(5): 430－435.

[97] Liu L, Park J, Siegel D A, et al. Heteroepitaxial growth of two-dimensional hexagonal boron nitride templated by graphene edges. Science, 2014, 343(6167): 163－167.

（主笔：任文才，成会明）

第8章 先进结构材料

8.1 内涵与研究范围

结构材料是国民经济和国防建设的重要基础材料,先进无机非金属结构材料是以结构陶瓷、高性能结构复合材料为代表的一大类材料,在结构材料中占有重要地位。共价键和离子键是无机非金属结构材料的主要键合类型,因此,大部分无机结构材料都具有低密度、高硬度、高比强度、高比弹性模量、耐磨损、耐高温、耐腐蚀和抗辐照等优异性能;但是,这种材料往往又具有脆性大、对缺陷敏感的弱点。人们常常采用颗粒、晶须和片晶等第二相增韧、相变增韧及纤维增韧等方式来有效提高材料的断裂韧性,降低材料对缺陷和裂纹的敏感性,提高材料的可靠性,尤其是采用连续纤维增强陶瓷基复合材料的增韧效果更加显著,可以有效避免结构陶瓷材料的灾难性破坏。硬度是超硬材料最重要的基本特性,与材料的化学键本征特性密切相关,可以通过材料科学的方法,调控材料的晶粒尺寸、缺陷结构和组分,进一步提升常见超硬材料的硬度,或者使一些结构陶瓷的硬度超过40GPa而成为符合超硬材料定义的新超硬材料。

航空、航天、能源、化工、冶金和机械等领域技术的发展,特别是在极端服役条件下的应用,迫切要求提升结构材料的性能。通过先进的设计和制备手段提高结构材料的服役性能、探索和研究提升材料关键应用特性的途径、挑战材料的极限性能、探索材料在极端环境下的应用,研制出在极端服役环境下具有优异服役性能的结构材料已成为先进结构材料发展的重要方向。为此,本章将以超硬材料、先进结构陶瓷和高性能结构复合材料为典型代表介绍和规划先进无机非金属结构材料。

近年来,先进结构材料在国防工业中的作用更加突出。统计数据表明,在航空航天器等的发展中,材料及其制造技术的贡献率高达 $1/3 \sim 2/3$,航空航天器燃料的 $20\% \sim 30\%$ 都耗费在系统冷却和支撑难熔金属及高温合金部件上,这些部件耐高温性能难以再大幅度提高,严重阻碍航空航天器向高速度、高升阻比、高搭载和长寿命方向发展。因此研发新型轻质、高可靠的高性能结构复合材料的需求变得越发迫切。此外,能源与环境问题日益突出,第四代先进的核电站系统将在更高温度、更强辐照和更强腐蚀的条件下运行,现有以金属材料为主体的核材料体系面临严峻的挑战。另外,将核电站产生的乏燃料在快中子增殖堆中实现再循环使用,是核废料处理最具现实操作性的方式之一,燃料元件要实现深燃耗和耐强辐照,具有优异性能的先进陶瓷及其复合材料的开发成为关键问题之一。

先进无机非金属结构材料具有挑战极端服役条件的本征优势,成为替代金属的关键材料。从材料学角度,在材料基因组技术、材料设计和模拟研究的基础上,发展先进制备工艺,开发出具有极限性能以及可以在极端条件下使用的先进结构材料是材料科学家的重要使命。图 8.1 为先进结构材料的优先发展方向简图。

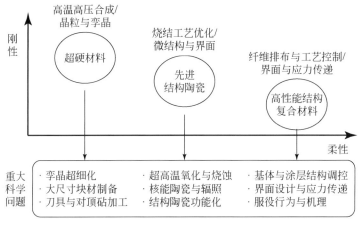

图 8.1 先进结构材料的优先发展方向简图

8.1.1 超硬材料

超硬材料是指维氏硬度大于 40GPa 的强共价固体材料[1,2],具有非常高的硬度、不可压缩性和耐磨性。在自然界中,金刚石是已知物质中最硬的,其次是立方氮化硼(cBN)。金刚石和立方氮化硼单晶的维氏硬度在不同晶体学取向分别为 $60\sim120$GPa 和 $30\sim45$GPa。这两种超硬材料已实现了规模化的工业生产,实用的超硬材料通常用高温高压法合成。在过去的 60 年里,超硬材料研究取得重要进展,金刚石和立方氮化硼的硬度得到了显著提高(见图 8.2)[3]。目前,超硬材料研究集中在四个方面:硬度预测理论方法;新型超硬相的设计和合成;现有超硬材料性能提升及低成本合成方法,包括降低合成压力和温度;发展非高温高压合成方法。

8.1.2 先进结构陶瓷

先进结构陶瓷可以分为非氧化物和氧化物陶瓷,前者主要包括碳化物(SiC、B_4C、ZrC、HfC、TaC、TiC、WC 等)、氮化物(Si_3N_4、BN、AlN、TiN 等)、硼化物(ZrB_2、HfB_2、TiB_2 等)及氮氧化物(SiAlON、AlON 等);后者主要包括 Al_2O_3、ZrO_2、MgO、Mullite 陶瓷等。氧化物陶瓷具有本征优良的抗氧化性能,可以在氧化环境中制备和使用,且生产成本较低;非氧化物陶瓷数量种类更加丰富,材料性

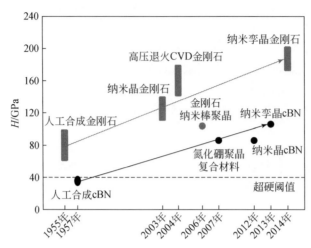

图 8.2　金刚石和立方氮化硼两种超硬材料硬度提高的历史进程[3]

虚线代表超硬材料硬度的阈值(40GPa),天然金刚石的硬度范围为 60~120GPa

能调控更加多样化,尤其是高温力学性能,显著优于氧化物陶瓷,但是一般需要在保护性气氛中制备,设备复杂,制造成本较高,抗氧化性能较差,在氧化气氛中会在明显低于熔点的温度下开始氧化。

当前,世界各国投入非氧化物陶瓷的研究力量更多,从 20 世纪 70 年代的氧化铝陶瓷,80 年代的增韧氧化锆陶瓷[4]到 90 年代以 Si_3N_4、SiC 和赛隆陶瓷(Sialon)为代表的硅基非氧化物陶瓷[5~7],再到 21 世纪初以 ZrB_2、ZrC 为代表的超高温陶瓷[8,9]。经过近半个世纪的发展,在先进制备工艺的开发、粉体原料的可控合成、致密化烧结机理与微结构调控、材料性能和评价技术等方面结构陶瓷都取得了巨大进步(见图 8.3),并为 20 世纪 90 年代开始的先进结构陶瓷的工业化应用奠定了坚实的理论与技术基础[10~13]。为了适应新时期对先进结构陶瓷性能的更高要求,未来的基础研究主要集中在以下方面:微纳结构的可控制备和界面调控与极限材料性能之间的关系;新型功能化结构陶瓷的性能发现与创制工艺;极端使役行为的内在机理与材料基本性能之间的内在关系;材料极限性能评价技术与标准。

8.1.3　高性能结构复合材料

高性能结构复合材料主要包括碳基和陶瓷基复合材料(CMC),该类材料具有比强度高、比模量高、在高温下强度保持率高及化学稳定性良好等优异性能,是支撑航空航天、新能源和电子信息等领域的关键战略性材料,在先进结构材料领域具有重要的地位,具有长期持续发展的强大动力(见图 8.4)。

C/C 复合材料是以碳(或石墨)为基体,以碳(或石墨)纤维及其织物为增强材

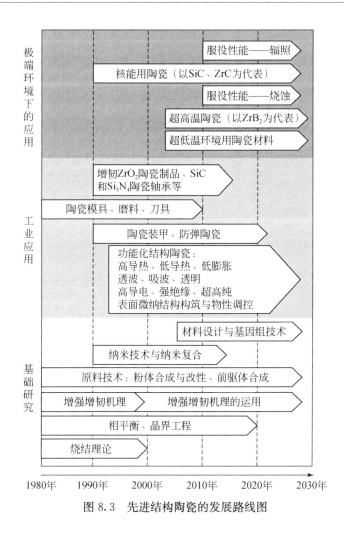

图 8.3　先进结构陶瓷的发展路线图

料,通过致密化和高温处理制成的全碳质复合材料[14]。该材料相对密度小(理论密度小于 2.2g/cm³),仅为镍基高温合金的 1/4,陶瓷材料的 1/2;具有良好的热性能,如低热膨胀系数、高热导率和良好的抗热震性能,且抗烧蚀性能优异,可以承受高于 3000℃的高温;摩擦系数小、耐摩擦磨损性能优异稳定,尤其是其随温度升高强度不降反升的独特性能,使其作为飞行器热防护系统有其他材料难以比拟的优势[15~17],广泛应用于火箭发动机和航天飞机等高温热端部位,同时也是高推比航空发动机热结构部件最佳备选材料[18~22]。目前该材料在高温热结构的应用研究主要集中于以下方面:高性能 C/C 及陶瓷改性 C/C 复合材料的微结构设计与控制机理;多尺度增强的理论与规律;C/C 复合材料抗氧化方法及氧化烧蚀机理、高温服役特性与失效机理等相关基础研究;高导热 C/C 复合材料制备与控制机理等。

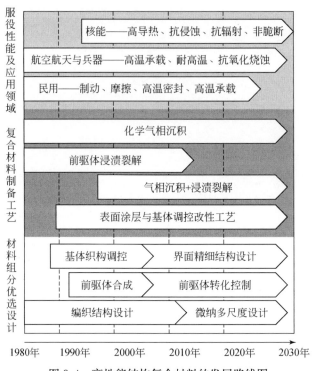

图 8.4　高性能结构复合材料的发展路线图

　　广义的陶瓷基复合材料是指以陶瓷为基体,以陶瓷为增强材料的复合材料,包括颗粒及板晶增强、晶须及短切纤维增强、层状复合和连续纤维增强陶瓷复合材料。在温度剧烈变化的苛刻环境中,只有用连续纤维增强结构复合陶瓷作为飞行器大尺寸结构支撑部件,才能显著提高材料的抗热冲击性能。连续纤维增强陶瓷基复合构件在各类空天往返飞行器热防护系统、高推重比航空发动机、超燃冲压发动机热端等应用得到了演示验证,成为不可或缺的重要材料[23~27]。若无特殊说明,本节中的陶瓷基复合材料专指连续纤维增强陶瓷基复合材料。

　　陶瓷基复合材料是由基体、纤维和界面相三个单元有机结合而成的。根据基体成分来分,它可分为氧化物、氮化物、碳化物和超高温陶瓷基复合材料。常用的增强纤维包括碳、氧化铝、莫来石、氮化硼、石英、碳化硅以及超高温陶瓷纤维等。高性能陶瓷基复合材料的研究主要集中于以下方面:低毒性、高裂解产额有机前驱体的研制;高性能陶瓷纤维的制备;纤维预制体编织结构的优化设计与基体组元的自愈合、韧化设计方法;高致密度、高性能、大尺寸陶瓷基复合材料的高效低成本制备;陶瓷基复合材料的表面、界面、连接度和相容性;应用考核相关材料及其结构一体化设计以及陶瓷基复合材料在苛刻条件下的服役行为。

　　SiC 基复合材料研究主要集中于 C_f/SiC 和 SiC_f/SiC 复合材料,具有密度低、抗氧化、耐腐蚀、高温力学性能好等优点,并具有类似金属的断裂行为,不会发生灾难性破坏。目前,连续纤维增强 SiC 基复合材料的研究主要集中于以下方面:多元多层自愈合 SiC 复合材料的制备及控制方法;微结构单元设计、预制体结构以及界面相关设计与材料强韧化的关系;更耐高温的结构-功能一体化连续纤维增强 SiC 基复合材料的制备方法、优化设计及服役行为研究。

8.2　科学意义与国家战略需求

先进结构材料主要利用无机材料优异的力学、热学、光学等特殊性能,是支撑航空航天、交通运输、电子信息及国家重大基础工程建设等领域的关键材料。先进结构陶瓷、高性能结构复合材料和超硬材料一直是材料学科最活跃的研究领域之一,相关研究极大地推动了航空航天、兵器、能源、机械、汽车、冶金、化工和生物等领域的技术发展,同时推动了材料科学技术、物理与化学、力学、计算机应用等相关学科的融合与发展。先进结构材料对基础工业也发挥着重要作用,如高性能陶瓷刀具、硬质合金刀具和超硬刀具的广泛使用显著提高了加工效率,陶瓷轴承的应用大幅度提高了轴承的耐温性、寿命和可靠性,节省了巨额维修费用。

8.2.1　超硬材料

科学上,探索材料性能极限的研究包括性能极限的认知与逼近两个层面。长期以来,天然金刚石的硬度是已知天然材料中最高的,曾被认为是已知材料硬度的上限值而长期无法超越[28]。与强度、模量这些材料的本征性质不同,硬度是表征材料宏观性能的一个工程性能,不能用量子力学直接计算。因此,如何在电子结构计算方法与硬度这一材料宏观工程性能之间建立关联是计算材料科学最重要的挑战之一[29]。这需要从单晶材料微观的电子结构层面上科学地定义和理解硬度这样的性能,从而能够根据晶体中原子排布方式准确地预测晶体的理论硬度,使超硬材料的设计从定性走向定量。根据霍尔-佩奇(Hall-Petch)关系,纳米结构化能够有效地提高多晶超硬材料的硬度。硬度、断裂韧性和高温抗氧化温度是决定超硬材料使用条件和服役寿命的三大关键性能指标。当显微组织的特征尺寸(如晶粒尺寸或孪晶厚度)进入纳米尺度时,多晶金刚石和立方氮化硼能够持续硬化,断裂韧性和热稳定性也得到明显提高[3]。这说明金刚石这类共价材料在纳米尺度表现出与金属材料完全不同的奇异行为,为进一步改善超硬材料的综合性能提供了新的可能。充分认识和理解多晶超硬材料在纳米尺度下的强化、硬化、韧化和稳定化机制,是提升现有超硬材料服役性能、发展下一代超硬材料及其工具的重要途径。

超硬材料制作的刀具和磨具广泛应用于装备制造业,通过切削和磨削加工完成绝大多数零部件的最终形状。工具材料是现代加工技术先进性的标志和关键制约性环节。制造业中产品的加工效率、成本、能源消耗及成品精度很大程度上取决于工具的特性和寿命,而工具的特性取决于材料本征性质。高性能超硬材料的工具化可能带来现代加工技术的变革,如非球面光学元件的直接镜面切削加工,硬质合金工件的高效切削加工,以钛合金为代表的难加工材料的高效切削加工等。高性能金刚石也可能带来静高压技术的变革,用天然金刚石做成的金刚石一级对顶砧得到的压力可达 320GPa[30],可以覆盖地球科学研究中地壳、上地幔、下地幔到地球外核的压力范围。人们期待有可以产生 500GPa 甚至 1TPa 静高压的金刚石出现,以研究地球内核物质的行为,为人类探索新物质、发现新的物理现象和新的化学反应等提供更大的空间,并在验证理论预言、揭开科学之谜中发挥重要作用,例如,理论预言固体氢在 400GPa 压力以上可能发生金属化,变成高温超导体甚至室温超导体[30]。纳米孪晶金刚石对顶砧的使用有可能为揭开金属氢这个科学之谜提供一次难得的机遇。

8.2.2 先进结构陶瓷

先进结构陶瓷所具有的强离子键和共价键特性,通常会赋予其高熔点和高弹性模量,显示出作为高温结构材料的本征特性;同时,由于其晶体结构中滑移体系较少,材料在断裂破坏过程中晶粒本身缺少能量耗散机制,从而表现出脆性特征。一般来说,单相结构陶瓷的断裂韧性低于 $5MPa \cdot m^{1/2}$。另外,先进结构陶瓷作为一种多晶致密烧结体,晶界的特征在很大程度上决定材料的性能,并使晶粒尺寸和形貌对性能的影响更加显著。除了在氧化锆陶瓷中存在的马氏体相变可以实现独特的相变增韧效果,其他材料体系甚至包括纤维增强陶瓷基复合材料都是通过调控界面特性及晶粒尺寸和形貌来获得不同的材料性能。基于以上原理,人们可以通过添加剂的选择实现对晶粒固溶和晶界化学的调控,从而提高材料的高温力学性能和其他物理性能,如 Al_2O_3 的抗蠕变性能[31]、Si_3N_4 陶瓷和 ZrB_2 超高温陶瓷的高温性能[32,33]、Si_3N_4 陶瓷的热导率[34],以及四方多晶氧化锆陶瓷的水热稳定性等。通过采用高纯超细或前驱体原料、快速致密化手段和界面相控制,可以获得纳米结构的陶瓷材料,从而赋予其独特的性能,例如,在 Si_3N_4-SiC 陶瓷中实现超塑性[35],在SiC 和 ZrC 陶瓷中实现抗辐照性能的显著提升[36];通过晶粒形貌和界面化学的协同调控,可以在某些单相陶瓷体系中实现高韧性,例如,具有板晶形貌的氧化铝的韧性超过 $5MPa \cdot m^{1/2}$,而长柱状 Si_3N_4 陶瓷的韧性可以达到 $10MPa \cdot m^{1/2}$ 以上[13]。然而,材料的强度表现出不同的变化规律。根据格里菲斯理论,强度为 800MPa,断裂韧性为 $5MPa \cdot m^{1/2}$ 的陶瓷材料,其内在的缺陷尺寸必须小于 $25\mu m$。这对陶瓷材料的成型与烧结工艺的要求提高,也会影响材料的可靠性[11]。这也说明了断裂韧性在先进结构陶瓷中的重要意义,更从另一个角度说明较低的断裂韧性是限制先进结构陶瓷应用的瓶颈性能指标。深入理解陶瓷材料的强韧化原理是未来寻找韧性更高、对缺陷更加不敏感的陶瓷材料的基础和基本出发点。相关研究也会促进固体力学、结晶化学及电子显微学等学科的发展,以及与结构陶瓷学科之间的相互交融。

虽然本节讨论的是具有体材料形态的先进结构陶瓷,但其应用形态可以延伸到基体材料和涂层材料,体材料的研究进展对后述两种形态材料的成功应用具有重要的指导意义。

先进结构陶瓷主要应用于摩擦磨损、高温、腐蚀、辐照等各种服役环境,而这些应用都与先进制造和加工、航空航天、化工与冶金、先进核能等国家的关键技术升级密切相关,是体现一个国家技术水平和工业能力的关键材料,更是国防和国家安全不可替代的关键材料。轻质高强高刚度 SiC 陶瓷是重要的空间轻量化结构材料;高马赫数飞行器的防热系统需要能承受 2000℃ 以上高温和氧化环境,超高温陶瓷及其复合材料是不可替代的选择;第四代核能系统的工作温度高、辐照剂量大,有些堆型存在超强的熔盐腐蚀环境,现有的以金属材料为主体的核材料体系面临严峻挑战,以 SiC、ZrC、MAX 相等为主的先进结构陶瓷正在以全新的面貌迎接挑战,并已经取得可喜的进展;功能化结构陶瓷的发展为除需要优良力学性能和高温性能以外还需要兼具某种其他功能性能(如导电、导热、透波或吸波)的场合提供了新的材料选择,为高新技术和先进军事武器的发展提供了关键材料。上述国家战略需求对先进结构陶瓷的更高极限性能提出了迫切要求。

8.2.3　高性能结构复合材料

近年来,高技术装备的发展对结构材料提出了越来越苛刻的要求,要求其适应更高温度、更强冲刷、更长航时的极端严酷环境,例如,高性能航空发动机要求其热结构材料在 1600℃ 以上热力氧耦合环境工作上千小时;高马赫数空天飞行器防热材料需满足 1600～2100℃ 长时间氧化烧蚀服役要求。现有传统结构材料的性能无论在耐高温性、使用寿命还是服役稳定性等方面均难以满足实际应用需求。

C/C 及陶瓷基复合材料是目前世界上新技术领域中重点研究和开发的新型高性能结构复合材料,在现代航空航天和其他领域具有广泛的应用前景,尤其是作为临近空间飞行器热防护材料及高性能航空发动机热端部件材料使用,因具有低密度、高比强、高比模量、低热膨胀系数、耐热冲击、耐含固体微粒燃气冲刷等一系列优异性能,具备其他材料难以比拟的优势。以高性能航空发动机为例,其热端部件采用 C/C 复合材料,可以显著降低发动机自身重量,由此可以提高推重比,同时减少冷却空气消耗,明显提高发动机的效率。因此,C/C 复合材料成为新一代航空发动机高温关键材料的首选[16],如美国的 IHPTET 计划和英国的 ACME II 计划。在空天飞行器中,C/C 复合材料及陶瓷基复合材料已用作 X-43A、X-37B、X-38 等热防护部件[26,27,37]。我国研制先进空天飞行器及其动力系统也迫切需求该类材料。另外,SiC$_f$/SiC 复合材料具有低的氚渗透率和优良的辐照稳定性,是很有前景的聚变堆候选材料。SiC$_f$/SiC 复合材料在聚变堆中主要应用于包层的第一壁、流道插件以及偏滤器等部件。

我国在 C/C 复合材料、超高温陶瓷基复合材料的研究上虽然已取得长足进步,但目前仍处于实验室试验探索和初步应用研究阶段,与欧美等发达国家还有较大差距。涉及复合材料多态化设计、高性能制备方法、服役稳定性控制等许多关键问题都需要进一步深入研究。因此,开展 C/C 复合材料及陶瓷基复合材料相关理论及应用基础研究,实现这些关键战略性材料的实际应用,对于缩短我国与国际先进水平差距,满足我国空天飞行器、高性能航空发动机等高技术武器装备的研究要求具有重要的实际价值;同时,对于发展和深化高性能结构复合材料的相关基础理论,提升我国在此学科领域的国际地位也具有重要的科学意义。

8.3　研究现状、存在问题与发展趋势分析

8.3.1　超硬材料

在超硬材料研究领域,研究和关注的焦点包括:如何在微观尺度上理解硬度这个材料宏观性能,建立材料微观参量与硬度关系的微观模型,用于设计或预测新型超硬晶体;如何合成出比天然金刚石更硬的超硬材料,尤其是具有更高综合性能(硬度、韧性和热稳定性)的超硬材料。近年来,这两个方面的研究均取得了突破性进展。

(1)建立了描述极性共价晶体硬度的理论模型[3,38,39]。在微观上,极性共价晶体的硬度取决于键长、价电子密度、化学键的离子性和金属性,以及化学键的杂化形式。在宏观上,硬度取决于晶体的剪切模量以及剪切模量和体弹模量之比。硬度的预测精度可达 10% 以内,使超硬晶体的设计从定性走向了定量。将硬度模型与基于第一性原理计算的结构搜索方法相结合,从原理上讲,可在元素周期表中任何元素组合来寻找可能超硬的晶体结构。上述模型为理解极性共价晶体硬度的物理起源提供了比较清晰的物理图像,现已成为新型超硬材料设计的重要工具而得到广泛应用。共价晶体的硬度是个与带隙相关的性质,因此具有明显的尺寸效应。当晶体尺寸进入纳米尺度时,平均带隙加宽导致硬度随之增大。

(2)高温高压合成一系列新型超硬材料[3]。例如,正交结构的 γ-B$_{28}$ 在硼同素异形体中密度最高,维氏硬度为 50~58GPa,比富硼化合物 B$_6$O、B$_{13}$C$_2$、B$_4$C 和 α-B$_{12}$ 等其他硼同素异形体的硬度都高;二元缺电子化合物 BC$_5$ 具有空穴导电特征,维氏硬度和断裂韧性分别为 71GPa 和 9.5MPa·m$^{1/2}$,都明显高于立方氮化硼(cBN);三元的等电子化合物 BC$_2$N 和 BC$_4$N,维氏硬度为 62~76GPa,也都高于

cBN。在冷压碳管束时，也截获了碳的新型超硬相，其结构被指派为Cco-C8，理论计算指出该结构的理论硬度与金刚石相当。另外，还有ReB_2、OsB_2、WB_4、FeB_4、PtC、Re_2C、IrN_2、OsN_2和PtN_2过渡族轻元素化合物，尽管发现者曾声称ReB_2、FeB_4和WB_4是超硬材料，但后续的进一步试验证实这些材料的渐近线硬度均低于40GPa，不属于超硬材料。

(3)建立了多晶共价材料的硬化模型[3,40~42]。当共价材料的显微组织特征尺寸(晶粒尺寸或孪晶厚度)进入纳米尺度，霍尔-佩奇效应和量子限域效应将同时发挥作用。即使像金属材料那样在10nm左右发生晶界滑移，金刚石和立方氮化硼这样的共价材料仍能持续硬化而不像金属材料那样发生软化。对于纳米结构材料，金属存在10nm这一硬化的尺寸下限，而共价材料由于量子效应的附加贡献却不会发生。使用这一硬化模型，可以预测超硬材料理论硬度的上限值，为合成新型超硬材料指明了发展方向。这意味着纳米结构化的方法是提高共价材料硬度的普适方法，显微组织特征尺寸越小，硬度越高，纳米结构金刚石及其复合材料的硬度都可能会超过天然金刚石。

(4)高温高压合成出纳米晶金刚石、立方氮化硼及其复合材料[43~47]。纳米晶金刚石的晶粒尺寸可控制在10~30nm，努氏硬度达110~140GPa，其抗氧化温度与天然金刚石相比下降了125℃。纳米晶金刚石表现出非常优异的高温性能。例如，在800℃下，抗弯强度未见下降，硬度仍保持在100GPa以上。纳米晶cBN的晶粒尺寸控制在20nm时，维氏硬度为85GPa，约为cBN单晶的2倍；断裂韧性为$10.5MPa \cdot m^{1/2}$，约是cBN单晶的4倍；抗氧化温度为1187℃，与单晶cBN相当。纳米晶cBN/wBN超硬复合材料的晶粒尺寸为14nm时，硬度与单相纳米晶cBN相当，断裂韧性可提高到$15MPa \cdot m^{1/2}$。当cBN烧结体的晶粒尺寸控制在200~500nm并引入大量的堆垛层错等二维缺陷时，在20N以上的载荷下其维氏硬度仍保持在75GPa左右，抗氧化温度比单晶cBN高出150℃，该材料制成的超硬刀具在切削淬硬钢时表现出非常好的切削性能和耐磨性。

(5)高温高压合成出纳米孪晶cBN和金刚石[2,3,44,45]。通过洋葱结构的前驱体在高温高压下的马氏体相变在纳米晶粒内部可以直接形成纳米孪晶亚结构。与大角度晶界相比，孪晶界的过剩能极低，孪晶生长的驱动力很小，一旦孪晶亚结构形成就不会长大。因此，纳米孪晶化是获得超细组织结构更为有效的途径。纳米孪晶cBN的平均孪晶厚度可控制到3.8nm，维氏硬度为95~108GPa，断裂韧性为$12.7MPa \cdot m^{1/2}$，抗氧化温度为1294℃。用纳米孪晶cBN微刀具进行淬硬钢的超精密车削，可获得表面粗糙度小于7nm的镜面工件[48]。纳米孪晶金刚石的平均孪晶厚度可控制到5nm，维氏硬度为175~200GPa，是天然金刚石的2倍；断裂韧性为$10~15MPa \cdot m^{1/2}$，与商用硬质合金相当；空气中的抗氧化温度可达1056℃，比天然金刚石高出200℃以上。纳米孪晶结构使cBN和金刚石的硬度、韧性和热稳定性三大关键性能指标同时得到大幅度提高。综合性能优异的纳米孪晶结构金刚石材料的工具化,可能带来现代加工技术和静高压技术的一次变革。例如,硬质合金工件的加工完全可以由传统的磨削加工转变为未来的切削加工,甚至超精密的切削加工;一级金刚石对顶砧所产生的静高压可由目前的 320GPa 左右提高到未来的 500GPa,甚至 1TPa。

近年来,新型超硬材料探索和高性能超硬材料研究都取得了重要进展。然而,实际所使用的压力均超出了现有工业化合成压机的压力范围(约 6GPa),因此发展合成压力能够达到 20GPa 的工业压机是现阶段首先要突破的技术瓶颈。对于高性能超硬材料,合成样品的直径达到 10mm 左右才能实现商品化、工具化和装备化,从此能够显著改变现有的生产方式,推进现代科学研究进程。突破这一技术瓶颈之后,要发展纳米孪晶超细化的可控制备技术、纳米孪晶超硬材料粉体爆炸合成技术和这类极硬材料特种成形与加工技术的原理和方法。面向装备制造业和国防军工,开发超精密和高效切削加工用特种先进刀具,研究刀具材料的组织结构和性能与刀具的加工性能及磨损机理;面向静高压科学装置,研发 500GPa 以上的金刚石对顶砧超高压试验装置,并用于地球科学、高压物理和新型亚稳材料的前沿探索。

8.3.2　先进结构陶瓷

20 世纪 80 年代是结构陶瓷强韧化研究的鼎盛时期,提出了多种强韧化机理,使结构陶瓷的断裂韧性得到大幅度提高。结构陶瓷的主要增韧机理有 ZrO_2 相变增韧和第二相增韧[12,13,49],而第二相又包括颗粒、片晶、晶须等。连续纤维可以有效阻止裂纹扩展,使陶瓷基复合材料对裂纹不敏感,有效避免灾难性破坏,是解决结构陶瓷脆性问题的最佳手段。由于其材料设计原理和工艺特征与上述第二相强韧化有很大的不同,研究内容极其丰富,将在本章分别论述。通过不同强韧化手段获得不同体系的材料,根据其性能特点,可以满足不同应用领域的要求,如具有高硬度高耐磨的刀具材料、高刚性高导热的空间轻质结构材料、高温性能优异的高温结构材料、耐磨抗腐蚀的化工材料、耐高温抗熔体腐蚀的冶金材料以及高温抗氧化耐烧蚀的超高温陶瓷等。

我国高性能结构陶瓷的研究与国际同步。20 世纪 80 年代,我国就已成为国际氮化物陶瓷相图研究领域四大研究中心之一,先进成型工艺和陶瓷刀具的研究与世界同步。经过多年全国性协作研究,我国以 Si_3N_4、ZrO_2、SiC、Al_2O_3 四大先进结构陶瓷为主的高性能结构材料基础研究进展迅速,在高性能粉体合成、烧结理论与先进烧结技术、材料微观结构与界面性能控制及表征、增韧增强机理、材料性能评价方法与标准及材料服役行为等方面,取得了许多突破性的进展。此后的十余年,在以上研究的基础上,人们在解决制备工艺再现性差和性能不稳定等制约实用化的关键技术问题等方面取得了许多突破性的进展。

从论文来看,我国先进结构材料的研究一直与世界保持同步,并有上升的势头,特别是发表论文的数量。然而,高水平或高影响论文的比例仍然偏低,显示我国出跟踪性研究的特征。

(1)陶瓷粉体制备-成型-烧结等相关基础研究取得重大进展。先进结构陶瓷的性能在很大程度上取决于原料粉体,高纯超细、无团聚和再现性是最基本的要求,由此发展了固相法、液相法、化学气相法、水热法等合成方法及相应的表征评价技术,促进了粉体质量改善,为成型技术发展奠定了基础,显著提高了材料性能的稳定性。传统的干压成型与等静压相结合的工艺仍然是结构陶瓷的重要成型工艺,在工业生产中广泛采用。湿法成型和塑法成型工艺在结构陶瓷中也得到了广泛采用,包括注浆成型、流延成型、轧膜成型、注射成型、挤制成型、胶态成型等,显著改善了素坯成形质量,有效解决了陶瓷材料低成本、高性能、近净尺寸复杂部件的成型难题。无压烧结是结构陶瓷广泛采用的低成本制造工艺,可以实现复杂形状样品的致密化,减少后续机械加工成本。外场辅助的烧结工艺可以加速致密化过程,降低烧结温度,缩短烧结时间,获得细晶显微结构的高性能材料,如压力场(热压烧结、热等静压烧结、气压烧结)、电场(等离子放电烧结、闪速烧结)等[50]。

(2)先进结构陶瓷的强韧化手段和相应制备工艺已经非常成熟,与具体材料综合使役性能之间的内在关系是目前的重要研究内容,如何实现高强度纳米复相陶瓷的增韧,纳米级一维或二维增韧相的引入可能是重要的途径。

相变增韧和第二相颗粒、晶须增韧使结构陶瓷的断裂韧性获得了大幅度的提高,在多个材料体系内实现了超过 $10MPa \cdot m^{1/2}$ 的断裂韧性[12]。仿生结构的层状陶瓷的提出可以使材料的韧性进一步提高,如仿竹木结构制成的 Si_3N_4/BN 纤维独石结构陶瓷材料、仿贝壳珍珠层结构制成的 Si_3N_4/BN 层状结构陶瓷材料等[51],其断裂韧性高达 $20MPa \cdot m^{1/2}$,可以与某些铸铁相媲美。此外,自生共晶复合材料迅速发展,如自增韧 Si_3N_4 和定向共晶自生 LaB_6-ZrB_2 复合材料等,其断裂韧性也分别达到 $12MPa \cdot m^{1/2}$ 和 $20MPa \cdot m^{1/2}$ 以上[13]。20 世纪 90 年代掀起的纳米复相陶瓷研究,使陶瓷材料的强度显著提高。然而,遗憾的是,材料的断裂韧性提高甚少,导致材料的力学性能对工艺缺陷更加敏感,材料的脆度反而增加,阻碍了纳米复相陶瓷的工业化应用[52]。随着当前粉体制备技术以及陶瓷烧结技术的不断进步,显微结构在纳米尺度的高性能纳米陶瓷材料的制备与研究已成为陶瓷材料未来的发展方向。纳米陶瓷的发展,使得尺寸在微米级别的晶须和片晶的增韧效果受到了限制。因此制备和应用纳米尺度的一维纳米材料,如纳米管、纳米线(如碳纳米管、石墨烯或其他材料)等作为纳米增韧相成为制备高强度高韧性纳米复合材料的一个重要方向。

(3)新的应用背景牵引促进了新型结构陶瓷体系的发展,极大丰富了结构陶瓷的材料体系和应用范围,但材料性能调控和性能评价还有很多艰巨的工作要做。

单一相组成的材料难以满足应用对材料性能的要求,复相陶瓷的设计与可控制备是提高材料关键性能的重要的途径。六方氮化硼(hBN)陶瓷高温下和大多数金属熔体无化学反应,对金属熔体显示出优良的疏液性(不沾性),又有良好的可加工性和抗热震性,但其力学性能较差,与 ZrO_2、Si_3N_4、SiC、Al_2O_3、ZrB_2、TiB_2 等复合后则可以提高其力学性能,满足冶金新技术的苛刻需求,用以制备如水平连铸、薄带连铸等关键部件[53]。

在航空航天领域,高马赫数飞行器对防热结构材料提出了新的需求,以高熔点过渡金属的硼化物和碳化物为主体的超高温陶瓷应运而生,并得到了快速发展。超高温陶瓷的熔点超过 3000℃,烧结致密化困难。近年来,通过改进粉体性能,选择适当的除氧添加剂,基本解决了超高温陶瓷的无压和热压烧结致密化问题。同时,引入第二相 SiC、加入适当添加剂,可以调节材料高温氧化过程和氧化层的结构,显著提升材料的抗氧化耐烧蚀性[8,54,55]。通过改进工艺,使其显微结构织构化,显著改善硼化物超高温陶瓷在特定方向的抗氧化性能[56,57]。进一步引入 ZrC 等具有高温延展性的物相,可以调控超高温陶瓷内的残余应力,并赋予材料在高温条件下吸收外界应力冲击的能力,提高了材料的抗热震、抗烧蚀性及应用可靠性[58]。

第四代先进核能系统的发展进一步拓宽了结构陶瓷的潜在应用领域,主要涉及的材料体系包括 SiC、ZrC、MAX 相、ZrB_2 等。然而,到目前为止,还局限于发展相关材料的制备技术和基本物理性能评价,核材料的关键性能——抗中子辐照性能的评价工作还有待发展。

(4)结构陶瓷的材料实用化取得显著进展。以先进结构陶瓷的制备科学和性能提升为强大支撑,结构陶瓷材料的应用出现新局面,在产学研结合的基础上,我国大多数先进结构陶瓷企业完成了转型升级,技术创新能力大幅提升,规模扩大,数量也增加很快。目前,我国使用先进结构陶瓷制作了光纤连接器用 ZrO_2 陶瓷插芯和套筒,占全球市场 70%,广东生产的氧化铝电阻瓷体占全球市场的 80%;高性能氮化硅、氧化锆、碳化硅轴承球和轴承生产企业集聚在江苏和浙江等地,陶瓷轴承球产量占全球 50% 以上,在深圳还形成了电子陶瓷、光通信陶瓷的产业集聚地。

(5)基础研究成果扩展了先进结构陶瓷的应用范围。近年来,对陶瓷材料制备中相平衡、反应热力学、动力学、胶体化学、表面和界面科学、烧结机理、增韧机理的研究以及对其结构和性能关系等方面的新认识,扩展了先进陶瓷材料的应用范围,进入过去金属材料的应用领域,如刀具、耐磨部件、磨球、轴承、高温喷嘴、热交换器、发动机零部件等。在航空航天及军事器械方面先进结构陶瓷具有独特的地位,随着航空航天技术的发展,其应用在不断开拓。先进结构陶瓷在生物材料领域的应用也在进一步扩大,如近年来 ZrO_2 全瓷牙得到了很大发展。随着制备技术的改进、使用可靠性提高和成本降低,结构陶瓷必将得到更多应用,如 ZrO_2 陶瓷手机背板近年来受到广泛关注。

(6)结构陶瓷向功能化和多功能复合化方向发展,延伸了先进结构陶瓷的研究内涵,开拓了在现代工业中的应用。先进结构陶瓷除了优异的力学性能,往往同时具有其他可以应用的功能性能,如高导热性能、透明性能、透波性能、抗辐照性能等,功能化和多功能复合化是材料的重要发展方向。随着半导体器件的高密度化和大功率化,集成电路制造业迫切需要发展绝缘性好、导热高的新型基片材料。如 AlN 陶瓷虽然有高导热、低电导和热膨胀、优良力学性能等优点,但强度和韧性低,难以满足大功率电力电子器件的要求,于是具有高强高韧高导热的 Si_3N_4 陶瓷成为绝缘栅双极晶体管(IGBT)用陶瓷基板的优选材料[34,58]。

通过采用高纯粉体原料和精细烧成工艺,可以使典型的结构陶瓷,如 Al_2O_3、AlON、赛隆陶瓷等获得高透明性,极大地丰富了材料的研究内容,扩大了材料的应用领域[60]。透明陶瓷的硬度高、耐温性能好,在光学、激光、特殊仪器、透波等方面应用广泛。在国防军事上,透明陶瓷又是一种很好的透明防弹材料,还可以做成导弹等飞行器头部的雷达天线罩和红外线整流罩等。高性能多孔陶瓷作为高温、腐蚀等特殊环境下的过滤器件、触媒催化载体、分离膜等,在能源和环境领域具有广泛应用前景[61~63]。Si_3N_4 及 Si_3N_4/BN 等非氧化物多孔陶瓷性能稳定、耐高温、耐冲蚀、透波性能好等,作为优良的透波材料受到广泛关注。利用陶瓷优良的介电性能和光反射性能,发展了结构/防热/透波、结构/防热/吸波和结构/光反射等功能结构陶瓷材料[64]。通过石墨烯/氧化铝复合可以使材料具有 p 型和 n 型两种不同载流子特性,给结构陶瓷赋予了类似半导体材料的电学特性,为功能化结构陶瓷的应用提供了新的机遇[65]。

在结构陶瓷表面或内部构筑人工微纳尺度结构,在不改变材料本体特性的前提下,发挥人工微结构的可设计性及介观尺度的特性,使得结构陶瓷具有额外的功能性。利用人工微结构实现结构陶瓷的光学与热学性能调节,如发射率、吸收率、反射率等;实现表面特性的调控,如超疏水特性、高温下的液体或流体的定向流动等;实现电磁波的调控,如高温环境下的陶瓷超天线[66]。具有独特纳米层状结构的新型层状碳化物和氮化物 MAX 相材料(如 Ti_3SiC_2、Ti_2AlC、Cr_2AlC 等),兼具金属和陶瓷的优点,具有抗热震、高导电、高导热、抗辐照等优异的综合性能,近年来在基础研究方面取得诸多进展,目前正在努力探索其在某些特定工业领域中的实际应用[67,68]。MAX 相材料可以通过化学刻蚀获得类石墨烯二维结构晶体材料 MXenes,它们具有导电性优良和单层原子薄片结构稳定的特点,极大地丰富了二维材料的种类,在高性能电池制备等领域具有潜在的应用。

8.3.3　高性能结构复合材料

C/C 复合材料于 20 世纪 60 年代首次作为固体火箭发动机喉衬飞行成功以

来,极大地提高了发动机的冲质比和可靠性,美、法、俄等国家先后投入巨资进行C/C喷管新材料、新工艺及新结构的研究,该材料成为当今固体火箭发动机喉衬的首选材料,而且应用范围扩大到喷管的扩张段及延伸出口锥等。C/C复合材料还可用作航天飞机和战略导弹的高温耐烧蚀材料和热结构材料,美国的 Shuttle 航天飞机的薄壳热结构和头锥、苏联的 Bypah 航天飞机的防热瓦、日本 Hope 航天飞机的薄壳热结构均采用了 C/C复合材料。2004 年 11 月 16 日,美国发射的高超声速飞行器 X-43A,实现了 7 马赫数和 10 马赫数的飞行,其使用了包括头锥、水平尾翼前缘和垂直尾翼前缘在内的 11 件抗氧化 C/C 复合材料热结构部件,头锥的最高温度达到 2093℃[69]。2010 年 5 月 26 日,美国成功试飞了 X-51A 飞行试验机,飞行过程大约 300s,预期飞行速度达到 6.5 马赫数,其热防护系统主要采用抗氧化 C/C 复合材料[70]。另外,美国目前正在研究的新型高超声速空天飞机在轨和高速返回验证器 X-37B 的热防护系统也采用了 C/C 复合材料[71]。

我国在 C/C 复合材料方向的研究主要包括高效低成本致密化工艺、热解炭织构组织控制、摩擦磨损行为、抗氧化涂层制备理论与技术、抗烧蚀应用技术、疲劳行为等。目前我国已发明并深入研究了超高压浸渍炭化、热梯度自热化学气相渗透(CVI)、乙醇热解等多种新型高效低成本致密化工艺,解决了传统等温 CVI 工艺周期长、制备成本高等难题,将 C/C 复合材料致密化周期缩短了 1/2,成本降低了 1/3。西北工业大学采用热解炭沉积机理分析和工艺试验相结合的方法初步实现了热解炭织构组织的控制,并在此基础上制备出室温抗弯强度超过 500MPa、1600℃弯曲强度超过 700MPa 的高性能 C/C 复合材料;发现 C/C 复合材料在循环加载后剩余强度升高的现象,即“疲劳强化”现象;针对 C/C 复合材料的高温氧化问题,开发出多系列防氧化涂层体系,如多层镶嵌涂层、梯度涂层和纳米线增韧涂层等,实现了在 1500℃下的防氧化寿命达到 1480h,涂层防氧化指标达到国际先进水平。在 C/C 复合材料应用方面,我国自主研发了 C/C 复合材料航空制动盘,打破了国际市场垄断。高性能抗烧蚀 C/C 复合材料已在火箭喷管、喉衬、航天发动机热防护系统等实现工程化应用。

C/SiC 复合材料目前广泛应用于空天飞行器的热结构部件,如美国国家航空航天局(NASA)的 X-38 航天试验机组合襟翼采用 C/SiC 复合材料[72]。在空间推进系统方面,发达国家在 20 世纪 80 年代开始探索使用 C/SiC 复合材料代替铌合金制备卫星用姿控、轨控液体火箭发动机的推力室,并陆续进行地面试车,进入实用阶段[73]。美国道康宁公司研制的 3D-C/SiC 复合材料密度为 2.0g/cm³,弯曲强度 360～490MPa,已经在姿控轨控发动机推力室得到应用[74]。欧洲 SEP 公司采用等温化学气相渗透(ICVI)工艺成功研制出 C_f/SiC 复合材料喷管,并完成两次高空点火试车[75]。

在 SiC 陶瓷基复合材料研究方面,我国开发了化学气相渗透法、有机前驱体浸渍-裂解法(PIP)、反应性熔体浸透法(RMI)等技术,制备出 C_f/SiC、SiC_f/SiC、Si_3N_4 改性 C_f/SiC、SiC 纳米线改性 C_f/SiC 等多种类型的陶瓷基复合材料;揭示了纤维种类和丝束大小对陶瓷基复合材料强韧性的影响规律,发现纤维体积分数对强韧性的影响存在临界值,建立了预制体结构与拉伸性能的强度统一关系,实现了根据服役要求选择纤维种类、丝束大小、体积分数以及预制体结构的工程应用;发现了通过利用基体分布降低纤维与基体热失配和模量失配的强韧化新机制,发展了通过在陶瓷基复合材料的基体中引入强化相和韧化相提高复合材料强韧性的新方法,大幅度提高了陶瓷基复合材料的强韧性和可设计性;发现了陶瓷基复合材料的强韧性具有环境"自适应"现象和"损伤遗传"特性,发展了通过环境预处理改善复合材料非线性的同时提高强韧性的新方法,实现了面向不同服役环境的强韧性设计;揭示了基于复合材料强化和韧化功能划分的多尺度强韧化机理,提出了复合材料一体化的微结构协同设计原则,实现了面向不同构件要求的强韧性调控。陶瓷基复合材料已经应用于航空航天发动机、空天飞行器、轨道飞行器、高性能摩擦系统,在空间发动机喷管、火箭引擎推力燃烧室等构件中获得成功应用,部分构件在飞机制动系统中批量生产。

高性能结构复合材料存在的主要问题和发展趋势表现在以下几个方面:

(1)复合材料的制备周期长、成本高,亟须发展新型工艺技术降低制造成本。对 C/C 复合材料和陶瓷基复合材料,无论 CVI 工艺还是前驱体浸渍工艺,普遍需要较长的时间完成致密化;此外,需要后续热处理及加工,由此导致该材料的制备周期长且成本高。未来的发展趋势之一是低成本化。该类复合材料的性能优势比较突出,需要在保持其高性能的基础上降低成本,由此推动其在现有领域的更广泛应用。

(2)缺乏完整的性能数据库,材料基因组技术的运用将是重要的发展趋势。高性能复合材料广泛应用于超高温、高压、强腐蚀及强磁场等复杂服役环境,但该服役环境难以外部模拟,因而缺乏在复杂服役环境中的材料性能数据库。未来的发展趋势是运用材料基因组技术,借助计算科学发展高性能复合材料,对多场耦合条件下的材料设计与服役行为研究提供预测和理论基础,协助模拟设计多维层状结构、仿生结构、独石结构、梯度结构等多种材料结构,建立材料的制备技术、基本性能和失效行为数据库。

(3)源头创新不足,难以适应复合材料体系多样化和复杂化的大趋势。目前 C/C 复合材料和陶瓷基复合材料研究焦点多集中于其性能指标和使役行为,材料的制备关键技术基础理论研究和源头创新相对滞后,复合材料成形的物理化学过程不明确(如聚合物前驱体的裂解过程、热解炭的沉积过程等),复合材料在热力氧耦合环境下的服役失效机理尚未探明。未来趋势是复合材料体系的多样化、复杂化和增强体的多尺度化。例如,传统的碳纤维增强碳基体(C/C)和陶瓷基复合材料主要由单一增强相和单一基体相构成,未来将在此基础上开展碳材料、氧化物、氮化物、碳化物、硼化物与碳纤维和碳化硅纤维等材料之间的多相复合和多层次界面研究。在此基础上,发展不同复合材料体系在分子/原子尺度复合的问题,探索高效、均匀、低损伤的工艺方法,提高材料性能一致性与稳定性。另外,复合材料的增强体将朝向微米尺度的纤维和纳米尺度的线(带、条、颗粒)等多尺度共增强的方向发展。

(4)缺乏统一材料服役环境考核平台,不能适应多样化的极端服役环境。C/C复合材料和陶瓷基复合材料的制备工艺决定了其性能的分散性和非均匀性。此外,由于其使用环境的极端性和复杂性,难以在实验室环境中设定统一的检测标准,各个研究机构自定的测试标准无法横向对比。未来的发展趋势是复合材料要面对极端服役环境的多样化,如超高温、超低温、超大热流、超硬、超耐磨、超高压、超高腐蚀、超强辐射、超强磁场等极端环境,因此为适应服役环境的需要,统一材料服役环境考核平台是非常重要的。

(5)性能预测机制尚待建立。该类复合材料的制备过程复杂,最终性能的影响因素众多,导致多批次制备的构件性能稳定性不足,如何在有限试验的基础上快速准确地预测复合材料的性能并提高不同批次构件的稳定性是亟待解决的问题。

8.4　发　展　目　标

通过超硬材料的组分、相组成、显微结构及性能关系的系统研究,建立高性能超硬材料设计和性能预测的理论方法,实现在高温高压下纳米孪晶超细化的可控制备技术,制备出兼具超高硬度、高断裂韧性、抗氧化、高耐磨的新型超硬材料及其复合材料。在此基础上,研制出一系列高性能超硬刀具材料,提升航空航天、国防和装备制造业等领域的加工工艺水平;研制出500GPa以上的超高压金刚石对顶砧,为高压科学、地球科学和压缩科学等领域的前沿研究提供关键的科学装置。

进一步发展优质原料,包括粉体和纤维的制备科学与技术,发展先进烧结技术,实现先进结构陶瓷材料的微结构与性能的精细调控,探索具有复合性能的功能化结构陶瓷;面向国家重大需求,揭示材料基本物性与特定条件服役行为间的内在关系,研制具有优良综合性能的先进结构陶瓷,挑战陶瓷材料的极限性能,为其在极端环境,如超高温、强辐照、强腐蚀及其耦合条件下,提升应用性能提供理论基础;发展材料极限性能条件下的评价技术与标准,为我国的航空航天、先进核能、现代工业技术提供材料支撑。

发展高性能结构复合材料,满足以航空热结构材料、航天飞行器热防护材料、发动机耐烧蚀部件、先进核能系统用材等为代表的国家重大需求。发展C/C复合材料及陶瓷基复合材料结构设计、"形性"可控制备、多尺度增强增韧、微结构调控、多重界面改性、基体多组元复相改性、高性能涂层等关键技术,重点解决影响高性能结构复合材料应用的多功能设计方法、碳与陶瓷前驱体物理化学转化过程、微结构设计与控制理论、结构/功能一体化方法、强韧化机理、宽温域长寿命抗氧化方法、耦合环境服役失效机制等关键科学问题,实现高性能 C/C 复合材料及陶瓷基复合材料在高温极端服役环境下的可靠使用,为我国重大装备的研制提供技术支撑,提升我国高性能结构材料的整体水平和国际地位,引领相关学科发展。

8.5　未来 5～10 年研究前沿与重大科学问题

8.5.1　超硬材料

超硬材料面临的最大问题是如何在提高材料硬度的同时大幅度地提高断裂韧性和抗氧化性能,有效克服材料的本征脆性,提高材料的服役温度。为此,需要研发新型复合材料体系,发展新的合成工艺和技术,解决超硬材料硬度和断裂韧性倒置的难题。利用复合技术实现界面的异质结构和超硬材料本身的纳米孪晶超细化,是超硬材料研究的前沿,涉及的重大科学问题如下:

(1)超硬材料孪晶超细化的途径和机制。通过研究特殊结构前驱体在高温高压下的相变规律,确定平均纳米孪晶厚度与前驱体种类和粒径、高温高压工艺参数的关系,发展纳米孪晶超细化的控制方法和实现的技术途径。

(2)超薄异质界面的形成和韧化机制。发展前驱体粉体原子层沉积氧化物技术,获得氧化物包覆的前驱体粉体在高温高压下的组织演化规律,纳米孪晶化超硬材料韧性和氧化物包覆层的种类和厚度的关系,阐明超薄异质界面的韧化机制。

(3)纳米孪晶极硬材料的抗氧化机制。通过原位电镜观察、热力学理论分析等手段,确定超硬材料氧化的微观机制,阐明纳米孪晶组织结构特征与极硬材料抗氧化性能的关系。

(4)大尺寸纳米孪晶超硬材料的制备科学。关注毫米级样品到厘米级样品放大过程中的科学和技术难题,解决相变组织应力和热应力所造成的样品开裂问题,发展大尺寸纳米孪晶超硬材料组织和性能可控的制备技术。

(5)纳米孪晶金刚石和立方氮化硼粉体的爆炸合成。基于动高压技术,发展出具有纳米孪晶组织特征的纳米金刚石和立方氮化硼粉体的爆炸合成工艺,进一步提高两类粉体的力学性能和热稳定性。

(6)纳米孪晶极硬刀具和新型对顶砧的成形与加工技术原理和方法。研究载能束与纳米孪晶极硬材料的相互作用机制,发展纳米孪晶极硬刀具和新型对顶砧的快速成形与加工技术。

8.5.2　先进结构陶瓷

利用结构陶瓷材料在耐高温、耐磨损、耐腐蚀、抗氧化耐烧蚀、抗辐照等方面的

优异性能,同时避免材料的本征脆性,是先进结构陶瓷的研究前沿,重大科学问题包括以下方面:

(1)微结构与界面可控的先进结构陶瓷的制备科学。通过组分设计,结合先进的制备手段,发展先进结构陶瓷在微米和纳米尺度下的微观结构控制理论,研究微组分对固溶、界面化学和界面结构的影响与调控原理及其与材料性能之间的关系。

(2)耐超高温、抗强腐蚀和强辐照等极限性能的材料组分与微结构控制,以及材料在极端服役条件及耦合条件下的结构与性能演变。各类极端环境对材料性能影响差别很大,主要是微组分、微结构、界面化学与结构等,包含了丰富的科学内涵;为克服极端环境影响,对材料精细化制备技术提出了新的要求。

(3)超高温抗氧化耐烧蚀陶瓷材料的热-力-氧化三元耦合机理。开展多元环境因素作用下的材料结构与性能演变研究,特别是大热流冲刷下的氧化烧蚀行为研究,为材料设计和选型提供数据积累和理论支撑。

(4)先进核能系统及核废料处理用抗辐照耐腐蚀陶瓷材料的缺陷与微纳结构设计。根据核能应用中,反应堆结构、事故容错新型燃料、核废料处理等对材料提出的苛刻要求,从材料的缺陷和微纳结构设计入手,结合高通量计算和材料基因组技术深入模拟与分析相关过程,设计和制备适宜的陶瓷材料。

(5)结构功能复合化陶瓷的性能与制备科学。发展结构功能一体化的先进陶瓷,挖掘已有结构陶瓷材料的功能性,通过材料化学组分或微结构设计、表面微纳结构设计,在保持材料优良力学性能的前提下赋予其新的功能,同时发展相应的制备科学与技术,促进功能化结构陶瓷的发展。

(6)极限条件下材料性能评价技术与标准。这是促进材料极限性能研发和材料走向实际应用的关键步骤。

8.5.3　高性能结构复合材料

"高强韧、薄壁异形、宽温域抗氧化、多功能"是高温结构 C/C 复合材料与陶瓷基复合材料等材料发展的必然趋势和研究前沿。该领域的重大科学问题包括以下方面:

(1)前驱体转化的物理化学过程及微结构控制方法。具体科学问题包括:炭、陶前驱体多因素耦合条件下的热解机理与沉积结构调控;面向低成本应用的快速热解与沉积方法和机理;自增韧结构的 CVD/CVI 制备与调控机制;炭、陶材料基因组的理论框架与构筑;基于基因组的新型复合材料预测、制备过程与调控技术。

(2)微纳多尺度强韧化理论与调控机制。具体科学问题包括:复杂结构多尺度预制体中纳米增强体的形性限域设计与可控制备方法;大尺寸预制体中特定形状和性能纳米增强体生长机理及均匀性控制机制;纳米增强体对基体材料成型过程的物理化学影响及其对力学性能的间接作用机制;多尺度 C/C 复合材料与陶瓷基复合材料服役过程中多级界面精细结构的演变规律;多尺度增强体之间的协同强韧机制。

（3）炭、陶多组元结构设计及调控机制。具体科学问题包括：基于热力学、动力学协同的多组元产物前驱体的设计理论;扩散渗透与化学反应竞争控制机制;各组元及界面形成过程与调控;基于组元结构与构成的性能预测和调控机制;面向低成本应用和提高性能的新型沉积工艺与机理探究。

（4）抗氧化涂层微结构与界面匹配性设计理论。具体科学问题包括：基于模量匹配原理的涂层体系设计理论;涂层精细结构调控及纳米强韧途径与机制;内应力主导多因素耦合条件下的涂层失效机制;涂层/基体界面结构优化设计与匹配性;服役或模拟服役复杂环境下涂层氧化机理与数学模型;宽温域抗氧化涂层的设计理论与实现机制;面向工程应用的涂层制备方法与控制机理;热力氧耦合环境多功能涂层的设计理论、性能调控与服役特性。

（5）结构/功能一体化设计及实现机制。具体科学问题包括：C/C复合材料与陶瓷基复合材料结构性与功能性协同设计;基体和涂层的协同制备与调控机制;多因素耦合下的功能实现机制与性能优化、复杂服役环境中微观结构;力学特性与功能特性的演变机制。

（6）苛刻服役过程微结构性能演变机制、损伤机理与可靠性控制。具体科学问题包括：苛刻服役中C/C复合材料与陶瓷基复合材料各组元及界面演变规律;内应力主导多因素耦合条件下的材料结构性能响应机制;基于环境响应的材料性能优化理论与途径;多因素协同的服役可靠性控制途径与机制。

8.6 未来5～10年优先研究方向

8.6.1 超硬材料

超硬材料领域优先发展的研究方向是高性能超硬材料的设计理论、制备科学和应用基础研究,重点研究超硬材料纳米结构化的新原理和新方法,尤其是超硬材料组织纳米孪晶超细化的原理和机制,纳米结构超硬材料硬化、强化、韧化和稳定化的物理机制,新型纳米结构超硬复合材料制备的新原理和新工艺以及强韧化原理,超硬工具服役性能评估、失效机制及寿命预测。

8.6.2 先进结构陶瓷

结构陶瓷的研究具有明显的应用背景牵引特征,航空航天对超高温陶瓷的需求、先进核能对耐腐蚀抗强辐照材料的需求、各种高新技术对功能化结构陶瓷的需求,将是引领先进结构陶瓷优先研究方向的原动力。优先研究方向包括：精细化制备工艺对微组分固溶行为、界面化学和界面结构的影响与控制;依托先进核能应用的抗辐照陶瓷的研究;依托航空航天应用的超高温陶瓷的热-力-氧化三元耦合行为研究;超高温、强辐照等极限条件下材料的微结构与性能演变及相关评价方法;功能化结构陶瓷的综合性能提升。

8.6.3　高性能结构复合材料

(1)微纳多尺度强韧化复合材料。微纳多尺度复合材料是未来高性能结构材料的重要发展方向。优先研究方向为:协同优化增强体的构成,建立"界面→基体→涂层"递进式强韧化体系,加强大尺寸多尺度预制体的制备方法与调控研究,实现微纳多尺度增强复合材料的工程应用。

(2)C/C复合材料与陶瓷基复合材料微观结构调控及界面改性。优先研究方向为:开展热解炭、陶瓷等基体组织结构精细调控研究;发展新型界面改性技术和界面改性材料,注重层状界面和基体的设计与强韧研究,获得制备高性能复合材料的微结构调控及界面改性方法。

(3)C/C复合材料复合材料超高温抗烧蚀基体改性。优先研究方向为:开发新型基体改性方法,提高材料致密度,降低制造成本;开展基体与抗烧蚀组元共沉积研究;面向宽温域服役的多体系抗烧蚀组元优化设计研究;服役环境下材料的热物理性能、高温力学性能、高温疲劳性能、氧化烧蚀性能之间的协同优化。

(4)宽温域长寿命抗氧化涂层。优先研究方向为:发展多元复相陶瓷抗氧化涂层设计与制备方法,加强传统陶瓷涂层的改性工作;研究涂层组元及其构成对力学性能和宽温域抗氧化能力的影响并揭示相关机制;开展大型复杂零件宽温域抗氧化涂层的制备方法与性能调控研究。

(5)复合材料结构/功能一体化。优先研究方向为:面向未来需求的结构复合材料多功能化研究,如承载/吸波一体化、承载/储能一体化、承载/导热一体化;重视多场耦合下材料的多功能一体化制备方法。

(6)复合材料极端环境服役行为及失效机理。优先研究方向为:重视材料服役环境性能的高可靠性、高效率、低成本的多因素耦合试验和计算机模拟研究,揭示材料失效机理;建立正确评价材料环境性能的基础,重视长时性能测试设备及平台的建设与标准化。

参 考 文 献

[1] Haines J,Leger J M,Bocquillon G. Synthesis and design of superhard materials. Annual Review of Materials Research,2001,31:1−23.

[2] Xu B,Tian Y J. Superhard materials:recent research progress and prospects. Science China Materials,

2015,58:132—142.

[3] Zhao Z S, Xu B, Tian Y J. Recent advances in superhard materials. Annual Review of Materials Research,2016,46:383—406.

[4] Hannink R H J, Kelly P M, Muddle B C. Transformation toughening in zirconium-containing ceramics. Journal of the American Ceramic Society,2000,83:461—487.

[5] Jacobson N S. Corrosion of silicon-based ceramics in combustion environments. Journal of the American Ceramic Society,1993,76:3—28.

[6] Roewer G, Herzog U, Trommer K, et al. Silicon carbide—A survey of synthetic approaches,properties and applications. Structure and Bonding,2002,101:59—135.

[7] Riley F L. Silicon nitride and related materials. Journal of the American Ceramic Society,2000,83: 245—265.

[8] Fahrenholtz W G, Hilmas G E, Talmy I G, et al. Refractory diborides of zirconium and hafnium. Journal of the American Ceramic Society,2007,90:1347—1364.

[9] 张国军,邹冀,倪德伟,等. 硼化物陶瓷:烧结致密化、微结构调控与性能提升. 无机材料学报,2012, 27:225—233.

[10] Clarke D R. On the equilibrium thickness of intergranular glass phases in ceramic materials. Journal of the American Ceramic Society,1987,70:15—22.

[11] Lange F F. Powder processing science and technology for increased reliability. Journal of the American Ceramic Society,1989,72:3—15.

[12] Evans A G. Perspective on the Development of high-toughness ceramics. Journal of the American Ceramic Society,1990,73:187—206.

[13] Becher P F. Microstructural design of toughened ceramics. Journal of the American Ceramic Society, 1991,74:255—269.

[14] 张玉龙. 先进复合材料制造技术手册. 北京:机械工业出版社,2003:458.

[15] Fitzer E, Manocha L M. Carbon Reinforcements and Carbon/carbon Composites. Berlin:Springer, 1998:190—226.

[16] 李贺军. 炭/炭复合材料. 新型炭材料,2001,16(2):79—80.

[17] Buckley J D, Edie D D. Carbon-carbon Materials and Composites. New Jersey:Noyes Publication, 1993:12—26.

[18] 郭正,赵稼祥. 炭/炭复合材料的研究进展. 宇航材料工艺,1995,(5):1—5.

[19] 李翠云,李辅安. 碳/碳复合材料的应用研究进展. 化工新型材料,2006,4(3):18—20.

[20] 苏君明. C/C喉衬材料的研究与发展. 炭素技术,2001,11(1):6—11.

[21] Withers J C, Kowbel W, Loutfy R O. Carbon-carbon Composites in Advanced Aerospace Applications. Aberdeen,UK:The British Carbon Group,2006:1—63.

[22] 曹运红,胡朝勃. 国外飞航导弹的新材料新工艺. 飞航导弹,2000,3:52—55.

[23] 益小苏,杜善义,张立同. 中国工程大典 第十卷 复合材料工程. 北京:化学工业出版社, 2006:573.

[24] 张立同,成来飞,徐永东. 新型碳化硅陶瓷基复合材料的研究进展. 航空制造技术,2003,(1): 24—32.

[25] 刘小冲,成来飞,张立同,等. C/SiC复合材料在空间环境中的性能研究进展. 材料导报,2013,

27(5):127—130.

[26] Papenburg U, Beyer S, Laube H. Advanced ceramic matrix composites(CMC's)for space propulsion systems//33rd Joint Propulsion Conference and Exhibit,Seattle,1997.

[27] 马青松,刘海韬,潘余,等. C/SiC复合材料在超燃冲压发动机中的应用研究进展. 无机材料学报, 2013,28(3):247—254.

[28] Brazhkin V,Dubrovinskaia N,Nicol M,et al. From our readers:What does'harder than diamond' mean? Nature Materials,2004,3:576—577.

[29] Ceder G. Predicting properties from scratch. Science,1998,280:1099—1100.

[30] Howie R T,Guillanme C L,Sheler T,et al. Mixed molecular and atomic phase of dense hydrogen. Physical Review Letters,2012,108:125501.

[31] Cho J,Wang C M,Chan H M,et al. Role of segregating dopants on the improved creep resistance of aluminum oxide. Acta Materiallia,1999,47:4197—4207.

[32] Melendez-Martinez J J,Dominguez-Rodriguez A. Creep of silicon nitride. Progress in Materials Science,2004,49:19—107.

[33] Zou J,Zhang G J,Hu C F,et al. Strong ZrB₂-SiC-WC ceramics at 1600℃. Journal of the American Ceramic Society,2012,95:874—878.

[34] Zhou Y,Hyuga H,Kusano D,et al. A tough silicon nitride ceramic with high thermal conductivity. Advanced Materials,2011,23:4563—4567.

[35] Wakai F,Kodama Y,Sakaguchi S,et al. A superplastic covalent crystal composite. Nature,1990, 344:421—423.

[36] Ackland G. Controlling radiation damage. Science,2010,327:1587—1588.

[37] Withers J C,Kowbel D W,Loutfy R O. Carbon-carbon composites in advanced aerospace applications// Carbon,2006 International Conference,Aberdeen,2006.

[38] Gao F M,He J L,Wu E D,et al. Hardness of covalent crystals. Physical Review Letters,2003, 91:015502.

[39] Chen X Q,Niu H Y,Li D Z,et al. Modeling hardness of polycrystalline materials and bulk metallic glasses. Intermetallics,2011,19:1275—1281.

[40] Tian Y J,Xu B,Zhao Z S. Microscopic theory of hardness and design of novel superhard crystals. International Journal of Refractory Metals and Hard Materials,2012,33:93—106.

[41] Tian Y J,Xu B,Yu D L,et al. Ultrahard nanotwinned cubic boron nitride. Nature,2013,493: 385—388.

[42] Huang Q,Yu D L,Xu B,et al. Nanotwinned diamond with unprecedented hardness and stability. Nature, 2014,510:250—253.

[43] Irifune T,Kurio A,Sakamoto S,et al. Ultrahard polycrystalline diamond from graphite. Nature, 2003,421:599—600.

[44] Sumiya H,Harano K. Distinctive mechanical properties of nano-polycrystalline diamond synthesized by direct conversion sintering under HPHT. Diamond & Related Materials,2012,24:44—48.

[45] Solozhenko V L,Kurakevych O O,Le Godec Y. Creation of nanostuctures by extreme conditions: High-pressure synthesis of ultrahard nanocrystalline cubic boron nitride. Advanced Materials, 2012,24:1540—1544.

[46] Liu G D, Kou Z L, Yan X Z, et al. Submicron cubic boron nitride as hard as diamond. Applied Physics Letters, 2015, 106: 121901.

[47] Dubrovinskaia N, Solozhenko V L, Miyajima N, et al. Superhard nanocomposite of dense polymorphs of boron nitride: Noncarbon material has reached diamond hardness. Applied Physics Letters, 2007, 90: 101912.

[48] Chen J Y, Jin T Y, Tian Y J. Development of ultrahard nanotwinned cBN micro tool for cutting hardened steel. Science China-Technological Sciences, 2016, 59: 876—881.

[49] 张国军, 金宗哲. 颗粒增韧陶瓷的增韧机理. 硅酸盐学报, 1994, 22: 259—269.

[50] Rag R, Cologna M, Franics J S C. Influence of externally imposed and internally generated electrical fields on grain growth, diffusional creep, sintering and related phenomena in ceramics. Journal of the American Ceramic Society, 2011, 94: 1941—1965.

[51] Kovar D, King B H, Trice R W, et al. Fibrous monolithic ceramics. Journal of the American Ceramic Society, 1997, 80: 2471—2487.

[52] Niihara K. New design concept of structural ceramics-ceramic nanocomposites. Journal of the Ceramic Society of Japan, 1991, 99: 974—982.

[53] Eichler J, Lesniak C. Boron nitride(BN) and BN composites for high-temperature applications. Journal of the European Ceramic Society, 2008, 28: 1105—1109.

[54] Monteverde F, Savino R, Fump M D S. Dynamic oxidation of ultra-high temperature ZrB_2-SiC under high enthalpy supersonic flows. Corrosion Science, 2011, 53: 922—929.

[55] Zhang X H, Hu P, Han J C. Structure evolution of ZrB_2-SiC during the oxidation in air. Journal of Materials Research, 2008, 23: 1961—1972.

[56] Ni D W, Zhang G J, Kan Y M, et al. Highly textured ZrB_2-based ultrahigh temperature ceramics via strong magnetic field alignment. Scripta Materialia, 2009, 60: 615—618.

[57] Wu W W, Sakka Y, Estili M, et al. Microstructure and high-temperature strength of textured and non-textured ZrB_2 ceramics. Science and Technology of Advanced Materials, 2014, 15(1): 506—512.

[58] Liu H L, Zhang G J, Liu J X, et al. Synergetic roles of ZrC and SiC in ternary ZrB_2-SiC-ZrC ceramics. Journal of the European Ceramic Society, 2015, 35: 4389—4397.

[59] Zhu X W, Sakka Y, Zhou Y, et al. A strategy for fabricating textures silicon nitride with enhanced thermal conductivity. Journal of the European Ceramic Society, 2015, 34: 2585—2589.

[60] 易海兰, 蒋志君, 毛小建, 等. 透明氧化铝陶瓷的研究新进展. 无机材料学报, 2010, 25: 795—800.

[61] Liu G L, Dai P Y, Wang Y Z, et al. Fabrication of wood-like porous silicon carbide ceramics without templates. Journal of the European Ceramic Society, 2011, 31: 847—854.

[62] Ding S Q, Zhu S M, Zeng Y P, et al. Fabrication of mullite-bonded porous silicon carbide ceramics by in situ reaction bonding. Journal of the European Ceramic Society, 2007, 27: 2095—2102.

[63] Chen R F, Wang C A, Huang Y, et al. Ceramics with special porous structures fabricated by freeze-gelcasting: Using tert-butyl alcohol as a template. Journal of the American Ceramic Society, 2007, 90: 3478—3484.

[64] Zuo K H, Zeng Y P, Jiang D L. The mechanical and dielectric properties of Si_3N_4-based sandwich ceramics. Materials & Design, 2012, 35: 770—773.

［65］Fan Y C,Jiang W,Kawasaki A. Highly conductive few-layer graphene/Al$_2$O$_3$ nanocomposites with tunable charge carrier type. Advanced Functional Materials,2012,22(18):3882－3889.

［66］Ge D T, Yang L L,Wu G X, et al. Spray coating of superhydrophobic and angle-independent colored films,Chemical. Communications,2014,50:2469－2472.

［67］Wang X H,Zhou Y C. Microstructure and properties of Ti$_3$AlC$_2$ prepared by the solid-liquid reaction synthesis and simultaneous in-situ hot pressing process. Acta Materialia,2002,50:3141－3149.

［68］Wang J Y,Zhou Y C. Recent progress in theoretical prediction,preparation,and characterization of layered ternary transition-metal carbides. Annual Review of Materials Research,2009,39:415－443.

［69］Marshall L A,Bahm C. Corpening G P. Overview with results and lessons learned of the X-43A mach 10 flight. AIAA,2005,3336:2005.

［70］Joseph M H,James S M,Richard C M. The X-51A scramjet engine flight demonstration program. AIAA,2008,2540:2008.

［71］Arthur G. X-37B orbital test vehicle and derivatives. AIAA,2011,2011:27－29.

［72］Wulz H G,Trabandt U. Large integral hot CMC structures designed for future reusable launchers//32nd AIAA Thermophysics Conference,Atlanta,1997.

［73］Eckel A. Thermal shock fiber reinforced ceramic matrix composites. Ceramic Engineering and Science Proceedings,1991,73(7-8):1500－1508.

［74］闫联生,王涛,邹武,等. 国外复合材料推力室技术研究进展. 固体火箭技术,2003,26(1):64－70.

［75］Schmidt S,Beyer S,Knabe H,et al. Advanced ceramic matrix composites materials for current and future propulsion technology applications. Acta Astronautica,2004,55(3-9):409－420.

（主笔：张国军,李贺军,田永君）

第9章 传统无机非金属材料的节能环保与可持续发展

9.1 内涵与研究范围

9.1.1 内涵

传统无机非金属材料主要指水泥、玻璃、陶瓷和耐火材料。这些材料发展历史悠久,在我国经济建设中发挥着重要作用,并在国民经济发展中占据着重要位置。但是一般而言,传统无机非金属材料工业大多属于资源和能源消耗型高温流程工业。进入21世纪以来,我国传统无机非金属材料工业发展迅速,规模急剧扩大,产品总量都占到世界总量的50%以上。由于生产过程中能源和资源消耗巨大、流程长,因而产生较大污染,对生态环境有较大不利影响,在当前形势下,成为对我国能源、环境、资源造成前所未有压力的重点领域之一。基础研究和应用基础研究是实现发展转型的关键所在,节能环保与可持续绿色发展是这些传统工业发展的核心理念和紧迫任务。

传统无机非金属材料的绿色发展越来越重要,一方面包括改进传统生产工艺、采用新技术、开发新品种材料,以降低生产能耗和自然资源消耗,减少 CO_2、SO_2 和 NO_x 等气体的排放,并利用劣质原材料和低热值化石能源,促进节能环保和可持续发展;另一方面,包括材料的循环利用以及在生产过程消纳固体废弃物和固定废气,如水泥混凝土和建筑墙体材料可消纳大量固体废弃物,通过一些氧化钙含量较高的废弃物炭化以捕获 CO_2 后作为性能优异的建筑材料制品,对生态环境保护具有积极的贡献。同时,通过传统无机非金属材料性能改善和工艺改进,在生产和使用中还可以用于协同处置危险废弃物或改善生态环境。

传统无机非金属材料量大面广,所以即使是微小的绿色化方法和途径,也会有利于降低资源能源消耗、提高材料性价比的,从而对整个社会的可持续发展产生很大影响。

9.1.2 研究范围

1. 水泥混凝土

传统水泥混凝土材料的节能环保和可持续发展方向的研究范围非常宽广。从水泥混凝土的制备原理、组成与性能的基础研究到应用研究,以及水泥混凝土在不同环境条件下的长期性能预测和性能提升等都属于本研究范围。具体来说,可分为水泥、混凝土和水泥基材料三大类。此处所说的水泥一般是指硅酸盐水泥,近年来硫铝酸盐水泥也已较为普及,因此若不特指则包括这两大系列。混凝土采用的水泥主要为硅酸盐水泥,无特指均为硅酸盐水泥配制用于结构工程的混凝土。严格来说,混凝土也属于水泥基材料的一种,但水泥基材料包含的研究范围更为广泛,包括利用水泥作为主要胶凝材料制备的各种结构材料、功能材料或制品。

从节能环保和可持续发展角度,水泥研究包括以下方面:①围绕水泥生产的劣质原材料使用,利用废弃矿物资源代替传统原材料,寻找可替代的燃料,优化烧成工艺和节能环保措施;②面向性能提升和低碳排放的水泥熟料化学研究,包括水泥熟料矿物体系优化,新的水泥熟料体系研究,水泥熟料烧成温度和矿物形成的调控,以及微量元素在熟料烧成过程中的作用及其调控;③水泥水化硬化的调控,包括水化产物形成过程和水化产物演变,水化热的控制和强度发展规律研究,应关注与后续混凝土需求相关联;④免烧水泥的研究,包括以全废渣为组分的免烧水泥和化学(碱)激发水泥,主要关注性能优化、规模化制备与实用性提升;⑤混合材作用优化,不仅关注提高水泥混合材的掺量,还需要优化混合材在水泥生产和使用过程中的作用,充分认识非活性混合材的作用;⑥特种水泥研究,作为传统硅酸盐水泥和硫铝酸盐水泥的重要补充,为特殊领域的工程应用提供特种性能的水泥。

混凝土作为结构材料的研究范围包括以下方面:①新拌混凝土的工作性研究,包括影响新拌混凝土工作性的因素与调控、混凝土工作性的表征方法;②混凝土生产过程中废水废渣的再生利用、废水废渣的缓凝方法等;③混凝土掺合料与外加功能组分的作用提升,从降低混凝土生产成本和提高混凝土绿色程度的角度,扩大作为混凝土掺合料的固体废弃物类型和提高混凝土掺合料用量,包括非活性掺合料的作用,还包括外掺纳米材料、纤维和聚合物等功能组分,以提升混凝土性能;④混凝土外加剂研究与应用,从提升混凝土性能和可持续发展的角度,探索新的外加剂类型,提升现有类型外加剂的功效;⑤混凝土配制理论研究,综合考虑原材料来源,特别是低品位原材料的利用,协调强度、体积稳定性和耐久性等性能指标,同时关注轻集料混凝土和特种混凝土配制理论和方法研究;⑥面向重大工程需求或极端环境条件下新型混凝土研究,包括基于特种性能需求的混凝土设计以及极端环境条件下混凝土长期性能预测与评估等;⑦混凝土耐久性研究,包括各种侵蚀性环境条件下混凝土性能劣化机理研究,多种因素耦合作用下混凝土耐久性测试方法和预测理论,以及混凝土耐久性提升技术;⑧混凝土再生利用,包括废弃混凝土作为再生集料的改性与混凝土配制理论以及结构性能研究。

除作为结构材料的混凝土外,水泥基材料还有更为广泛的应用领域,在节能环保和生态环境保护方面发挥重要作用。这类水泥基材料的研究范围包括以下方面：①水泥基墙体材料，主要方向为轻质高强和高效节能的水泥基材料研究，在强度满足要求的情况下具有优异的保温隔热性能；②水泥基功能材料，通过加入特殊功能组分（如集料），使得水泥基材料在作为结构材料同时具有机敏性、导电性和防电磁污染等功能；③水泥基生态环境材料，通过加入功能纳米组分，赋予水泥基材料具有改善环境质量和生态恢复等功能。

2. 玻璃

玻璃是我国国民经济的基础材料，玻璃及其加工制品广泛应用于房屋建筑、交通运输工具和装饰装修等领域，也是节能环保、电子信息和太阳能利用等战略性新兴产业的关键材料，对一些国防工业起着关键支撑作用。近年来，随着信息显示、航天、能源、计算机、通信、激光、红外、光电子学、生物医学和环境保护等技术的发展，对相关玻璃材料提出了更高的要求，也极大地促进了玻璃材料研究和产业的迅速发展，主要体现在玻璃熔制理论和技术、高性能节能玻璃材料和高世代电子玻璃材料等三个方面。

在玻璃熔制理论和技术方面，研究范围包括以下方面：①新型高效低能耗玻璃熔化方式研究，如浸没燃烧熔化、飞行熔化和分段式熔化系统等新技术，以及新型熔窑结构优化、熔窑负压澄清、全氧燃烧工艺、锡槽成形技术、新型退火窑设计等；②玻璃热工过程的物理模拟与数值模拟研究，如熔窑火焰空间温度场、流场的数值模拟研究，玻璃液流场、温度场的模拟研究，玻璃成形过程与退火过程的模拟研究等；③玻璃配合料设计理论及优化制备技术研究（如低品位硅质原料提纯及综合利用、功能玻璃配方技术），玻璃原料颗粒度控制、预热、粒化密实、界面配合优化设计，以及针对飞行熔化、浸没燃烧熔化等新型玻璃熔化技术相适应的配合料组成、结构、表/界面配合微结构研究；④低能耗易熔性玻璃组分设计，如对平板玻璃的组分重新进行优化设计，获得低熔融温度玻璃组成。

在高性能节能玻璃方面，研究范围包括以下方面：①高性能低辐射玻璃性能提升与复合功能化，如辐射率低于 0.12 的在线低辐射镀膜玻璃制备技术，浮法在线化学气相沉积和金属有机化合物化学气相沉积技术研究及装备开发，辅助在线镀膜技术研究，节能易洁镀膜玻璃开发等；②超低能耗节能玻璃开发，如高性能薄膜的多元复合掺杂调控原理，超低能耗多功能节能镀膜玻璃材料体系设计及微结构调控机理，中空、真空玻璃热工效应研究，轻质和全钢化真空玻璃开发，结构配合的光伏一体化窗体组件设计与低成本制造等；③智能节能玻璃研究，如多组分、多界面固态全无机电致变色材料变色机理，固态全无机电致变色玻璃大面积均匀制备技术，多元结构与界面复合对电致变色材料的调控机理，固态全无机离子存储层研究，新型光-电化学一体化器件设计与性能表征等。

以平板显示玻璃为代表的电子信息玻璃方面，研究范围包括以下方面：①高世代电子玻璃组分与理化和工艺性能研究,如电子玻璃的化学组成设计与结构、工艺、性能的本构关系,硼铝、铝硅酸盐玻璃形成热力学动力学过程与温度场流动场的高效协同机理,高强盖板玻璃的化学增强离子层结构、应力控制技术和高性能电子玻璃复合功能化等;②结合数值和物理模拟方法,开发全氧燃烧和电助熔相结合的新型熔制技术,设计优化锡槽结构和关键成型装备,提升超薄硼铝、铝硅酸盐玻璃浮法成形的产品质量;③柔性玻璃成形技术研究,如温度、表面张力和气氛等对玻璃液黏滞流动作用规律,柔性玻璃在黏弹区域的流变特性与一次成形的快速稳定拉薄技术等。

3. 耐火材料

耐火材料是为高温技术服务的,是钢铁、有色、建材、石化、环保和电力等高温工业的重要基础材料,与这些产业的发展相互依存、互为促进、共同发展。从耐火材料自身发展和服务高温工业需求两个角度来看,其研究包括两个方面。

从耐火材料自身可持续发展和节能环保角度来看,耐火材料研究范围包括以下方面:①耐火材料原料制备和综合利用新技术,包括低品位矿的综合利用、用后耐火材料资源化技术和应用、工业领域固弃物的耐火原料资源化基础、特种高性能新型原料的合成等;②无定形耐火材料技术研究和应用拓展,包括发展和完善无定形耐火材料理论基础、开发新型结合体系、控制和优化作业性能、提升高温服役性能、拓宽应用领域及改善应用效果等;③耐火材料组成结构设计和功能化研究,包括耐火材料应用状态下的自修复功能、原位反应自保护功能、洁净钢液功能的设计,调控和提升耐火材料的关键使用性能,适应高温服役环境需求,提高耐火材料服役寿命、降低消耗;④耐火材料高温服役条件下的性能和结构演变、失效机理、高温性能评价和服役寿命预测等基础研究;⑤新型高效隔热耐火材料的开发;⑥传统耐火材料的高技术化、长寿命和低消耗应用研究,通过表面处理、梯度结构复合、原位反应改性等新型耐火材料技术的相关基础理论和工艺,改造、提升和拓展传统耐火材料服役性能、功能、品质和水平。

从服务高温工业发展角度来看,高温工业发展新技术、新工艺,新兴产业发展新材料、新技术,都需要耐火材料的新技术和新材料予以支撑。所涉及的技术包括制造业领域中可循环钢铁流程工艺与装备等技术、水泥工业干法窑外分解技术的发展和水泥窑的大型化及使用二次燃料(废弃物替代燃料)技术等;还涉及新兴高温工业,如煤的清洁高效开发利用、液化及多联产技术;同时,环境领域中综合治污与废弃物减容高温处理技术以及新型电子材料、新型显示材料、特种功能材料等新材料制造技术都对耐火材料提出了新的更高的要求,必须围绕这些新技术需求发展相适应的安全、节能、环保和长寿命的耐火材料及耐火材料制备应用新技术。

9.2 科学意义与国家战略需求

传统无机非金属材料中用量最大和影响最为深远的为水泥、混凝土、玻璃和耐火材料,是国家节能环保战略实施的重点领域,需要不断攻克基础理论和关键技术难关。

9.2.1 水泥和混凝土

水泥行业是我国传统支柱产业。2014 年我国水泥年产量达到 24.76 亿 t[1],混凝土用量超过 40 亿 m³,均占世界总量的 60% 左右。我国水泥生产每年产生的 CO_2 超过 10 亿 t,约占我国碳排放的 15%[1]。混凝土制备消耗的砂石料超过 60 亿 t,再加上其他水泥基建筑材料消耗的砂石料,每年用量已远超过 100 亿 t,开采砂石原材料对生态环境有较大影响。同时,我国水泥生产和混凝土制备每年能耗超过 2 亿 t 标准煤。因此,我国水泥和混凝土的生产对生态环境保护及能源消耗的影响最为显著。但据统计,水泥的绿色度达到 1.042,相对粗钢的 0.465 高出一倍多,我国水泥混凝土每年消耗 6 亿~8 亿 t 固体废弃物,为我国生态环境保护做出了巨大贡献。同时,通过调整传统硅酸盐水泥的矿物组成、烧成工艺以及采用电石渣等原材料,我国水泥生产从 2000 年每吨水泥排放 CO_2 1.227t 降低到 2013 年的 0.425t,CO_2 减排贡献最为显著。我国现代混凝土制备理论和技术的发展,为我国三峡大坝、青藏铁路、杭州湾跨海大桥和港珠澳大桥等重大工程建设提供了特殊性能的混凝土材料。混凝土耐久性基础理论研究和应用成果为重要钢筋混凝土结构设计寿命从原来 80 年提高到 100 年甚至 120 年提供了有力保障。

"十二五"期间,我国对水泥混凝土及水泥基新型建筑材料基础研究的投入明显增加。973 计划在水泥和混凝土设立两个项目,还支持了多个预研项目;国家自然科学基金委员会对于水泥和混凝土的基础及应用基础研究也有很大支持,在保证面上基金和青年基金项目总量有所增加的前提下,还支持了多个重点项目和联合重点项目;863 计划安排近 30 项课题支持传统水泥和混凝土改性以及水泥基新型建筑材料的研究和应用,表明本领域的基础研究和关键技术开发得到国家高度重视,也反映了科技人员在开发水泥和混凝土技术的同时也重视相关的基础理论研究。大部分研究项目以增加固体废弃物用量、提高混凝土耐久性及降低能耗或消纳特殊废渣为主要目标,与节能环保和可持续发展关系密切。我国支持水泥和混凝土的基础研究力度已处于世界前列。我国水泥混凝土研究的国际地位逐年上升,已组织了 10 多个有国际影响的学术会议或论坛,在国际学术机构担任职务的专家超过 10 位,还负责和参与了多个国际标准的制定。我国在水泥混凝土领域的研究力量和水平也逐渐与我国水泥混凝土的大国地位相称。

随着新的胶凝体系、低碳水泥研究、混凝土制备理论的发展以及耐久性的提升,低碳水泥混凝土生产成为降低我国 CO_2 总排放量最具潜力的方向,也成为消纳固体废弃物的主要途径,也为城市生活垃圾等废弃物的处置提供了一种解决途径。我国硫铝酸盐水泥研究与应用一直走在国际前列,可以为我国海洋开发等特殊工程需求提供新的解决方案;我国在混凝土低成本制备和耐久性提升方面的应用基础研究结合我国的国情和工程需求,突破了国际上很多不合理限制,正不断为国家重大工程建设提供重要支撑。

9.2.2　玻璃

我国是玻璃生产大国,浮法玻璃产量连续 20 年世界第一[2]。2015 年平板玻璃产量接近 9 亿重量箱,占全世界总产量的 50% 以上。我国平板玻璃行业大多以重油(或煤焦油)为燃料,在未经治理的情况下 SO_2、NO_x 排放浓度均在 2000mg/Nm³① 以上,高出标准 2.5~3 倍;颗粒物排放初始浓度约为 200~400mg/Nm³,大气污染排放问题较为严重。我国当前平板玻璃能耗高,平均热耗为 7800kJ/kg 玻璃熔体,比国外平均水平高 20%,比国际先进水平高 32%,熔窑热效率比国外平均低 5%~10%。我国高档硅质原料资源紧缺,按目前平板玻璃产量及玻璃成分中 SiO_2 含量计算,我国每年纯消耗硅质原料近 3000 万 t,利用中低品质硅质原料开发高档硅质原料、资源综合利用的任务迫在眉睫。与发达国家相比,我国玻璃行业在工艺流程、制造设备、材料性能、能源消耗、自动化水平和产品质量等方面存在巨大差距。玻璃行业面临节能环保的巨大压力和产业转型升级可持续发展的严峻挑战。

面对能源供需格局新变化和国际能源发展新趋势,保障国家能源安全,必须推动能源生产和消费革命。推动建筑节能、大力推广应用节能玻璃材料是能源革命的具体体现。我国是世界第二能源消耗大国,建筑物能耗占全社会总能耗的近 40%,并以年均 5% 以上的速度增长。据住房和城乡建设部测算,我国目前每平方米建筑采暖能耗约为发达国家的 3 倍。据预计,到 2020 年全国仅建筑能耗就将达到 11 亿 t 标准煤(相当于 2000 年全国一次能源总产量),空调高峰负荷则相当于 10 个三峡水电站满负荷供电[3]。我国现有的 400 亿 m² 建筑中,95% 以上采用普通玻璃,通过玻璃门窗散失的能量占整个建筑物散热量的 56%,利用节能镀膜玻璃替代普通玻璃,市场经济社会效益显著。据测算,如果对新建建筑全面强制实施建筑节能设计和应用,并对已有建筑改造 50%,至 2020 年我国至少需要 100 亿 m² 的节能玻璃,总规模将超万亿元。我国提出,到 2020 年全国新增建筑全部达到节能 65% 的目标。

---

① Nm³ 表示标准立方米。

电子信息显示产业是我国重要的支柱产业之一,电子玻璃是显示产业的关键性基础材料,广泛用于薄膜晶体管液晶显示器(thin film transistor-liquid crystal display,TFT-LCD)、有机发光显示器等显示产品。目前,我国浮法玻璃高端产品不足,优质浮法比例仅为 29%,高世代电子玻璃生产核心技术被国外公司垄断,高档产品不得不依赖进口[4],导致电子信息显示的核心部件成为我国仅次于芯片、石油、铁矿石的第四大单一进口产品。我国电子信息显示产业链缺失关键环节,产业发展受到制约,电子信息显示产品价格长期居高不下。

9.2.3　耐火材料

耐火材料是一个资源消耗型产业,资源的长期稳定性是耐火材料产业可持续发展最重要的保障。生产耐火材料的主要资源——铝矾土、菱镁矿、天然石墨等,都是重要的非金属矿产,控制这些不可再生资源的消耗速度,发展耐火原料资源的高效和循环利用科学技术,开拓新的原料资源是本领域重大而迫切的任务,对行业可持续发展和保障高温工业的可持续发展具有重大意义。

耐火材料的服务领域广泛、服役条件多样而且复杂,是所有高温产业运行的基础。所有高温技术和装备对耐火材料都有强烈的依赖性,耐火材料不可或缺。耐火材料的节能环保可持续绿色发展不仅关系到耐火材料产业本身,更重要的是与高温工业的节能环保和可持续发展直接相关,对高温工业的节能环保不可或缺,并可以做出不可替代的贡献。

高温工业为高温炉窑能源效率的提高采取的措施和改进,都和耐火材料相关。组成、结构和材料特性决定了耐火材料的服役能力、服役寿命、传热和保温性能等,这些对高温装备能效提高具有重要影响。发展节能型耐火材料和技术对高温工业节能的贡献有:①高温材料技术支撑重大节能新工艺、新技术和新装备;②提升耐火材料产品服役性能和服役寿命可以提高高温装备生产效率和能效;③高效隔热耐火材料可以减少热损失、提高高温热工装置热效率。总之,高性能耐火材料是高温工业炉窑安全、稳定、长周期、满负荷和高效率运行的保障条件。

高温窑炉节能减排需要耐火材料的技术支撑。我国热工炉窑的能耗占全国总能耗的 21%,而当前我国热工炉窑装备的平均热效率为 60%~65%,与国外热工炉窑的热效率相比有 15%~20%的差距,高温行业节能任务重但潜力巨大。高温窑炉用耐火材料的蓄热、保温、热导率等性能与高温工业能耗或能源利用效率密切相关,但我国节能耐火材料的发展明显滞后,材料品种少、热性能指标落后,在一定程度上限制了高温窑炉能效的提高。发展系列高性能高效节能耐火材料和技术是高温工业提高热工装置热效率的重要基础和发展方向之一,也是高温窑炉节能降耗的迫切需要。

9.3　研究现状、存在问题与发展趋势分析

9.3.1　水泥和混凝土

水泥和混凝土节能环保和可持续发展的研究主要集中在水泥熟料烧成、新水泥体系的研究、水泥生产的节能环保、劣质燃料和原材料的利用、水泥水化硬化过程的分析与控制、外加功能组分的高效使用、混凝土早期体积稳定性控制和混凝土耐久性提升等方面。

水泥生产过程中节能环保,包括在水泥熟料煅烧过程中提高热效率、利用废热、控制废气排放和采用水泥高效粉磨技术等[5]。要提高水泥熟料煅烧的热效率、减少化石能源消耗,可以采用包括废弃轮胎等在内的含有一定热值的替代燃料,也可采用富氧燃烧技术等。很显然,利用水泥熟料煅烧过程中的废热也同样重要。但是,替代燃料和新工艺的采用可能会在一定程度上影响熟料的矿物组成和性能。水泥熟料烧成过程中,除将降低 CO_2 排放量作为长期目标外,也必须控制其他有害物质的排放,如汞和 NO_x 也是值得关注的。目前控制 NO_x 排放已采用了 SNCR 和 SCR 等技术。长期以来,粉磨是水泥主要的电耗所在,随原材料品质的下降和水泥强度等级要求的提高,通常的做法是增加水泥的粉磨细度,但因此电耗会显著上升。因此要重视采用新的工艺和新的装备来提高水泥粉磨效率。实际上在不显著增加粉磨电耗和延长粉磨时间的前提下,改善水泥的颗粒级配也能满足水泥的强度要求,甚至还能提高水泥的其他性能,已有研究者开始关注这方面的工作。

新的水泥体系,特别是低钙水泥体系,一直是水泥研究的重点,但以阿利特(C_3S)为主要矿物的硅酸盐水泥仍是占绝对地位的水泥品种。虽然传统硅酸盐水泥生产过程的 CO_2 排放量较高,它的某些性能有待进一步提升,但目前水泥生产和混凝土制备、混凝土结构设计以及有关标准都是按照硅酸盐水泥制定的,因此硅酸盐水泥的主导地位不会在短时期内改变。然而,在传统硅酸盐水泥体系基础上改性提高的新水泥已逐步得到认可,并开始获得实际应用,如高贝利特(C_2S)硅酸盐水泥。另外,新的水泥体系,特别是硫铝酸盐水泥 CO_2 排放较低,并在海工和油气开采等遭遇侵蚀性的环境中表现出优异性能,得到越来越广泛的关注并已获得应用,使其成为硅酸盐水泥的重要补充。近年来,硫铝酸钙-硫硅酸钙-贝利特体系也开始得到研究者的关注[6,7]。高贝利特硅酸盐水泥面临的难题还是在提高和激发 C_2S 的活性方面,包括采用离子掺杂改善 β-C_2S 的活性,甚至通过掺杂使得 β-C_2S 向高活性的 α-C_2S 相转变,可以更加有效地提高 C_2S 的活性[8]。硫铝酸盐水泥应用面临的主要问题是耐久性和长期强度稳定性,而 C_2S 硫铝酸盐水泥还面临提高 C_2S 活性的问题;另外,硫铝酸盐水泥需要高铝的矾土原料,所以还面临原材料来

源问题。提高 C_2S 矿物组成,采用低品位的矾土矿,甚至使用煤系高岭土和燃煤副产物等高铝废渣,使得硫铝酸盐类水泥成为低碳水泥和具有可持续发展特性的水泥品种。硫铝酸钙-硫硅酸钙-贝利特体系仍可归类为硫铝酸盐水泥体系,该体系的硫酸盐含量较高,可以利用高硫和高硅的废渣作为原材料,但目前面临如何控制烧成等问题,该体系一些特殊性能也有待进一步探索。其他水泥体系,如磷酸盐水泥和碱(化学)激发水泥也得到持续关注。磷酸盐水泥能在短时间形成强度,体积稳定性优异,具有类似陶瓷的性能,在结构修补加固和核废料固化等一些特殊应用领域具有潜在应用前景,但目前仍面临早期凝结时间控制和组成优化等与实际应用有关的问题。碱(化学)激发水泥由于无需煅烧过程,可以利用一些固体废弃物作为原料,因此是重要的研究方向[9],目前存在凝结时间、泛碱和体积稳定性控制等问题,离实际应用还有一段距离,新的激发体系研究有利于这种水泥的发展。近来,相应硅酸盐水泥,一种称为 Celitement 的胶凝体系得到广泛关注,将经过蒸压养护得到的无活性 α-C_2SH 与石英砂一起粉磨,可以形成具有活性的水化硅酸钙(C-S-H)[10]。很显然,这种低钙胶凝材料可以不经过煅烧,生产工艺相对简单,可以减少 50% 的 CO_2 排放,展示出诱人的一面,但需要进一步的研究来验证其实用价值。

　　充分认识水泥的水化硬化过程对于水泥生产、控制后续混凝土质量和提升耐久性都是非常必要的,但目前这方面的大多数研究偏于理想化,或者是在一些假设前提下进行的。由于水泥熟料的组分非常复杂,影响因素很多,大多采用单矿物研究的结果虽然可以在一定程度上理解水泥水化硬化,但与其真实环境相差甚远。不仅不同水泥的主要组分矿物之间相互影响,还包括一些少量组分(如硫酸盐和碱)的影响,甚至一些微量组分(如 Zn 和 P)的影响。因此,长期以来,一些研究者从原子尺度开展模拟研究,近年来甚至采用了密度泛函理论等第一性原理方法[11,12],这方面的工作还包括计算模型的建立。通过模拟不仅可以分析 C_2S 和 C_3S 等主要矿物的水化,还能考虑这些矿物中 Mg^{2+}、Al^{3+} 和 Fe^{3+} 在结构中置换的影响,甚至可以考虑有机外加剂的影响[13]。C-S-H 是硅酸盐水泥水化后生成的量最大也是最为重要的产物,其结构和性质对混凝土性能的影响极为显著。Ca/Si 比是 C-S-H 的重要参数,低 Ca/Si 比的 C-S-H 形成有利于降低水泥中 Ca 的消耗,也意味着水泥的绿色化程度提高,还可能提高耐久性。影响 C-S-H 凝胶 Ca/Si 比的因素较多,实际上使用水泥混合材或混凝土掺合料都将降低 C-S-H 凝胶的 Ca/Si 比。近年来有研究者采用纳米 SiO_2 进行改性,发现也能有效降低 C-S-H 凝胶的 Ca/Si 比。其他研究包括对水泥凝结时间和流动性的影响,这些性能会显著影响新拌混凝土的性能,但很多基于水泥净浆和砂浆的研究结果,对混凝土的制备指导意义有限,而以混凝土进行试验难度较大,影响因素也比较多,因此有效实用的关于混凝土流动性或工作性的测试方法是今后这方面研究的重点,特别要考虑外加剂的影响。

为了改善水泥和混凝土性能,通常在生产过程中加入一些外加组分,这些组分折算成固含量小于 5％水泥的质量比,通常少于 1％,有些情况甚至外加组分在万分之几。这些外加功能组分有些称为外加剂。除水泥生产过程中加入助磨剂外,其余绝大部分都是混凝土的外加剂,目前以减水剂使用更为广泛,近十年来我国以聚羧酸减水剂(polycarboxylate superplasticizers,PCEs)为代表的混凝土外加剂得到非常广泛的应用。然而,相比减水剂,我国在混凝土引气剂方面的研究与应用未能引起足够重视。正确地使用性能良好的引气剂,能在保证混凝土强度的前提下,有效改善混凝土工作性能和提高耐久性,还能降低水泥用量。混凝土减缩剂的研究与应用也得到较多关注。随着现代混凝土水灰比的降低,使用减缩剂已成为控制混凝土体积稳定性的一种有效手段,但减缩剂与其他外加剂的相容性及可能对混凝土其他性能的不利影响都需要进一步考虑。其他外加剂,如膨胀剂,特别是MgO 基膨胀剂、养护剂和水分蒸发抑制剂等的研究与应用也是混凝土外加剂研究的重要方面。混凝土外加剂的使用已极大提升了现代混凝土配制技术,还为利用劣质原材料或各地特色原材料制备混凝土提供了保障,包括利用混凝土生产过程中产生的废渣和废水。我国很多地区天然河砂缺乏,采用高效减水剂使得机制砂配制高性能混凝土成为可能。当然,由于原材料中较高含泥量的影响,对 PCEs 减水剂的使用效果提出了挑战,如何降低 PCEs 减水剂对含泥量的敏感性已成为新的研究热点。由于采用高效减水剂,新拌混凝土水灰比小于 0.35 都已较为常见。虽然坍落度能满足要求,但黏性过大使得泵送等施工过程难度增大,因此降低新拌混凝土黏性的外加剂也显得很重要。通过加入葡萄糖酸盐为主要组分的缓凝剂,可以中止混凝土生产过程中产生的废水和废渣中的可水化组分的水化[14],以保障其得以循环用于混凝土的生产中。其他外加功能组分还包括在混凝土中加入纤维,除加入钢纤维制备超高性能水泥基材料外,具有较高弹性模量的聚乙烯醇(PVA)纤维也开始作为混凝土外加功能组分得到应用。在混凝土或其他水泥基材料中加入纳米组分也是一些研究者关注的领域,甚至已有研究者将碳纳米管和石墨烯等增强组分加入混凝土中,以期显著提升混凝土的韧性。外加纳米材料涉及分散性问题,增韧或改性效果有限,在水泥生产过程中实现一些纳米材料原位合成将能够避免分散问题。

在水泥和混凝土生产中加入辅助性胶凝材料(supplementary cementitious materials,SCMs)是提高绿色化程度最为简单有效的方法,特别是 SCMs 采用具有活性的固体废弃物的情况下,不仅可以提高水泥自身的绿色化程度,而且有利于保护我国生态环境。目前主要工作仍是提高 SCMs 的掺量。较为有效的方法是采用多元 SCMs 系统,包括不同粒径的 SCMs 组合,特别是发挥超细 SCMs 颗粒的作用。SCMs 不仅能降低熟料或混凝土中水泥的比例,还能有效改善混凝土性能,特别是侵蚀性环境下的使用性能。然而,使用 SCMs 显著降低了混凝土早期性能和后期抗炭化能力,甚至减弱了抗氯离子侵入的作用,因为炭化后的 C-S-H 结合 Cl⁻ 的能力显著下降[15]。用于水泥和混凝土的 SCMs 都有相应的标准规定,但这些标准将一些具有较高火山灰活性的固体废弃物排除在外。流化床燃煤固硫灰渣是目前排放量最大的工业废渣之一,但绝大部分灰渣的 SO_3 含量超过 5%,有的甚至超过 10%;同样,污泥和城市生活垃圾焚烧灰也具有较高的火山灰活性,但 SO_3 含量也在 10% 左右。SCMs 未来研究重点应关注利用新的固体废弃物,包括研究更为准确有效的 SCMs 活性测试方法,当然也需要关注来源于 SCMs,特别是来源于固体废弃物的 SCMs 中一些潜在有害组分的不利影响。

混凝土从具有良好的塑性状态以满足浇筑施工的需要,到能快速形成所需强度以尽早撤除模板支护和加快施工期间,其性质发生了很大变化。伴随水泥和 SCMs 的水化,混凝土水分发生迁移,不仅有大量水化热产生,而且有干燥引起的收缩和与化学反应相关的体积变化,使得混凝土在早期(通常在 7 天以前)非常容易产生开裂。特别是混凝土原材料品质下降和水灰比的降低以及结构尺寸的增大,混凝土早期开裂已成为通病。有些裂缝会引起结构使用性能下降,大部分裂缝会影响混凝土结构长期使用的耐久性。因此,控制混凝土早期体积稳定性尤为重要。影响混凝土早期体积稳定性的因素很多,因此控制混凝土裂缝的方法也比较多,包括优化水泥的矿物组成,使用合理的胶凝材料用量,采用更为有效的外加剂,调节和控制水泥水化热的释放,采用有效的养护方式[16]。有些情况下需要同时采用多种方法。混凝土早期体积稳定性控制不仅需要更为有效的方法,还需要研究混凝土早期体积变化的机理,以利于掌握体积稳定性控制的时机和控制的程度。新的混凝土成型养护技术包括智能化浇筑混凝土技术,可以简化混凝土施工工艺、减少施工人员和降低施工的环境影响,但关键仍是混凝土早期性能的控制。

混凝土已成为重要结构材料广泛应用于很多工程领域,特别是重要的基础设施工程,这些工程使用寿命通常超过 50 年,甚至长达 100 年以上。很显然,研究和提升混凝土耐久性极为重要。一方面是混凝土本身在荷载和环境耦合作用下性能劣化,另一方面是混凝土对钢筋保护性能的下降。混凝土耐久性研究和提升涉及的内容非常广泛。耐久性的研究重点仍是研究混凝土耐久性破坏机理和混凝土耐久性预测,难点是在荷载和环境耦合作用下耐久性的试验方法[17]。对已发生耐久性损伤的混凝土进行恢复或修复也是值得探索的方向。混凝土耐久性提升与上述很多研究方向有关,但还需要与具体混凝土结构协同考虑,特别要考虑钢筋的保护作用,通过提高钢筋混凝土腐蚀防护和修复的靶向性,实现钢筋腐蚀破坏的智能修复和自修复。

9.3.2 玻璃

随着高品质浮法玻璃原片制备技术、多功能浮法玻璃制备技术、高性能玻璃深加工技术、自动化智能化生产技术和生产节能减排技术等一系列重大关键技术的突破,开拓了玻璃材料在新能源、建筑节能、电子信息显示、航空和通信等众多高科技领域的应用,有力支撑了这些产业的发展。近年来,通过玻璃熔窑大型化、改进燃烧系统,以及实施其他管理和技术措施,提高了我国浮法玻璃生产线的熔窑热效率,显著降低了单位产品综合能耗,但与国外先进水平相比仍有差距。平板玻璃行业是我国工业污染控制重点产业之一,但是目前只有部分生产线采取了治理措施,在未经治理情况下 SO_2、NO_x 排放浓度均在 $2000mg/m^3$ 以上,高出标准 $3～4$ 倍。加之当前部分生产线以煤焦油、石油焦粉为燃料,排放严重超标,颗粒物排放初始浓度约为 $200～400mg/Nm^3$。而目前我国执行的《平板玻璃工业大气污染物排放标准》(GB 26453—2011)与国际先进标准相比仍有许多提升的空间,应该进一步降低粉尘、SO_2、NO_x 排放浓度,并增加对 NH_3、CO、重金属的排放要求。

在玻璃熔制节能减排方面,以康宁(Corning)、肖特(Schott)和PPG为首的国际玻璃巨头于20世纪80年代中期起开展新型熔化技术研究工作,创新熔制方式,以浸没燃烧熔化技术、“飞行”熔化技术和分段式熔化系统等为代表的新技术不断涌现,玻璃新型熔化系统的相关基础问题作为实现玻璃生产低能耗的关键成为国内外研究热点,受到广泛重视[18,19]。

人们认为分段式熔制系统是替代传统玻璃窑炉系统最具潜力的新型玻璃熔制系统,可以解决传统玻璃窑炉中回流所造成的玻璃液在池窑内滞留时间过长的缺点。在分段式熔制系统中,配合料的预热、熔化和澄清等工序设为互不干扰的独立功能单元,各部分拥有独立的温度、压力和气氛控制,可实现配合料窑外分解和预热、快速熔化、鼓泡和负压澄清等功能,从而极大地缩短了玻璃液在窑炉内的滞留时间,提高了熔制效率。等离子体熔化技术是近年来发展起来的一项新技术,由于热等离子体的热焓高、化学反应速率高、反应气氛易于调控(氧化、还原或惰性)等独特的优点,能够简单迅速产生极高温度且能量集中,对难熔物有很高的熔化效率,已广泛应用于材料加工,如纳米粒子的合成、喷涂及近净成形沉积等。高温热等离子体可很容易在极短时间内将玻璃原料粉末熔化,形成气泡较少的熔融玻璃,也缩短了玻璃的澄清时间,不但提高了玻璃的熔化效率,也减少了矿物燃料的用量和温室气体的排放。日本在新能源产业技术综合开发组织(NEDO)项目支持下,已开始尝试将其应用于传统平板玻璃的熔化,并命名为“飞行”熔化技术,成为玻璃熔化领域最有发展前途的新型技术之一。浸没燃烧熔化技术,指燃烧器布置在熔窑底部,燃料与氧气复合点燃后,火焰从下向上喷出,配合料从熔窑上方加入,大量的热被配合料吸收,高温气泡与低温配合料之间发生较为复杂的气-液相互作用和高效的热交换,减少了热量损失,提高了能源利用效率,反应物得到充分有效的接触与混合,提高了化学反应速率,改善了玻璃熔体的均匀度。与传统熔制方式相比,该技术可适当降低对配合料的要求(如均匀度、尺度和矿相、结构等);熔窑四周有流体冷却夹层,其间流体能收集熔窑散热,用以预热配合料,进一步减少热量损失,提高熔化效率;在同等生产能力前提下,熔窑体积及耐火材料用量减少80%;窑内最外一层玻璃凝固在冷却夹层的内侧,保护耐火材料不受玻璃液的侵蚀;同时使用全氧燃烧技术,减少氮氧化物的排放。

此外,在采取优化玻璃配合料组分、控制颗粒度、预热、粒化密实、优化设计界面配合等措施提高玻璃配合料质量、降低能耗排放的基础上,开展针对飞行熔化、浸没燃烧熔化等新型玻璃熔化技术相适应的配合料组成、结构、表/界面配合微结构研究,优化配合料制备[20]。同时,通过重新优化设计平板玻璃的组分,降低熔融温度,设计开发低能耗易熔性玻璃组分。

在节能镀膜玻璃方面,《"十二五"国家战略性新兴产业发展规划》明确指出要大力发展低辐射镀膜玻璃等无机非金属功能材料,节能玻璃材料产业得到快速发展。目前,我国浮法在线低辐射和阳光控制节能玻璃生产线已超过 20 条,离线磁控溅射节能玻璃生产线已超过 150 条,节能玻璃材料产业规模达到了每年 300 亿人民币。

低辐射镀膜玻璃亦称"Low-E"玻璃[21],具有红外反射率高(2.5~25μm 中远红外线反射比达 75%以上)、辐射率低和复合阳光控制等特点,应用于建筑时能有效地阻断室内外的辐射传热,具有很高的保温节能效果,为当今世界公认的综合节能指标最高的建筑玻璃。目前世界上生产低辐射镀膜玻璃的方法主要有两种:一种为离线法(软涂层),采用真空磁控溅射镀膜工艺生产;另一种为浮法在线镀膜工艺(硬涂层),是在浮法玻璃生产线锡槽内或退火窑内,采用化学气相沉积(CVD)工艺将膜原料以气态形式均匀喷涂在高速拉引浮法玻璃带上。前者以纯银薄膜作为功能膜,相邻各有一层金属氧化物膜,在新品种开发方面具有较大灵活性,其辐射率较浮法在线镀膜工艺生产的低;缺点是膜层极易氧化、耐久性差,因而不能单片使用,必须快速做成中空玻璃。浮法在线镀膜工艺生产的"Low-E"玻璃膜层牢固,具有良好的热加工性能(可热弯、钢化等),可长期储存、单片使用、使用寿命长;缺点是辐射率较离线磁控溅射工艺高,开发新的颜色品种难度较高。近年来,国内外高性能低辐射玻璃迅速发展,已可在线大批量生产低辐射镀膜玻璃,辐射率约为0.15,具有性能稳定、可钢化和不易受潮变质的优点,利用离线节能镀膜玻璃开发出高透型和遮阳型等系列产品。同时,低辐射玻璃的生产成本不断降低,为提升中空玻璃和真空玻璃质量及其推广应用创造了条件。中空玻璃每平方米每度的瓦数(U 值)进一步降低,真空玻璃研发取得突破。

欧盟地区在玻璃门窗节能方面一直处于全球领先地位,在推广 U 值约为 1.1W/(m²·K)的单低辐射中空玻璃的基础上,又开始推广 U 值约为 0.7W/(m²·K)的双低辐射双中空玻璃,且致力于进一步降低 U 值和玻璃重量与厚度。此外,智能节能玻璃获得重视[22]。根据要达到全天候全时段高效节能的目的,能够调节电场和温度场等外场主动调控光线的透过、吸收和反射的智能玻璃,即能按照实际需要动态控制光线和太阳辐射热量的节能玻璃,代表了产业发展趋势。这方面的研究主要包括光致变色(photochromics)、气致变色(gasochromics)、热致变色(thermochromics)及电致变色(electrochromics)等玻璃,但是对于大面积的建筑用玻璃窗尚无成功的案例。其中,电致变色玻璃利用外加电场使材料变色,从而达到对可见光的主动动态控制,实现太阳辐射能透过率的部分动态调节,是目前最有希望实现大规模商业化生产的节能智能玻璃[23]。2006 年,加利福尼亚州能源委员会设计并定量测定电致变色智能窗的节能效果,应用电致变色智能窗可以节约空调能耗 19%～26%。20 世纪 70 年代中期到 80 年代初期,电致变色现象研究多局限于电子显示器件及其响应时间上。美国科学家 Lampe 和瑞典科学家 Granqvist 等提出了以电致变色膜为基础的智能节能窗(smart window),成为电致变色研究的另一个里程碑。近年来,通过控制纳米尺度形貌、晶体结构(结晶度、晶格有序性)、电子结构,多元掺杂与复合、有机无机复合等方式可以改善基于金属氧化物阴极/阳极变色层、离子传导层和透明导电层的性能。

在以平板显示玻璃为代表的电子玻璃方面,国外电子玻璃基板、盖板研发主要集中于大型玻璃企业,包括美国康宁、日本旭硝子、日本电气硝子和德国肖特等公司[24～26]。由于在基础理论和关键技术等方面的长期积累,形成了以客户需求为导向,从料方设计、工艺开发到工程化独立完整的研发链条,不断加快玻璃产品商业化和更新速度。1990 年之后,开展了基板玻璃化学组成、结构及性能关系的研究。康宁公司在 20 世纪 50 年代发明了溢流下拉工艺,1983 年前利用窄缝法制备了 0211 的 $R_2O\text{-}ZnO\text{-}B_2O_3$ 玻璃,其后开发了 7740 基板玻璃,碱含量大幅减少,解决了碱离子迁移问题;1983 年开发了第一块无碱基板玻璃(牌号 7059);1993 年开发了 1737 基板玻璃,应变点提高到 666℃;1997 年开发了改进型 1737G 基板玻璃,使用 SnO_2 环保澄清剂;2000 年开发了 Eagle 2000 基板玻璃,密度 2.38g/cm³,符合轻量化需求;2006 年开发了 EAGLE XG TM(EXG)环保型基板玻璃,组成中不含有毒元素,拥有近乎完美的性能,成为基板玻璃行业标杆,其 G8.5 的产品优良率达到 90% 以上;2008 年开发了适用于 LTPS 制程的基板玻璃(牌号为 JadeTM),应变点温度达 740℃;2010 年开始生产 G10.5(2880mm×3130mm)基板玻璃。旭硝子公司利用浮法工艺生产牌号为 AN100 的基板玻璃,NEG 公司和 AvanStrate 公司采用溢流法分别生产牌号为 OA10、NA35 的基板玻璃。盖板玻璃方面,康宁公司在 20 世纪 60 年代开发了高碱铝硅酸盐玻璃组分,经化学强化工艺后具备优异的化学稳定性、电绝缘性、机械强度和较低的热膨胀系数。当触摸屏盖板玻璃的商业需求出现时,康宁公司快速推出商业化的 Garilla 系列产品,2007年诞生 Gorilla 1 产品,2012~2014 年相继开发了 Gorilla 2 至 Gorilla 4 产品。旭硝子公司在 2010 年相应推出以浮法技术生产的 Dragontrail 1 代盖板玻璃,2012年开发了 Dragontrail 2 代、2014 年开发了 Dragontrail 3 代盖板玻璃。电气硝子公司在 2010 年用浮法生产 Dinorex 1 代盖板玻璃,2012 年底采用溢流法生产Dinorex 2 代盖板玻璃,2014 年开发了 Dinorex 3 代盖板玻璃,离子交换速度提高 2倍,保持压应力不变的情况下,KNO_3 熔盐抗 Na^+ 污染浓度从 4000ppm[①] 提高到15000ppm,提高了化学强化生产效率,降低了生产成本。而肖特公司则在 2012 年底采用浮法生产了牌号为 Xensation 的盖板玻璃。

　　由于专利壁垒和技术水平的原因,我国高世代(G8.5)电子玻璃的自主生产尚属空白。近年来,我国对高世代基板玻璃需求急增,但是完全依赖进口。平板玻璃产品薄型化的需求也日益增强。G5 及以下世代 TFT-LCD 生产线全部使用0.5mm 玻璃,并开始导入 0.4mm、0.3mm 玻璃;G6 TFT-LCD 产线全部使用0.5mm 玻璃;G8.5 TFT-LCD 产线开始导入 0.5mm 玻璃。同时,对电子玻璃可加工性能的要求逐步提高。TFT-LCD 厂商导入 LTPS、Oxide 背板工艺,要求玻璃基板厂商提供新型耐高温玻璃,而移动设备用户要求玻璃基板具有高强度、耐磨性、可挠性、低指纹存留和抗菌等功能。此外,平板显示高强度保护玻璃将会有巨大需求,目前该类玻璃基板市场由康宁公司 Gorilla 玻璃主导。20 世纪 90 年代,我国曾有企业采用窄缝下拉法尝试玻璃基板生产,但未成功。2008 年,彩虹集团和东旭集团合作采用溢流法生产出 0.7mm 的 G5 玻璃基板,2011~2012 年,成都中光电公司在我国率先生产出 0.5mm、0.4mm 玻璃基板。2013 年,彩虹集团和东旭集团分别生产出 G6 玻璃基板。目前,G8.5 玻璃基板成为全球主流产品,全球年需求 3.0 亿 m^2,我国年需求量超过 1.0 亿 m^2。康宁公司在 2007 年已实现G8.5 玻璃基板产业化,现占据全球 55% 的市场。

　　与国外大型玻璃企业和研究院所相比,国内研究注重结果,以结果判定影响规律,对于工艺过程和参数变化没有细致研究,造成环节缺失,而科研院所针对基础理论方面的探索与工程化应用存在脱节,在后续产业转化中无法形成有效指导。此外,国外机构在进行工程转化前,大量借助建立物理模型,获得边界条件,通过数值模拟获得优化设计方案来降低工程难度。国内模拟领域内进行的工作较少,研发力量薄弱,工程优化设计不足。

---

① 1ppm=1.0×10^{-6}。

9.3.3 耐火材料

由于耐火材料自身可持续发展和高温工业发展的需求,我国已成为耐火材料研究最多、最活跃的国家,在重要高温热工装备用耐火材料产品的品质、种类和应用水平等方面都取得显著进步。目前我国耐火材料产业可基本满足高温工业发展的需要,产品结构也得到一定程度的调整,一些产品达到国际先进水平,在国际耐火材料领域占有重要地位:传统 Al_2O_3-SiO_2 质、富镁碱性制品、碳化硅基复合材料和含碳制品构成出口的优势;在洁净钢精炼用系列材料、精炼和高效连铸梯度功能材料、热风炉等用低蠕变材料、石化及煤化工用高纯氧化物材料、金属冶炼用非氧化物材料等方面技术达到国际先进水平[27,28];在取代含铬耐火材料的研究中获得突破性进展,已在水泥窑、RH精炼设备上得到成功应用和推广[29,30]。

近年来,节能环保和可持续发展已经成为耐火材料学科发展的主要方向,保障耐火材料的可持续供给、为高温工业提供具有高效节能环保综合特点的耐火材料已成为我国耐火材料热点研究领域,并取得了初步成效,有良好的开端。

原料资源长期稳定供给是耐火材料可持续发展最重要的条件,最为关键的是铝矾土、菱镁石、鳞片石墨三大原料。提高资源利用水平、发展低品位矿综合利用研究等方面成效突出,结构均匀、性能优良的系列高铝均化料已形成百万吨的生产规模,改性、转型矾土料的研究均有显著进展[31];低品位菱镁矿利用的研究取得进展;低碳或超低碳含碳耐火材料已在多个高温领域应用[32]。在用后耐火材料回收再利用方面,高纯氧化物、非氧化物和镁碳质等高档原料制品已基本做到用后回收再利用,但大宗用后耐火材料,如高铝制品、无定形材料等再利用仍处于较少被关注的状态[33]。

无定形耐火材料生产工艺绿色、环保、节能、高效,具有易于实现机械化、自动化施工,易于进行后期修补延长寿命,以及节约工时和材料等优点,发展迅速,已成为我国耐火材料基础研究和应用研究最主要的方向。无定形耐火材料基础理论和应用领域得到全面发展,无定形耐火材料已经成为我国耐火材料的发展主流,在高温工业中的实际应用比例也已接近国际先进水平。隔热耐火材料长期以来一直是耐火材料快速发展中的薄弱领域,"十二五"期间受到明显重视,高效隔热节能的理念开始贯穿在各类耐火材料的设计和生产制造中。适应高效隔热节能需要,通过材料结构、性能设计和制备工艺研究,开发了微孔轻质骨料耐火材料、纳米孔隔热材料、微孔、微纳孔结构、复合结构的系列新型高效隔热耐火材料[34,35]。以提高产品市场竞争力为动力,耐火材料长寿化、功能化和新型耐火材料研究开发仍是耐火材料重要的研发领域,客观上耐火材料消耗减量化发展,从供给侧推动节能环保和可持续发展。

尽管耐火材料对高温工业的重要性及战略意义不言而喻,但在高温工业中处于辅助材料地位,长期以来并未得到足够重视,尤以基础研究薄弱方面的问题较突出,学科的知识创新不足,原创不足,重大技术突破少,影响学科发展和产业健康及可持续发展。具体表现及存在问题包括以下内容:

(1)消耗仍然过高,与世界先进水平差距仍较大,产能过大,资源开采无序和过度,对长期稳定可持续供给造成很大压力。耐火材料是重要非金属矿产资源消耗性产业,我国耐火原料资源承担着国内外双重消耗,目前消耗速度已超过承受限度,矾土、石墨和镁质优质资源已显现紧张,对行业可持续发展的潜在威胁日趋严重。降低耐火原料消耗和发展新型高性能合成原料是耐火材料工业可持续发展和开发新型先进耐火材料的关键。开源降耗,高效科学地应用耐火材料,合理节约利用耐火材料资源和发展新的耐火原料资源对耐火材料行业发展意义重大而且紧迫。

(2)系统的基础研究不足,影响耐火材料向绿色制造、绿色服役及中高端制造的发展进程。耐火材料具有由骨料(大颗粒)、基质与气孔构成的多相多尺度的非均质复合材料特点(骨料与基质又由不同的物相组成),以及其服役于高温下承受气固液交叉作用而经受热、机械、化学等冲击和损耗的特点,需要系统研究不同服役条件下材料的服役行为和失效机理,改善关键性能,如高温热机械性能、热物理性能、抗高温熔体渗透侵蚀和抗高温磨耗等,以提高耐火材料的服役行为和使用寿命。随着高温工业高效生产、节能降耗和新技术的发展,耐火材料服役环境更加苛刻,对其服役性能和行为的要求更高,使耐火材料的显微结构设计、性能调控与其他陶瓷材料相比更加复杂,更需要有系统、深入和前沿的基础及应用基础研究支撑。

(3)材料设计基础和性能测试及评价基础研究薄弱。耐火材料服务于高温技术,既是材料科学,也是应用科学,高温应用研究影响耐火材料研究的深度和发展水平,十分重要。然而,由于研究力量分散,对耐火材料重要性认识不够,我国高温基础研究相对薄弱。表现在对材料服役过程微观结构的演化、材料显微结构设计与控制、影响服役行为的关键性能测试方法和科学评价指标,以及大型高温工程关键材料用后分析等研究不足或缺失,基础研究成果较少,严重影响了高性能新材料设计、性能调控、使用寿命预测等创新性工作的开展,制约了高性能先进耐火材料的发展。

(4)缺少原创性新技术、新产品和新工艺。以无定形耐火材料为例,高性能无定形耐火材料产品的核心技术与重要支撑条件是高水平结合剂和各类功能性添加剂产品及技术,是我国发展无定形耐火材料的明显短板。开发和构建具有自主知识产权的无定形耐火材料外加剂产品体系是发展高性能无定形耐火材料的关键,诸如新型结合剂、高效减水剂、特种微粉、各种结构调控、作业性能调控、性能演化调控等功能外加剂研究开发亟待加强。

　　耐火材料以高温工业为服务领域,基本发展特点是通过科技进步满足高温工业生产和技术发展需求,最基本目标是提高耐火材料高温服役功能和寿命,以提高高温装置生产效率和能效,减少能耗和耐火材料消耗。优良的高温服役性能、长寿、低耗是高温工业对耐火材料发展的一贯要求和永恒主题,引导了耐火材料的发展趋势。当前,我国钢铁、水泥、石化等行业发展面临能源资源约束和环境容量等重大问题,正处于去产能、向中高端制造转型升级的阶段,围绕节能减排、提高生产效率、发展新工艺新技术对耐火材料在长寿低耗、功能化、节能和轻量化等方面提出了新的更高的要求。这将推动我国先进耐火材料的发展,尤其是在功能性、节能型新材料的设计研发,以及旨在提高材料使用寿命的微观结构设计、性能调控、材料制备新工艺研究和高温应用基础研究等方面的科技创新。随着这些研究工作的进行,耐火材料减量化发展,其在推动高温工业节能降耗、新技术实现等方面的基础性战略性功能进一步显现,实现从应用端减少耐火材料资源消耗和能源消耗的效果。

　　耐火材料对高温工业的重要意义和战略意义在国内外正在受到关注及重视,在高温工业节能环保和可持续发展的重要性方面正在得到认同,对耐火材料可持续发展的重视程度在加强,甚至上升到从高技术陶瓷角度来重新认识耐火材料的地步[36,37]。进入 21 世纪以来,美国、德国、英国、日本等先进工业国家特别重视耐火材料在节能环保方面的作用,高度重视耐火材料原料供给的可持续性、耐火材料性能和服役行为的评价及预测,加大投入,实施多项长期研究计划[38～41]。

　　围绕高温工业需求和自身可持续发展,耐火材料学科将延续“十二五”期间所确定的节能环保和可持续发展方向,更加重视基础研究及其系统性、创新性和前瞻性,推动耐火材料向减量化、轻量化、功能化、智能化及绿色生态化发展。耐火材料学科发展趋势是强化对耐火材料的组成-结构-性能设计基础理论研究、高温服役行为和高温性能评价等应用基础研究,提升耐火材料服役功能,节能降耗、节约资源。主要包括以下方面:①无定形耐火材料节能、高效、绿色环保,终将成为耐火材料的主体,包括发展和完善无定形耐火材料理论基础、开发新型结合体系、控制和优化作业性能、提升高温服役性能、拓宽应用领域、改善应用效果等;②低品位矿(铝矾土矿、菱镁矿等)的综合利用、用后耐火材料资源化技术和应用、工业领域固弃物的耐火原料资源化基础、特种高性能新型合成原料等都将成为研究热点;③耐火材料设计向科学化和精细化发展,包括研究对材料组成、结构和工艺的精细、特殊设计,赋予耐火材料具有特种形式的结构和特定使用功能,如耐火材料应用状态下的自修复功能、原位反应自保护功能、洁净钢液功能等,调控和提升耐火材料的关键使用性能,适应高温服役环境需求,提高耐火材料服役寿命、降低消耗;④耐火材料高温服役条件下的性能和结构演变、失效机理、高温性能评价和服役寿命预测等基础研究将加强,指导耐火材料的结构、性能优化,提升耐火材料高温服役可靠性、稳定性、安全性和可预见性;⑤隔热耐火材料是我国耐火材料领域短板,是造成我国高温窑炉热效率与国际先进水平差距的重要因素之一,应加强隔热、传热与材料结构及其他性能关系等基础研究,提高传统隔热耐火材料隔热性能和产品质量水平开发新型高效隔热耐火材料,全面提升高温窑炉热效率;⑥研究和发展表面处理、梯度结构复合、原位反应改性等新型耐火材料技术的相关基础理论和工艺,改造、提升和拓展传统耐火材料服役性能、功能、品质和水平,实现传统耐火材料的高技术化、长寿命和低消耗应用。

9.4　发 展 目 标

9.4.1　水泥和混凝土

围绕节能环保和可持续发展的目标,以我国基础建设发展需求和国情为导向,密切结合国家重大战略发展需求,根据我国原材料来源和地理环境等特点开展研究,在新型水泥、高性能混凝土和混凝土耐久性的研究,劣质原材料和固体废弃物资源化研究及利用等方面形成优势。在重视应用基础研究的同时,加强原创性基础研究,使水泥混凝土研究水平与我国水泥混凝土生产大国地位相称,为我国水泥混凝土行业的健康发展提供持续支撑。特别要加强水泥混凝土化学、新型胶凝材料体系、胶凝材料的低碳制备等基础研究薄弱环节的研究,在性能测试、表征和分析方法等方面有所创新,发表一批高水平和有重要影响的基础研究论文,显著提升我国国际学术地位和学术影响。

9.4.2　玻璃

为推动我国从"玻璃大国"向"玻璃强国"转变,在玻璃熔窑结构和锡槽本体结构优化设计、熔窑能效和制造技术提升、高品质原片玻璃生产、高端需求和高档产品制备、原料均化与配置、熔窑烟气余热再利用、浮法在线化学气相沉积、高世代电子玻璃制造等技术方面获得突破,在包括产品质量、品种、装备、智能化运行、节能减排、劳动生产率、原料优化以及产业化示范等方面获得实质性进展和成果。开展新型熔化原理、玻璃配合料设计、低温度熔融玻璃组成设计、超低能耗节能玻璃膜系设计、智能玻璃材料变色机理、玻璃热工过程物理与数值模拟等基础研究工作,建立特种功能玻璃、超低能耗节能玻璃和新型熔制工艺的基础理论和技术体系,解决产业化中的关键共性科学技术问题。在此基础上,形成几个在国际上有影响力的研究中心,造就一批有国际影响力的科学家。

9.4.3　耐火材料

以自身可持续发展和满足高温工业转型升级及中高端发展需求为宗旨,以基础研究为支撑,发展功能化、轻量化、智能化和环保生态先进耐火材料,降低耐火材料消耗以达到国际先进水平和显著降低耐火材料资源消耗速度;在发展新型节能环保耐火材料体系、助力高温工业节能降耗和清洁生产、发展耐火材料新资源和新原料、保障耐火原料供给的可持续性等方面建立较好基础和取得较明显进展。

9.5 未来5～10年研究前沿与重大科学问题

9.5.1 水泥和混凝土

水泥的低碳制备和混凝土的高性能化是水泥混凝土领域研究长期坚持的方向。

新水泥体系主要为贝利特硅酸盐水泥、贝利特硫铝酸盐水泥、硫铝酸钙-硫硅酸钙水泥和化学(碱)激发水泥等。研究方向主要包括:通过减少石灰石消耗而降低 CO_2 排放、降低烧成温度而节约能源、利用劣质原材料包括固体废弃物而扩大水泥原材料来源。在未来5～10年,可望在贝利特矿物活性提升方面有所突破,可以提高上述低钙水泥的早期强度;特别要扩大硫铝酸盐水泥的原材料来源,使其成为硅酸盐水泥的重要补充。在更长时期内,含硫硅酸钙矿物的水泥烧成工艺和性能提升有所突破,化学(碱)激发水泥应用研究取得重大进展。重大科学问题是熟料矿物烧成的热力学和动力学研究,特别考虑一些微量组分掺杂和改性作用。

硅酸盐水泥水化硬化理论研究重点仍在 C-S-H 凝胶性能调控和 SCMs 影响的两个方面。从分子尺度和利用计算机模拟对 C-S-H 凝胶进行研究及水泥水化过程多尺度分析是一种趋势。应关注水泥水化硬化过程中微观结构的形成和影响因素,特别要采用有代表性的水泥样品,并能反映水泥实际使用条件和环境。关注水泥中少量组分以及微量元素的作用,有利于促进水泥高效制备和提高废渣用量,也有利于提升混凝土及其制品的性能。未来5～10年,SCMs 对 C-S-H 结构的影响和调控方面将有所突破。采用实用有效的测试手段进行微观结构分析也极为重要,还应与宏观性能建立联系,突破针对水泥特点的表征方法和手段。重大科学问题是建立微观结构与宏观性能间的关系,使微观层次研究结果能有效指导水泥的高效使用。

未来5～10年,我国围绕水泥和混凝土可持续发展的研究重点如图9.1所示,包括以下方面:①提高以固体废弃物为主的掺合料用量,研究废渣复合效应和高效外加剂的作用,进一步提高混凝土中掺合料的比例。②混凝土早期体积稳定性控制,是提高混凝土耐久性的关键之一。这方面的研究涉及水泥的水化、微观细观结构和特殊功能组分的使用,以及水分在混凝土中的作用。③混凝土耐久性评价和提升,重点研究多因素耦合作用下混凝土耐久性加速试验方法和表征等方面;同时应关注混凝土性能的在役监测分析、混凝土结构修复加固材料和特种环境条件下的混凝土耐久性设计与提升。④增加混凝土的韧性可以大幅度延长混凝土的使用寿命和改善混凝土使用性能,在混凝土中加入纤维和聚合物是较为常用的增韧方法,还需要研究其他更为有效的增韧技术和方法。⑤轻质水泥基材料研究,随着我国建筑节能需求和建筑工业化的需求,需要关注轻质水泥基材料的研究,特别是轻质高强水泥基材料与制品。⑥新的混凝土及制品成型与养护工艺,从长远发展趋势来看,应关注智能化成型方法和预制及模块化生产工艺。重大科学问题是混凝土长期行为的预测与调控。

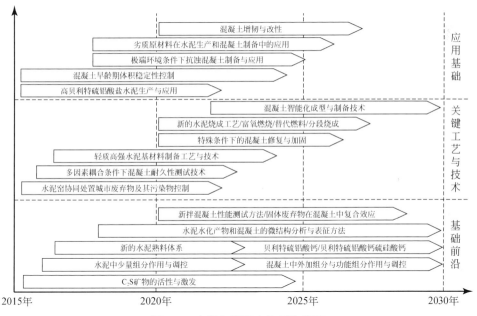

图 9.1　水泥与混凝土发展路线图

9.5.2　玻璃

玻璃领域基础研究与技术开发的前沿包括:玻璃态材料的本质,玻璃新型熔制理论,玻璃表面低维材料构效关系与制备,大面积智能玻璃材料制备与性能突破,特种功能玻璃组成、结构与制备等基础理论研究,以及围绕我国第二代浮法玻璃技术与装备开发,提高熔窑热效率,降低单位产品排放,提升现有产品水平,实现高世代电子玻璃等特种玻璃的自主生产。未来 5～10 年我国围绕玻璃材料研究发展路线如图 9.2 所示。

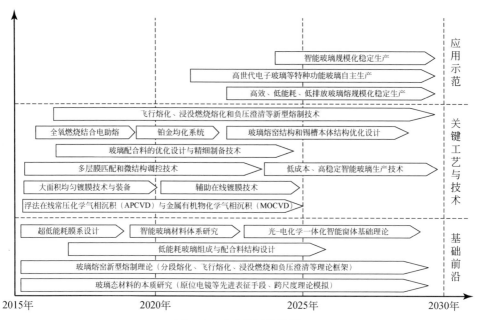

图 9.2　玻璃发展路线图

在新型玻璃熔制技术方面,未来5~10年要初步形成以低能耗玻璃组成与配合料结构设计、飞行熔化、浸没燃烧熔化和负压澄清为基础的新一代玻璃熔制基础理论和技术体系,借助试验与模拟方法,通过对玻璃分段熔化中物理变化和化学反应,玻璃熔化过程的传热、传质、传动量等传递行为与玻璃形成过程物理化学反应的耦合,以及热过程与化学反应过程的高效匹配等基础问题的研究,建立新的玻璃熔制机理和方法,构建玻璃新熔制系统的理论框架,在玻璃熔制过程能源高效利用方面取得重大突破。到2025年,新型浮法玻璃技术装备取得实质性成果。通过优化玻璃熔窑结构和优化锡槽本体结构,提高熔窑能效和制造技术;通过优化原料均化与配置技术,提高原料利用效率,通过玻璃熔窑烟气余热再利用技术,提升减排能力。实现熔制效率提高2倍以上,玻璃制造能耗降低50%以上,减排CO_2、SO_2等污染气体50%以上。

在高性能节能玻璃方面,未来5~10年通过对玻璃表面的薄膜等低维材料的表/界面结构、性能及其与玻璃基底、低维材料之间的相互作用研究,构建其对太阳光谱与黑体辐射调制的物理图像,形成超低能耗节能玻璃新型膜系设计、多层匹配和微结构调控技术。完善浮法在线化学气相沉积(APCVD)和金属有机化合物化学气相沉积(MOCVD)技术和装备,建立拥有自主知识产权的在线节能镀膜的成套装备和技术,研发辅助在线镀膜技术,提高薄膜沉积效率1倍以上。开展光致变色、电致变色、热致变色等新型双向可调节能玻璃以及光-电化学一体化节能窗体器件的基础理论研究,实现新材料体系、器件结构及性能评价与预测上的突破,开发大面积、稳定、高节能效率的智能玻璃制造技术以及低成本、结构配合的光伏一体化组件制造技术。同时,推进低辐射节能镀膜玻璃、阳光控制节能镀膜玻璃的产业化,升级改造部分传统浮法玻璃生产线。到 2025 年,低辐射镀膜玻璃、阳光控制等超低能耗节能镀膜玻璃,在超大规模(1000t/a)浮法玻璃生产线实现大规模产业化,降低节能镀膜玻璃生产成本 40%,提高节能效果 50%,形成 1000 亿元以上的镀膜玻璃产业规模。

在高世代电子玻璃为代表的特种功能玻璃方面,深入研究硼铝、铝硅酸、氟化物、硫系、重金属等玻璃体系组成、结构与工艺性能、理化性能之间的内在联系,在未来 5~10 年通过优化玻璃组分设计,高质量配合料制备,开发复合澄清剂,采用特殊窑炉结构、全氧燃烧结合电助熔、铂金均化系统等一系列先进技术与装备,完成小吨位超薄浮法成形工艺及高世代成形工艺研究与关键装备开发,生产全过程工艺操作技术实现协同化,开发成套触摸屏特种玻璃及高世代液晶玻璃基板生产技术与装备,建设高强度超薄电子信息用玻璃基板示范线。到 2025 年,建立拥有自主知识产权的高世代液晶玻璃基板技术,突破国外技术封锁及专利壁垒的垄断,提高我国综合科学技术实力。

9.5.3　耐火材料

未来 5~10 年是我国高温工业发展的关键阶段,其主要任务和目标是去产能、转型升级,迈向中高端制造和实现节能环保可持续良性发展,这种变革对耐火材料发展有重大影响。未来 5~10 年也是耐火材料产业摆脱此前多年放量发展、过度消耗资源和不可持续的粗放发展模式,走向以科技发展为基础和先导的节能环保及健康可持续发展道路极其关键与重要的时期。耐火材料科技发展是实现这一转变的重要基础。耐火材料学科的研究前沿包括:①以高温服役性能提升为核心,融合数值模拟计算技术的耐火材料组成、微结构和服役行为设计;②不定形耐火材料基础理论体系的系统深化研究、丰富和提升;③传统耐火材料的提质改性、服役长寿化、消耗减量化工程;④服役耐火材料表面科学及表面工程学基础研究;⑤大宗易获得耐火材料新资源开发和应用研究。需研究的重大科学问题是:①耐火材料高温性能与服役行为相关性及服役寿命预测的科学问题;②各类不定形耐火材料全寿命过程结构、性能及服役行为演变机理及调控的系统性基础理论;③不同应用领域耐火材料关键高温服役性能协同提升的材料设计理论和技术问题;④传统耐火材料的高性能化和功能化提质增效科技基础;⑤耐火材料微组成、微结构对服役条件下与介质间传质、传热物理化学过程的影响规律及其设计。耐火材料节能环保可持续发展路线如图 9.3 所示。

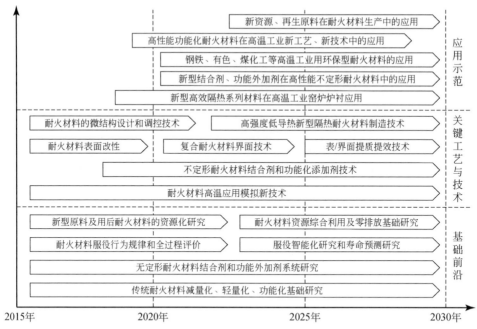

图 9.3　耐火材料节能环保可持续发展路线图

9.6　未来 5～10 年优先研究方向

9.6.1　水泥和混凝土

(1)水泥窑协同处置城市固体废弃物。在保证水泥生产的前提下,采用水泥窑来有效处理城市生活垃圾等固体废弃物,控制污染排放的关键是安全和有效的烧成工艺与烧成制度,研究 Cl 和 P 等元素及硫酸盐对水泥性能的不利影响及其调控。

(2)水泥生产过程的烟气脱硫与脱硝。开发不依赖氨水等新型脱硝工艺和技术,研究窑内干法脱硫技术和工艺、水泥低碳制备工艺;针对富氧燃烧和高镁石灰石原材料的硅酸盐水泥烧成工艺,针对无矾土和低温烧成的高贝利特硫铝酸盐水泥烧成工艺及含硫硅酸钙等低碳矿物的水泥烧成工艺,探讨非烧结的水泥制备工艺原理和方法。

(3)轻质高强水泥基材料与制品的制备理论与方法。优先开展 1000～1400kg/m³ 密度等级的轻质高强水泥基结构材料或混凝土研究。新的制备养护工艺和方法也是获得轻质高强水泥基材料的关键。

(4)C_2S 活性与激发。通过烧成过程中的掺杂和控制烧成制度可以有效提升贝利特硅酸盐水泥和高贝利特硫铝酸盐水泥活性,研究和利用使役条件及养护方式与使役过程中有效激发活性间的关系。

(5)特种水泥(胶凝材料)与特种混凝土。开发具有特种性能或有特种用途的水泥或胶凝材料,包括海工结构或海洋开发和油气井专用水泥、针对结构修补加固的水泥基材料及具有装饰和节能效果的石膏胶凝材料。

(6)外加功能组分与水泥少量组分的作用和性能调控。研究在使役过程中加入纳米材料功能组分,包括使用纤维和聚合物对水泥的改性作用,特别是通过调整和控制水泥中碱、硫酸盐和 MgO 等少量组分的含量与形态改善混凝土性能的研究。

(7)水泥混凝土微观结构及其表征。发展新的表征方法,更为准确地量化微观结构,并能与宏观性能关联,特别能反映真实状态下水泥混凝土的微观结构及发展。

(8)混凝土耐久性评价与提升。发展多因素耦合下混凝土耐久性试验方法和混凝土耐久性预测理论,考虑针对不同要求的混凝土耐久性提升策略和方法,特别是早龄期混凝土的体积稳定性控制方法;重视混凝土耐久性在役监测与修复方法研究,包括混凝土的自修复,研究适用于不同环境条件和需求的混凝土自修复方法。

(9)固体废弃物在水泥混凝土中的高效利用。研究具有不同火山灰活性的固体废弃物复合效应和协同效应,包括与水泥主要矿物组成的协同作用;添加减水剂和外加剂也是提升固体废弃物在水泥混凝土中用量的有效措施。

9.6.2 玻璃

(1)玻璃态材料的本质问题。借助原位电子显微镜、中子衍射、同步辐射和核磁共振等表征技术,结合跨尺度模拟等技术手段,从电子、原子和网络结构等多尺度明晰玻璃材料组成、结构、性能及其内在关联的理论图像,探索玻璃态材料的本质。

(2)玻璃表面低维材料结构、光谱调制及其构筑方法。重点在于玻璃表面低维材料制备、微观形貌可控构筑原理、高性能薄膜的多元复合掺杂调控原理与复合功能化、具有季节和地区普适性的超低能耗多功能节能镀膜玻璃材料体系设计及微结构调控机理,以及面向产业应用的玻璃表面低维材料大面积均匀制备技术。

(3)智能玻璃设计、制造及性能提升。研究光致变色、热致变色和电致变色等新型智能节能玻璃材料光热调控机理;研究结构配合的光伏一体化窗体组件设计、光-电化学一体化智能窗体基础理论及中空、真空玻璃热工效应;开发轻质、全钢化真空玻璃,研究多组分、多界面固态全无机电致变色材料变色机理;开发固态全无机电致变色玻璃大面积均匀制备技术,以及多元结构与界面复合对电致变色材料的调控机理;进行固态全无机离子存储层研究和新型光-电化学一体化器件设计与性能表征等。

(4)特种功能玻璃研究。研究特种光学、电学、机械等功能玻璃的组成、结构与性能相关性及性能调控机理;基于工艺、应用对象的特殊性,开展特种光电玻璃、玻璃纤维、超薄浮法玻璃、高强玻璃熔制、成形及其后处理性能强化过程中物理、化学变化与其理化性能、工艺性能匹配性的研究。

(5)玻璃熔窑熔制理论。通过研究以飞行熔化、浸没燃烧熔化和负压澄清为基础的新一代玻璃熔制基础理论和技术体系、多场耦合加热情况下玻璃熔化的热动力学过程和行为,实现玻璃熔制中传热、传质、传动量等传递过程与物理化学反应过程的高效协同;研究玻璃分段式熔制系统各功能单元结构与玻璃熔制物理变化过程和化学反应过程的匹配关系及特点,实现分段式玻璃熔制系统的高效组合和匹配。

(6)玻璃配合料的制备与优化理论。针对玻璃配合料中各种原料颗粒间的界面配合和表面效应及其在新型熔化工艺中的物理和化学变化过程,开展玻璃配合料的组分优化设计、玻璃配合料中各种玻璃原料的颗粒级配控制原理、玻璃配合料的预热与密实化等方面的基础理论研究。

(7)低能耗玻璃组成与配合料结构设计。研究玻璃分相、析晶与玻璃黏度、冷却速率之间的关系,实现低能耗玻璃组分和结构的调控与设计;通过研究玻璃配合料组成和玻璃网络结构体系、玻璃配合料在预热和熔化、澄清阶段的各种物理、化学过程及其影响机制,实现玻璃熔制过程的高效化;研究玻璃熔化热过程与化学反应过程的高效匹配等基础问题,建立低能耗玻璃组成与配合料结构设计的理论基础。

9.6.3 耐火材料

(1)含碳耐火材料低碳化拓展研究。开发低碳或超低碳碳连铸用耐火材料、精炼钢包不含碳渣线材料等,适应钢铁行业发展洁净钢、高附加值品种钢连铸技术进步,节约战略资源——天然鳞片石墨的需求。

(2)耐火材料原料资源的研究。大宗低品位耐火材料资源提质、改性、升级优质化和应用基础研究,以及大宗用后耐火材料资源化与再利用工程基础研究;新型专用功能性合成耐火原料开发基础研究,研究适应特殊服役环境的耐火材料专用特种结构、性能的新型合成原料。

(3)环境友好耐火材料研究。研究环保型结合剂研究、煤气化、有色冶炼等高温炉用环保型高效、长寿命无铬耐火材料等。

(4)高温工业、高温科学发展新技术、新工艺急需的特种耐火材料开发研究。例如,薄带连铸用功能性耐火材料、灰熔炉、化工废液处理炉等装置用特种抗侵蚀耐火材料、玻璃窑全氧燃烧技术用高寿命耐火材料等。

（5）无定形耐火材料作业性能、固化机理、高温服役性能优化基础研究。无定性耐火材料的发展方兴未艾，新型结合体系、功能添加剂等的研究开发，高性能无定形耐火材料的开发，对耐火材料学科的发展有引领作用。

（6）智能耐火材料的开发研究。例如，原位自保护、自修复、自涂层等耐火材料可原位调控微结构、性能或与气氛、渣、熔体等

（7）仿生耐火材料设计与制备基础研究。具有仿生显微结构的耐火材料、梯度结构或层状结构耐火材料、柔性耐火材料等；研究耐火材料结构-性能-功能一体化设计和制造技术，赋予耐火材料特殊力学、热学、化学性能或综合性能；耐火材料高性能化和对服役环境的精准适应。

（8）大型高温窑炉耐火材料服役表面工程的理论基础和应用基础研究。研究开发表面改性剂和改性技术，表面功能涂料和涂层技术，改善耐火材料专项服役行为，提高服役寿命、提高能效。

（9）高温容器内衬热修补材料和技术的基础研究、服役耐火材料修复技术研究。研究服役耐火材料表面形态、修补材料及其与服役耐火材料表面作用机理、影响因素、调控机理和技术；研究新表面形成及其服役行为和影响因素等。

（10）隔热耐火材料结构和性能优化系统基础研究和开发。耐火材料高温隔热性能测试方法研究和高温传热-隔热模拟研究；高温隔热耐火材料微结构和隔热性能及其他性能关系基础研究；大宗 Al_2O_3-SiO_2 系轻质耐火材料孔结构优化和隔热及力学性能提升技术研究；系列微纳孔轻质耐火原材料的开发和应用研究；轻质不定形耐火材料技术开发研究；高温、高性能纤维及制品开发研究；超高温、高侵蚀性等特殊气氛环境用特种隔热耐火材料开发研究等。

（11）耐火材料高温物理、化学性能及检测方法的基础研究。研究、评估、改进与高温服役行为密切相关的耐火材料物理化学性能及其指标试验检测方法；耐火材料性能与耐火材料服役状况的相关性研究；构建耐火材料服役行为和服役寿命预测、评估体系和判定指标。

参 考 文 献

[1] Xu D L,Cui Y S,Yang K,et al. On the future of Chinese cement industry. Cement and Concrete Research,2015,78:2—13.

[2] 张佰恒,等. 中国玻璃,2015 年中国玻璃行业年会. 北京,2015.

[3] 江亿,等. 中国建筑节能年度发展研究报告. 北京:中国建筑工业出版社,2013.

[4] 季国平. 中国平板显示器产业的发展. 硅酸盐通报,2005,24(5):29—36.

[5] Schneider M. Process technology for efficient and sustainable cement production. Cement and Concrete Research,2015,78:14—23.

[6] Bullerjahn F,Schmitt D,Ben H M,et al. Calcium-sulfoaluminatzement mit ternesit:Germany,EP 2744766 A2. 2014.

[7] Shen Y,Qian J S,Huang Y B,et al. Synthesis of belite sulfoaluminate-ternesite cements with phosphogypsum. Cement & Concrete Composites,2015,63(1):67—75.

[8] Ludwig H M, Zhang W S. Research review of cement clinker chemistry. Cement and Concrete Research,2015,78:24—27.

[9] Shi C,Krivenko P V,Roy D M. Alkali-activated Cements and Concretes. Abington(UK):Taylor & Francis:2006.

[10] Stemmermann P,Schwelke U,Garbev K,et al. Celitement—A sustainable prospect for the cement industry. Cement International,2010,8:52-66.

[11] Durgun E,Manzano H,Pellenq R J M,et al. Understanding and controlling the reactivity of the calcium silicate phases from first principles. Chemistry of Materials,2012,24:1262—1267.

[12] Durgun E,Manzano H,Kumar P V,et al. The characterization,stability,and reactivity of synthetic calcium silicate surfaces from fist principles. The Journal of Physical Chemistry C,2014,118: 15214—15219.

[13] Scrivener K L,Juilland P,Monteiro P J M. Advances in understanding hydration of Portland cement. Cement and Concrete Research,2015,78:38—56.

[14] Pang X,Boontheung P,Boul P J. Dynamic retarder exchange as a trigger for Portland cement hydration. Cement and Concrete Research,2013,63:20—28.

[15] Juenger M C G,Siddique R,Recent advances in understanding the role of supplementary cementitious materials in concrete. Cement and Concrete Research,2015,78:71—80.

[16] 缪昌文,刘建忠,田倩. 混凝土的裂缝与控制. 中国工程科学,2013,4:30—35.

[17] Tang S W,Yao Y,Andrade C,et al. Recent durability studies on concrete structure. Cement and Concrete Research,2015,78:143—154.

[18] Bruno A,Purnode G. Savings from submerged combustion melting. ANSYS Advantage,2008, 2(1).

[19] Hossain M M,Yao Y,Oyamatsu Y,et al. In-flight melting mechanism of granulated powders for glass production by argon-oxygen induction thermal plasmas//Proceedings of 18th International Symposium on Plasma Chemistry,Kyoto,2007:26—31.

[20] Anderson D W. Minimizing glass batch costs through linear programming//A Collection of Papers Presented at the 54th Conference on Glass Problems:Ceramic Engineering and Science Proceedings. New York:John Wiley & Sons,Inc,1994,15(2):19—24.

[21] 刘志海,庞世红. 节能玻璃与环保玻璃. 北京:化学工业出版社,2009.

[22] Poirazis H,Blomsterberg A,Wall M. Energy simulations for glazed office building in Sweden. Energy and Buildings,2008,40(7):1161—1170.

[23] Deb S K. Opportunities and challenges in science and technology of WO_3 for electrochromic and related applications. Solar Energy Materials and Solar Cells,2008,92(2):245—258.

[24] 田英良,卢安贤,孙诗兵,等. PDP 显示基板玻璃材料研究与发展趋势// 2005 年电子玻璃学术交流研讨会,北京,2005.

[25] 姜宏,王自强,郭卫. 等离子体显示屏基板玻璃的生产工艺//《硅酸盐学报》创刊 50 周年暨中国硅

酸盐学会 2007 年学术年会,北京,2007.

[26] 夏文宝,姜宏,鲁鹏. 触摸屏盖板玻璃的发展及应用前景. 玻璃与搪瓷. 2014,42(1):37—42.

[27] 李红霞. 洁净钢冶炼用耐火材料的发展//中国耐火材料生产与应用国际大会,广州,2011:13.

[28] 贺中央. 连铸用功能耐火材料的现状及发展趋势. 耐火材料,2011,45(6):462—465.

[29] 王杰曾,袁林,成洁. 水泥窑用无铬碱性耐火材料的研究进展·耐火材料,2014,48(3):161—165.

[30] 赵明,陈荣荣,沈钟铭,等. 宝钢 RH 精炼炉用耐火材料无铬化的实现. 耐火材料,2013,47(6):433—436.

[31] 王守业,曹喜营. 我国耐火原料现状及发展趋势//新形势下全国耐火原料发展战略研讨会,太原,2014:39—59.

[32] 程峰,王军凯,张少伟,等. 低碳镁碳耐火材料的研究进展. 耐火材料,2015,49(5):394—400.

[33] 张彩丽,谢顺利,孙玉周. 废旧耐火材料的资源化利用进展. 硅酸盐通报,2015,34(7):1903—1906.

[34] 孙庚辰,王守业,李建涛,等. 轻质隔热耐火材料——钙长石和六铝酸钙. 耐火材料,2009,43(03):225—229.

[35] 王刚,袁波,韩建燊,等. 新型 Al_2O_3 基多孔陶瓷隔热材料的制备. 耐火材料,2014,(4):241—244.

[36] Semler C E. Refractories—The world most important but least known products. American Ceramic Society Bulletin,2013,92(2):34—39.

[37] Semler C E. The Advancement of refractories technology never stops. Refractories Worldforum,2014,6(4):27—31.

[38] Hemrick J G. Improved refractories=Energy saving. American Ceramic Society Bulletin,2013,92(7):32—35.

[39] De Guire E. State raw materials—overview and frontiers. American Ceramic Society Bulletin,2013,92(6):24—28.

[40] Brochen E,Quirmbach P,Volckaert A. Concerted effort in the European refractory sector to consolidate and make EN testing standards future-proof. Refractories World Forum,2015,7(3):85—86.

[41] Wojsa J,Podwórny J,Suwak R. Thermal shock resistance of magnesia-chrome refractories-experimental and Criterial evaluation. Ceramics International,2013,39(1):1—12.

（主笔:韩高荣,李红霞,钱觉时）

第 10 章　无机非金属材料科学基础

10.1　内涵与研究范围

现代无机非金属材料科学基础的核心是材料的结构-性能关系（又称构效关系）以及获取这种结构-性能关系所需要的科学手段和技术方法。就结构-性能关系而言,包含了人们对于材料的力、热、电、光、磁和化学性质及其相互耦合关系的基本理解、材料性能的多尺度（微观-介观-宏观）结构基础和调控机制、材料结构的热力学和动力学演化及其对性能的影响规律等。就获取材料结构-性能关系的科学手段而言,包括从块体材料、晶体到薄膜及各种低维纳米材料全方位的研究,以及制备方法、物理和功能性质的测量和不同尺度的材料微结构及性能表征方法等。随着材料科学的发展,尤其是材料设计思想的深化,计算材料科学,结合材料计算获取结构-性能关系规律,也逐渐成为一门独立学科,与基础理论和实验科学并行而立。近年来,"材料基因组"计划[1~3]明确创立了材料科学研究中高通量计算-高通量试验-高通量表征-数据科学融合的革新模式,突破了材料科学研究中以试错法为特征的制备-测量-表征的线性化研究的传统模式,期望加速材料研究从探索到产业化的进程,以适应经济社会特别是高端制造业对高性能材料发展的迫切需求。

目前无机非金属材料研究正逐渐演化到需要同时涵盖从宏观到纳米尺度的不同层次,具有明显多尺度特征的材料结构-性能关系和热动力学规律等特征。在原子-分子微观尺度上,材料结构及其化学键、能带和晶格振动等是决定材料宏观性质的本征因素。例如,能带结构决定材料的热电和光电能量转换特性,共价键强弱决定材料的宏观硬度,晶格振动直接关联材料宏观热导率,缺陷的存在及其特征和稳定性决定材料强度等性质。在这一尺度上,基于量子力学的第一性原理计算材料方法和分子动力学等在构效关系研究中发挥重要作用。宏观尺度探究材料在连续介质框架内的性能、材料结构的热力学和动力学特征、结构演化及其对性能的影响规律等仍然是材料科学研究的核心。其中,基于宏观热力学测量的相图技术和相图计算方法对于材料的宏观设计具有重要的指导意义,相图也称为无机材料工作者的"地图"。但是在原子分子层次和宏观尺度之间,存在一个巨大的"鸿沟",即材料构效关系如何从微观原子分子层次逐渐跨越纳微米介观尺度而进入宏观,成为介观材料科学[4]研究的关键。随着材料尺度减小,材料尺寸对性能的影响越来越大,到纳米尺度后,空间限域导致量子力学效应和尺寸效应、产生了很多过去未发现的新材料和新效应,如石墨烯等二维材料和纳米复合材料等。同时,在具有多尺度微结构特征的材料系统中,表/界面效应起到了不可或缺的重要作用;这些因素的综合使介观材料科学成为近年来国际材料科学领域的关注焦点,界面和表面作用无处不在,而在介观尺度上已经明显超出传统理解,甚至成为决定材料性能的关键因素,同时成为连接微观-宏观材料科学基础的桥梁。

结构-性能关系与多尺度微结构效应、计算材料科学及其与试验的紧密结合、相图热力学研究和相图计算、纳米介观尺度的热力学和动力学新规律、表/界面及相关多尺度微结构特征、各种表征技术研究以及材料基因组科学和技术等,构成了现代材料科学基础研究中引人关注的科学问题。这些对材料结构-性能关系研究中的多尺度材料计算、表征科学以及由此兴起的材料基因组科学等各个方面都提出了新的要求。本章主要集中讲述无机非金属材料研究中的计算材料科学、材料基因组科学及其高通量研究学术思想、材料结构-性能关系,以及跨越原子分子-纳米-微米尺度构效关系的界面科学和介观材料科学等几个重要方面。

10.2　科学意义与国家战略需求

10.2.1　计算材料科学

传统的材料科学研究以经验试错法为主,依赖大量重复试错和长期实践经验积累,新材料发现周期长、效率低。据统计,一个成功的陶瓷类新材料往往要经过 15~20 年才能从实验室走向产业应用。随着物理、化学等相关基础学科的快速发展、信息和计算技术的进步,材料科学研究方式和进程发生了深刻变化;材料科学基础理论与计算技术结合,通过材料模拟和计算,在微观原子分子层次和介观-宏观尺度的结构-性能关系规律研究方面取得了大量早期难以想象的重要成果,从而催生了"计算材料科学"[5,6],并成为与基础理论-试验技术并行的材料科学三大学科之一。20 世纪 80 年代以来,世界各国都大量投入计算材料科学,期望实现真正意义的"设计材料"(materials by design)。

计算材料科学的核心涉及材料各种物理和化学性能的计算及相关计算方法的发展完善,包含各种复杂的多尺度问题。空间尺度上包括基于量子力学第一性原理的电子结构计算(约 10^{-10} m)、基于分子动力学模拟等的原子级模拟(纳米量级)和相场等介观尺度模拟,以及基于热力学相图和有限元的宏观模拟;时间尺度上涵盖了飞秒(10^{-15} s 量级)、皮秒-纳秒(10^{-12}~10^{-9} s 量级)和宏观模拟等,研究内容包含无机非金属类材料的力、热、电、光、磁和化学等性质,以及结构、性能演化及其规律模拟和新材料设计等。

在现代材料科学研究和"材料基因组"研究中,多尺度的材料计算本身已经占据了不可或缺的地位。此外,材料基因组研究还提出了明确的"高通量计算"和材料计算-试验-材料大数据融合的需求,这是对计算材料科学新的挑战。美国2008年提出了"集成计算材料工程"(integrated computational materials engineering,ICME),强调微观-介观-宏观的多尺度计算材料方法需要与工程化的材料研发相结合,但ICME强调工程应用而忽略了材料科学核心的材料-性能关系研究,并未引起国际材料界的关注。2011年由美国提出的"材料基因组"计划,提出基于高通量材料计算设计,并与高通量材料制备和表征-数据科学等深度融合,从而形成材料科学研究的新模式,从一开始就引起了世界各国的关注。对于无机非金属材料,发展和利用具有高通量特征的多尺度计算材料科学方法,研究多尺度结构-性能关系并开展材料设计,是加速材料研发的有利途径。计算材料科学方法的发展和集成对于推动材料科学的模式革新具有重要意义。

10.2.2　材料基因组工程

2008年的集成计算材料工程[7]和2011年的材料基因组思想,对于材料科学领域的发展具有重要而深远的影响。2011年6月,美国总统奥巴马宣布正式启动美国"为强化全球竞争力的材料基因组行动计划"[Materials Genome Initiative(MGI)for Global Competitiveness](简称材料基因组计划)[1]。其内涵在于突破传统材料科学以经验积累和简单循环试错为特征的经验寻优方式,通过高通量材料计算、高通量材料合成、高通量表征技术以及数据科学和数据库技术的融合与协同,快速甄别决定材料性能的关键基本因素并用于新材料的性能优化和设计,实现科学化理性化的系统寻优,革新材料科学的研究模式,促进材料科学研究的创新。

材料基因组科学不仅强调多尺度多层次的材料计算对于材料科学的重要性,同时特别突出计算材料-材料制备和表征试验-数据科学的深度融合,通过高通量方法快速甄别材料性能关键因素,创新设计新材料,优化材料性能,革新材料研发模式,以提高材料研发速度,实现速度提高一倍,成本降低一半,从而推进材料科学的加速发展。2011年12月,中国科学院和中国工程院主办主题为"材料科学系统工程"S14次香山科学会议,探讨中国MGI的策略,并在随后启动政府支持的材料基因组专项咨询项目。2014年,科技部启动了材料基因组专项并于2015年部署了一批项目。我国对材料领域投入虽大,但先进高端制造业的关键材料自给率明显偏低。通过材料基因组计划,创新和加速材料研究,对于我国经济社会发展和国家安全具有重要意义。

材料基因组工程的高通量全链条特征的研究模式,可以快速、实时地获得构效关系,高效获得多维多尺度的结构"相图"和功能"相图",更加有利于加速材料从研发到产业化的进程(见图10.1)。材料基因组计划的实施可以推动物理-化学-材料科学-力学-计算机和信息科学等学科的深度融合,带来前所未有的学科融合和创新机遇,引起我国的强烈关注和支持,推进材料基因组研究及其应用。

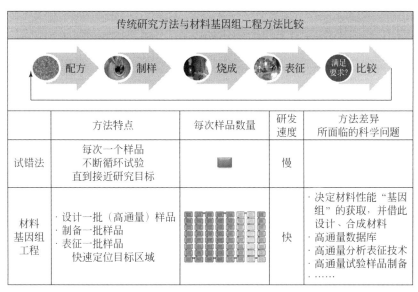

图 10.1　材料基因组工程——材料研发模式的革新

10.2.3　结构-性能关系和微结构效应

　　结构-性能关系是材料科学与工程的核心,也是材料科学研究的基础。无机非金属材料的多元多相化合物结构、可变的化学键特性和丰富的微结构,给材料的电子-原子-分子层次及介观-宏观尺度的结构-性能关系的研究和协同调控带来了丰富的内涵。各种结构-性能关系的不同组合产生了很多新的研究与应用空间,本征与非本征的结构-性能关系界限也被不断地突破或模糊化,新的计算方法、试验技术和应用层出不穷。这使得无机非金属学科以 5～10 年为周期,以新的材料研究热点引领材料科学研究,如氧化物和铁基超导体、无铅铁电压电、多铁性材料,高性能热电、光电和锂电等能量转换储存等先进功能材料,以及硅基陶瓷、陶瓷基复合材料、热障涂层、MAX 相、超高温陶瓷和超硬材料等先进结构材料。我国科学家在这些体系的发展及其构效关系研究中做出了重要贡献并发挥越来越重要的引领作用。今后这些优势和趋势必将继续并加速发展与融合,也将继续得到国家对材料基础研究的进一步支持。

　　无机非金属材料中多元多相的结构特性、多变的化学键行为及其多样化的外场响应特性在很大程度上受到材料微结构的调控。过去主要聚焦于微米尺度特征结构、界面和复合效应等;纳米科学技术的发展,使人们在结构-性能关系研究中更为关注丰富的多尺度微结构效应,为材料学科的发展孕育了无限可能,也带动了无机非金属材料制备和表征科学的发展,这也与计算材料科学和材料基因组研究有密不可分的关系。纳米和低维材料研究得益于扫描与高分辨率电子显微镜等技术的巨大表征能力,从不同尺度与维度侧面给出了微结构效应的研究和调控空间。在无机非金属材料中微结构效应无处不在,如畴结构、孪晶、晶界、纳米析出相、团簇、局域非晶或无序结构等对材料力学、电学和化学等特性产生作用和影响,如畴结构调控铁电压电性、晶界结构调制材料韧性和导电性、纳米相增强材料、控制材料相变,低维化和纳米化影响材料表面结构及其催化性能[8]等。深入研究和系统理解微结构效应,为精细调控材料性能、协同设计多功能材料带来了更多可能,是材料与工程化研究中可控制备、性能裁剪,最终实现高端应用的必经之路。

10.2.4 相图-多尺度微结构和介观材料科学

从材料整体或跨尺度观点来重新审视材料"成分-结构-制备-性能"缺一不可的四边关系,可更为全面地理解材料结构-性能关系内涵及其多尺度微结构内在本质。从材料整体结构关系到跨尺度结构演变行为、纳米介观尺度的独特结构等规律及其相互作用机理的典型特征,可以归结为平衡热力学和相图、多尺度微结构和介观材料科学三部分。这是从不同侧面来对传统宏观尺度材料科学问题、异质与材料复合效应、跨越宏观与微观图像和技术鸿沟,以及由尺寸效应在材料中产生的新现象和新效应等进行研究。与材料基因组工程一样,这些研究同样离不开高性能计算材料科学与高精度物理、化学试验的深度融合,但并不聚焦于高通量的"多"与"快",而更为偏重于"跨尺度"的新型构效关系与行为规律的"好"和"省"。

相图是无机材料工作者的地图。美国、欧盟和日本等多年持续不断地支持无机材料相图研究,形成了很强的相图研究团队,并有丰富和系统的积累。国外企业,如美国通用电气公司和美国铝业公司等,对材料相结构及其与性能关系有长期研究并有大量积累。实际上,美国"集成计算材料工程"及"材料基因组"的目标都是服务于其高端制造业。

宏观相图主要是阐明材料整体的结构-成分关系,以及材料统计上均匀的和超越尺度的内在属性;材料的结构和成分的非均匀性主要体现在材料微结构中,在不同尺度下有不同的表现与作用,构成了多尺度微结构和不同演变行为与规律,对材料的各种构效关系及性质产生影响。同时,材料内部的各种界面,如相界、晶界与畴界,是连接相关系与微结构的经络线或"关系网",含有反应、相变和生长等物质演变过程的动力学与微结构信息,既成为相图与微结构研究的补充,也成为跨尺度构效关系、多功能协调与时效行为研究的关键。在无机非金属材料领域,多尺度微结构以及跨尺度效应在结构、功能和结构-功能一体化材料研究中都发挥重要作用,如多功能耦合(铁-电、磁-电)复合材料、高性能纳米复合热电材料、高性能锂电池电极和电解质材料等,均需要巧妙利用多元多相多尺度微结构协调调控材料的多种性能;在高温陶瓷材料领域,如特种涂层(热障涂层和环境涂层等)、纤维增强陶瓷材料等,需要在主体结构中融入其他功能性纳米相而协同提升材料的力学-热学性能。在这些领域,我国的工程基础很好,但基础研究多以面向工程化的"支撑性"宏观构效关系为主,对微观机制、相图与微结构的结合、界面作用及机理等系统的研究较美国、欧盟和日本明显不足。

本征或者非本征的结构-性能关系及微结构效应研究的载体是各类具有不同微结构特征的材料,因此制备和表征一直是材料科学的重要基础。在材料科学研究中,无论是"自下而上"(从微观机理深入研究着手,逐步延伸至宏观)还是"自上而下"(从宏观现象着手,逐步分解,挖掘微观根源),都必须深入理解材料的相图和热力学、结构-性能关系及其微结构基础,并更进一步理解介观尺度的材料科学问题。

材料的热力学和相图研究在无机非金属材料领域起步很早,但其方法深受金属和合金相图研究的影响。由于无机非金属材料中起主导作用的是离子键和共价键,与金属材料中的金属键具有完全不同的特征,金属材料中很多研究思想难以充分反映多元化合物、多变化学键所带来的新问题。例如,在远低于熔点的制备温度下,反应路径选择所引发的运动学机理(kinetics,亦称微观动力学)对于结构和性能的影响直接产生了无机非金属材料中非常重要的亚稳性热力学平衡关系等。热动力学(thermodynamics)的整体方向和运动学局部引领之间的冲突与协调,造就了均匀性(homogeneous)相关关系和非均匀性(heterogeneous 或 inhomogeneous)微结构在一定特征尺度的协同和平衡,是形成多尺度微结构关系的化学基础,也是多元多相及包含亚稳相平衡材料内在结构调整的统计物理机制,以及从宏观尺度向介观、微观尺度逐级传递的"桥梁"。

介观材料介于宏观材料和微观材料之间,其基础研究与连续介质的宏观热动力学有所不同,更加注重实际材料内部的本征不连续性、不均匀性及其蕴涵的介观热力学、运动学机理,如亚稳相关系、半可逆相变、跨尺度结构关系等与路径和时效相关的介观行为;另外,又与以量子化能级为框架的微观构效关系所主导的材料科学体系有所区别,更加注重物相内与物相间的亚组织、微结构的本征规律、多种界面间的关联效应和耦合,尤其是材料界面或显或隐的集体性作用。如图 10.2 所示,无机非金属材料特点鲜明的跨尺度构效关系、多尺度微结构特征、介观材料科学和亚稳与非平衡相图规律有很多交融,包含但不限于连接平衡与非平衡热动力学的介观尺度微结构形成和演化、相场动力学模型研究,能够为微结构行为提供机理的相变动力学、界面动力学与扩散动力学,涵盖原子-纳米尺度的量子力学和分子动力学研究等,以及各种细致的结构与性能的试验研究。这些工作集成了我国材料科学家的研究优势,有可能逐渐形成自主创新和引领材料发展的学科。

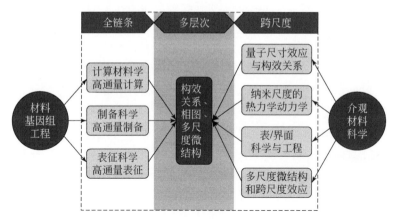

图 10.2　无机非金属材料科学基础各方向关联与重点发展方向

实际上,材料科学研究的各方面既有自身特点,又有交叉融合。在多层次、多尺度的构效关系研究基础上,结合全链条"材料基因组"研究模式的应用,开展具有"跨尺度"特征的"介观材料科学"研究,促进无机非金属材料学科基础与应用研究的有机集成和高效、协调发展。

10.3　研究现状、存在问题与发展趋势分析

10.3.1　计算材料科学

材料科学是一门涉及物理学、化学、计算科学和力学等学科的交叉学科。在材料科学研究中,深入开展材料多尺度结构及性能的计算和模拟,并与试验密切结合,可以通过现象看本质,揭示各种现象深层次的微观机制和一般性规律。计算材料科学研究内容与试验密切关联,又要高于试验,结合计算材料科学理论和方法的发展,同时通过对材料各种物理化学过程的计算研究,对于提高材料科学基础研究水平,超越"试错法",推动材料理性设计具有重要意义。我国材料研究带头人师昌绪院士等早就意识到材料基础研究及计算材料科学的重要性,从 20 世纪 80 年代起就在我国推动了计算材料科学的研究,并得到国家的持续支持。

近二十年来,计算材料科学的发展引人注目。人们通过计算来探索各种复杂的材料性能及其结构关系,深化了对如电子结构、晶格振动和离子输运等基本概念及其与材料宏观性能间关系的认识;利用第一性原理或者分子动力学计算来加深对试验结果的理解,乃至穷举计算无机晶体学数据库中的所有材料,结合计算寻找尚未由试验发现而可能存在的新材料,在此基础上预测材料的各种物理化学和力学性能等,以探索高性能新材料。

　　计算材料科学的发展源于方法和应用的驱动,例如,将物理和化学基本原理与计算理论计算技术相结合,发展用于材料物理化学性能计算的高效计算方法和程序。欧盟持续多年支持第一性原理计算方法和相图计算等研究、建立相关数据库,形成了稳定的研究队伍,发展了商业化软件体系。我国在利用基本计算方法研究实际材料问题方面已有很好的基础和队伍,在超硬材料的研究等方面已经形成了鲜明的特色,成功开展了材料超硬性能的计算、超硬机制的研究,与试验研究密切配合[9],取得了一系列国际一流的成果,若干方向已处于国际引领位置,有些也出现了引领方向的苗头;在多功能材料,特别是在材料电-磁耦合和多铁性材料的研究中,结合计算很好地在微观-介观尺度解释了相关材料及其过程的微观机制[10],微观-介观结合及电-磁耦合的介观物理效应研究和应用探索也取得了国际一流成果[11,12];发展了电、热输运及热电、光电和催化能量转换材料基本的电、热输运性能的计算理论和方法,与试验结合,将相关材料性能提高到世界最前沿[13];通过超高温结构材料(包括碳化物、氮化物和氧化物等)力学等性质的系统计算,设计具有优良力学、热学及抗氧化性能的新材料并得到试验验证,具有鲜明的研究特色和重大国际影响[14];理论与试验相结合,为新型能量储存材料(如锂电池和快离子导体)的发现做出了明显贡献。这些研究在相关领域有引领作用,有望取得更大突破。总之,经过多年的积累,我国已经形成一支从事无机非金属材料计算材料科学研究的高水平队伍,特别是在能量转换与储存材料、功能氧化物材料和低维纳米材料领域,年轻一代学者的学术水平已经可以与国际水平对话,可以预期在未来几年将在更多方向有更多优秀成果出现。

　　在计算材料科学领域,我国在超硬材料设计、多功能耦合材料、复杂材料中电-热-光的耦合和输运的微观机制及电热输运协同调控、极端条件使用材料的力学、热学和抗氧化性能的微观机制及综合设计、拓扑绝缘体材料设计方向具有很强的研究实力,已经出现引领性方向的苗头。某些方向也表现出明显的学科特色和系统的研究体系。我国电子结构基本计算方法程序设计和研究得到发展,尤其是探索和发展了不同于传统基于平面波赝势和缀加平面波的新方法,以期实现超大材料系统的电子结构和物性的直接计算,并进一步模拟材料的动力学过程。但是整体而言,我国计算材料科学研究队伍较分散,与材料学科结合较少。在多尺度材料计算理论方法和应用发展方面,我国在分子动力学、材料热力学和动力学模拟(相图计算)及介观相场模拟方面都有不少研究工作,但缺乏衔接,较多聚焦在金属材料。无机非金属材料研究多与国外学术机构合作,聚焦在多尺度材料模拟和计算等方面,需要进一步加强包括分子动力学、相图、介观相场模拟等的研究,并进一步加强与试验验证的密切合作。

10.3.2　材料基因组工程

　　我国先进材料整体水平与美国、欧洲和日本等发达国家及地区仍有较大差距,更需以创新的思维和超常规速度来发展新材料。利用材料基因组研究,示范发展国家急需,与国家安全、能源安全和人民健康相关又有一定基础的关键材料,尽快取得成果,为进一步推广普及到整个材料领域积累经验。目前,我国已经开展了材料基因组公共平台的建设,包括高通量计算方法和平台、高通量制备和表征方法及平台、材料数据科学和数据库技术,在能源与环境材料、海洋工程材料、特种材料和生物医学材料方向的一些项目已经启动。

材料基因组作为一个新兴的学科方向,尚待进一步明确其基础性科学问题。围绕其核心的"高通量"技术及其科学基础,涉及多尺度计算材料方法和发展与集成,在深入理解材料微结构形成演化规律与基础上开展具有梯度特征材料样品(材料芯片)的高通量制备,材料芯片的结构、性能及其结构-性能一体化的高通量表征,与高通量试验技术衔接的材料数据科学和数据库技术等是材料基因组研究的重点内容。具有"精确试验"特征的传统材料研究和具有"高通量"特征的材料基因组研究在很多方面可以互补,需要关注"高通量"要求和极其强烈的学科融合特征为材料学科研究所带来的变化。

10.3.3 结构-性能关系和微结构效应

我国在无机非金属材料领域结构-性能关系研究的很多方向有很好的积累,这与我国传统的物理和化学学科的基础较好相关,有少数方向引领了国际发展。无机光学晶体材料研发是我国在无机非金属材料领域中结构-性能关系研究和应用的典范。陈创天等经过40多年的理论和试验研究,系统建立了"阴离子基团"与非线性光学晶体系数关系的理论,并在此基础上研发了几代具有国际领先水平,称为"中国牌晶体"的非线性光学晶体[15],充分说明了结构-性能关系研究的艰深和持久性。近期,薛其坤等通过系统研究氧化物和 FeAs 薄膜的超导转变温度随薄膜厚度和掺杂的变化,显示所有的超导转变可能均源自于电-声耦合,并在此基础上利用单层薄膜将超导温度显著提高,产生了重要国际影响。我国闪烁晶体的生长和工程化国际知名,但是结构-性能关系研究尚待加强。晶体性能的调控多数依赖于本征结构及其掺杂,同时应重视缺陷形成机理、调控及其对性能的影响规律等的研究。

晶粒在微米甚至亚微米级时,主要仍是通过杂质工程来优化性能,如热电材料性能的掺杂调控等;此外,还一直很重视通过异质复合探索性能优化组合,这些方法理论基础清晰,仍待持续发展。寻求材料性能突破的一个方向是将材料扩展至多元多化学键的复杂体系,当材料体系由二元扩展至三元、四元乃至更多组元时,化合物的结构复杂性与功能调控空间明显增加,新效应新功能出现概率增大,但研究难度也相应增加,需要寻求学科交叉和方法创新。我国在介电和多铁性功能材料、能源转换储存材料、高性能功能晶体材料探索等方向都表现出这一明显倾向。

目前,国内工作存在工程化和基础性研究分离,基础试验与计算-理论研究分离等倾向,应该加强支持交叉性强的研究课题。

无机非金属材料结构-性能关系探索的前沿是引入多尺度微结构效应,突破单纯体相材料的性能限制,利用不同尺度纳米相的量子效应和尺寸效应、纳米介观尺度增强的界面效应及其耦合效应等,在复合体系中探索高性能材料。国际上介观材料科学[4]也聚焦于这一方向,纳米材料和纳米技术可进一步促进材料科学的发展。多尺度微结构的复杂性和非均匀性的特点要求在材料设计、可控制备和性能表征,特别是局域特征性能表征方法和技术上有所突破。我国在功能材料领域(如纳米复合多功能耦合和多铁性材料)、能量转换与储存材料领域(如基于纳米复合的热电材料和锂电池材料)、利用小尺度孪晶的金刚石等超硬材料研究方向都有所突破;在陶瓷材料领域,引入多尺度微结构后陶瓷材料的研究近年来也引起越来越多的关注,需要加强系统性研究。

在二维和一维特征的纳米材料领域,我国具有良好的研究队伍,开展了在低维情况下无机非金属材料体系新颖物理和化学性质的探索,发表了很多高水平论文,今后要加强与材料科学工程应用的结合。

10.3.4　相图-多尺度微结构和介观材料科学

1. 相图

相图研究是无机非金属材料研究的基础和传统领域,我国早期研究较多,由于诸多原因而沉寂多年。伴随着先进结构、功能和能源材料等领域多年构效关系研究的沉淀和积累,不断发现多元、多层次结构关系中的各种亚稳相行为和新型相变结构与现象,涵盖了微结构演变、界面或扩散动力学机理调控的材料热力学和相图研究,有望在今后 3~5 年获得阶段性进展。我国科学家在高温结构陶瓷与涂层材料、热电转换材料和微波介质材料等研究领域的相结构规律与相变研究中有重要的积累和发现,为无机非金属材料学科相图的研究奠定基础。结合介观热力学模型的相场模型,可将相图与微结构研究协同成整体,对其进行拓展应用,尤其是从畴界推广到晶界和相界微结构等,实现相图研究与跨尺度微结构和介观材料科学的连通。

相图计算方面,计算热力学方法,如 CALPHAD(calculation of phase diagrams)等[16],可为多元多相微观结构演变模拟提供所需的相图热力学数据,精确描述多元系的平衡相图及热力学性质。目前工作主要集中在稳态体系试验测量热力学参数方面,方法已较成熟,但较多应用于多元金属材料体系,无机非金属材料体系热力学研究在国内外都显得系统性较差。近年来,计算热力学方法已扩展到亚稳相研究,结合第一性原理计算获得亚稳相的热力学参数,但第一性原理计算尚限于在热力学零度时亚稳相的热力学性质,缺乏有限温度条件下普适有效的研究办法。

由于相图对实际材料研发的重要性,发达国家和国际知名公司都有自己独立的数据库,绝大部分相图结果不公开发表。20 世纪 80 年代,中国科学院上海硅酸盐研究所开展了系统的氧化物、氮化物、氧氮化物和硅化物陶瓷的相图研究,稍有积累,曾被誉为无机材料相图国际三大中心之一;中南大学聚焦于金属材料相图研究。目前,我国金属材料的相图研究基础尚可,例如,建立了多元 Al、Mg 等合金相图热动力学和扩散动力学数据库,主要集中在若干特殊材料体系和特殊应用,很多数据国内应用较少。我国对无机非金属材料系统性的热动力学和相图研究重视不够,如中国科学院硅酸盐研究所高温超高温陶瓷及金属研究所的 MAX 相研究基本中断。目前我国缺乏系统的相图数据库,严重影响新材料研发,期望能有所改善。国际上无机非金属材料的相图和热力学研究也显得系统性不足。

2. 多尺度微结构

无机非金属材料的固溶及相变行为与金属材料有很大不同,源自掺杂对复相和微结构的协同调控,体现出宏观相关系的亚稳性和介观性的热动力学新特点。这些掺杂固溶、亚稳相关系和半可逆相变所引发的相图规律研究,涉及材料微结构演变行为,也构成多尺度结构关系。例如,陶瓷掺杂相图研究从多层次的结构-成分演变规律入手,体现热动力学的相关系与界面、扩散等动力学效应的相互制约,从而将形貌与固溶、“核”与“壳”、主次相协同等行为规律融为一体[17,18]。在新型热电化合物多尺度“结构-性能”关系的设计与研究中,不但通过“填充”笼状空间拓展了固溶的范畴与范围,还可借助临界点相变来调控热输运行为[13]。结构材料的相变行为也同样受制于成分调制影响,即使作为经典的钇稳定氧化锆(YSZ)陶瓷和氮化硅陶瓷(SiAlON)合金的亚稳相变规律,其可逆与否目前尚无清晰的图像或共识[19]。铁电陶瓷等功能材料中的准同型相界模型及规律,也是另一类半可逆相变与成分畴关系密切的亚稳相图研究。国内这些研究发展势头良好,成为科学基础与工程应用紧密结合的材料研究方向,不但在本书第 3、6、8 和 11 章有所体现,也期待在多尺度微结构规律的基础上进一步发展跨尺度构效关系研究。

相比于“传统”的多尺度微结构关系,新型微纳复合结构在维度和尺度上的设计给无机非金属材料的性能带来了更大的拓展及提升空间,甚至由此发现新的行为和现象。低维及尺寸改变引发的量子效应、尺寸效应、界面及其耦合效应,在本书第 3 和 7 章也有阐述。在多重复相或复合结构设计中,多尺度微结构关系更多体现在不同层次结构的功能耦合与各类、各级界面的协同作用机制形成的新材料中,如人工与自然超晶格[10,11,20]、多铁耦合及导电-介电复合[21,12]等材料。今后尤其需要增强结构-性能-界面三者之间的协同作用对整体行为的影响规律,突破微观界面与性能一体化表征的研究瓶颈[22~24]。

　　无机非金属材料的多尺度微结构研究中存在很多问题,在绘制结构相图的同时,要求为功能相图的发展、跨尺度/全时效结构-性能关系的设计与预测提供依据。进入介观尺度,在宏观热力学与界面主导微观动力学的相互作用与制约下,结合纳米技术产生的量子限域效应和尺寸效应、界面反应、界面功能研究和设计,在介观尺度以及微观-介观结合尺度上探索新现象、新效应和新规律,在材料科学领域形成了介观材料科学的研究领域。

3. 介观材料科学

　　介观材料科学,聚焦具有跨越原子分子-纳米尺度结构特征的材料体系,探索宏观连续介质系统的材料现象和结构-性能被"压缩"在这个尺度时所表现出的特殊关系规律,特别注重所出现的新效应和新规律。聚焦量子效应和尺寸效应主导的微观及宏观连续介质之间的尺度空间,发展和建立跨尺度、多层次的结构-性能关系图像,探索可包容和协调宏观热动力学原理及尺寸效应的新规律,如介观与纳米尺度的热力学和动力学规律,通过多相多组元系统的复合而调控微纳尺度上的相结构与相关系并实现材料性能调控,期望探索和发现具有高、新性能的新材料体系。在介观尺度,融合了表/界面反应、表/界面热动力学和表/界面功能化设计的无机非金属材料的表/界面科学和工程也具有重要意义。从纳米介观角度重新审视材料科学中介观尺度成分的不均匀性和再分布与多尺度微结构演变的关系、亚稳与相变扩散、界面和反应等介观热动力学规律等,给材料的结构-性能关系及其协同调控提供新的手段。这些方向与相图、多尺度构效关系和微结构效应高度重叠,体现了无机非金属材料乃至整个材料科学研究的科学性与工程化的内在融合,尤其是其中跨尺度的材料科学问题和融合各种新效应的新奇构效关系探索和研究,构成了材料科学领域近年来特别引人注目的研究方向。世界各国都将介观材料科学作为一个崭新的研究方向。

　　表面与内部界面(相界、晶界、畴界)结构对无机非金属材料的多尺度微结构(尤其是介观行为和性能)常起主导作用,反映其较高界面能与较强的界面动力学所带来的独特调控机理[17,25~27],不但可推动外场快速烧结技术机理的研究[28],也催生出晶界热力学与界面相图规律的研究,如功能与结构陶瓷材料界面均普遍存在的稳定非晶层[29]及其引出的皮相(complexion)框架[30]。作为介观材料科学的关键组成部分。界面行为的研究一方面要突破连续介质框架尤其是各向同性对微结构规律的引领作用;另一方面要将量子化的界面结构与整体性的界面动力学进行有机的关联,才能真正实现"跨尺度"的结构-性能设计与介观行为的预测,走向微观界面调控所主导的"晶界相变工程"和"晶界势垒工程"。在无机非金属材料发展迅猛的新型能量转换和储存材料[31]、复合涂层工程材料[32,33]的研究与发展中,界面更具有跨尺度、多功能协调的重要价值,在复合性能设计与服役行为预测中扮演关键角色。国内相关研究较多围绕微观物化机理或宏观工程化性能及力热机理,介观尤其是表/界面的制约行为规律、协同原理及相关的跨尺度设计与预测能力需要有意识地主动加强与探索。

10.4 发展目标

10.4.1 计算材料科学

结合"材料基因组"的推进,在多尺度计算材料科学基本理论和方法发展方面,包括复杂体系的电子结构计算和分子动力学计算、跨尺度耦合算法、介观材料和相场模拟等,能有明显进展;同时,在无机非金属材料的结构-性能的预测和设计方面、多尺度计算材料软件发展和集成平台方面能形成若干重要的"产品",并能推广应用。此外,通过提倡计算材料-试验-数据科学的紧密结合,拓展多尺度计算材料与无机非金属材料各个方向研究的结合和应用,将计算材料科学学科发展提高到新的层次,目标是能够形成若干引领性的研究方向。

10.4.2 材料基因组工程

推进材料基因组工程,强化材料计算-材料制备与表征-数据科学紧密结合的模式,建立全链条研发体系;围绕基因组工程核心"高通量"技术的科学基础,发展和集成多尺度计算材料方法,探索材料微结构形成演化规律,发展多种具有梯度特征材料样品(材料芯片)的高通量制备技术,开展材料芯片的高通量结构、高通量性能以及高通量结构-性能一体化表征,并在材料数据科学和数据库技术(包括材料数据智能挖掘)等方面取得明显进展。在若干关键材料体系的材料基因组研究中取得成功经验并逐步推广。

10.4.3 结构-性能关系和微结构效应

进一步加强作为我国最具特色的功能晶体方向,如本征构效关系、缺陷物理和化学及其对于材料物性的影响规律研究等,保持和加强我国优势及引领地位;保持在功能材料方向、能量转换与存储材料方向,多元复杂化合物新材料的探索和多尺度微结构效应方面研究的国际先进水平,争取在若干方向有所突破;在重视陶瓷材料微结构研究、工程化的结构和功能改性以及结构-功能一体化研究等主导研究的同时,大力加强陶瓷材料结构-性能关系的基础性和前瞻性研究,如热障涂层的多尺度微结构问题;继续关注低维和纳米无机非金属材料中的新物理和化学效应探索;在能源材料和电子功能领域通过新效应探索与材料科学结合,探求材料工程化应用之路;形成无机超硬材料和以 MAX 相为代表的超高温陶瓷结构-性能关系的微观设计和试验探索方向在国际的引领地位。

10.4.4　相图-多尺度微结构和介观材料科学

保持我国在多尺度微结构与介观材料科学研究中的引领性地位,加强跨尺度构效关系、多功能协同设计以及时效行为规律等研究和材料工程化设计与基础性研究深度融合及无缝对接;保持和扩大我国在微纳复合构效关系、纳米热动力学等介观尺度构效关系主导的研究优势;注重表/界面工程、多尺度微结构工程等涉及跨尺度设计等的研究和应用。均衡发展工程与基础科学研究,尤其是在有良好基础的无机非金属基复合材料、高性能陶瓷、电子陶瓷、陶瓷基复合材料和涂层材料工程化研究的基础上,开展晶界工程与复合界面工程等具有跨尺度效应的研究与设计,发展多尺度微结构调控与应力、导热、介电性能的整体优化与设计,推动多尺度构效关系研究,将其发展成无机非金属材料科学持久、共性的学科基础。

10.5　未来 5~10 年研究前沿与重大科学问题

10.5.1　计算材料科学

就计算材料科学方法本身的发展而言,多尺度的计算理论、计算方法和程序的发展以及在计算规模上寻求直接模拟实际材料体系仍然是这个领域发展的关键因素。实际材料体系涉及面宽而且具体问题差异大。"材料基因组"工程科学问题的探究正在促进材料科学研究新模式探索以及相关的各种研究手段和平台的建设发展。材料计算-制备-表征-数据科学深度融合的全链条研究思想已经被普遍接受并被越来越多的人采用,促使材料科学本身发生深刻的思想变化,并要求材料结构-性能关系研究中必须具备良好的物理、化学、数据科学基础,更深层次的学科交叉融合势成必然。研究手段上,"材料基因组"强烈要求在材料研发的各个阶段都具有明确的"高通量"特征,即从计算材料学(或者集成计算)主导的材料理性设计开始实施高通量计算设计,通过批量化"高通量制备"与过程精确调控的"可控制备"相互促进,无缝连接到结构-性能的"高通量表征"与具有高通量特征的全谱式定量化的"精确表征";而"高通量"产生的材料大数据可以与数据科学和数据库技术结合,实现材料结构-性能关系的智能化深度挖掘。主要的研究前沿和科学问题如下:

(1)无机非金属材料力、热、电、光、磁和化学等性能的可靠计算。基本的结构、能量和基本热力学性质相关的现阶段计算已经非常可靠,但是复杂体系的过程模拟和性能预测仍然非常具有挑战性,如电子、声子和离子的输运问题,亚稳结构和激发态性质的计算,动力学和无序体系性质以及多场作用下的材料性能计算等。

(2)复杂体系的电子结构计算。发展直接模拟实际体系电子结构的理论和方法,从微观的化学键和电子结构入手理解无机非金属材料的多种物性及其耦合机制。

(3)发展将微观信息与宏观性能相关联的物理模型、理论和方法。第一性原理等微观计算方法直接能得到的结果,如能量和能带等,只是提供了微观分析的基本信息,提供了理解材料性能的基础,却难以直接给出对于材料多种物性的根本理解和清晰的物理图像,如电输运机理和调控规则、热输运基本特征和控制原理、离子存储和输运通道,以及性能与晶体结构、成键类型和组分的关系及其与多尺度微结构之间的关系。计算结果只有经过物理上的扩展和深化后才能成为真正有用的知识。

(4)多尺度和跨尺度问题。发展和应用多尺度材料模拟的理论和方法、多尺度动力学算法、微观-介观-宏观耦合算法以及基于第一性原理的量子力学-热力学-动力学-宏观力学耦合的集成计算材料理论和方法,研究纳米介观尺度的材料科学新问题。

这些方法的发展和应用需要计算材料科学家的努力,也需要材料、物理、化学等学科高度融合和深度交流,还需要计算-试验的密切结合。从学科发展而言,需要建立与材料科学相关的各学科之间的高度密切联系。近年来,计算材料科学学科似乎成为学科融合和新学科探索的试验田,这应该是集成计算工程和材料基因组思想都发轫于计算材料科学的一个重要原因。

10.5.2 材料基因组工程

材料基因组科学对于计算材料科学的进一步发展提出了多重新需求。一方面,需要在现有材料计算方法的基础上,开发适用于高通量计算的协同式多尺度材料模拟算法及高通量材料设计的集成平台;同时,材料计算必须面对高通量计算和高通量试验所产生的材料大数据,结合基于互联网模式的分布式存储数据库技术,发展智能数据处理与海量材料数据的深度挖掘理论和方法,这在近期的研究中越来越引人注意;此外,高通量试验技术发展中,基于物理模型的材料数据解析与材料计算模拟不可分割,如高通量表征中海量材料热力学数据的快速解析,多场扰动综合表征中物性测量数据的物理分析等,试验测量与材料计算必须深度融合。

与传统的材料计算-制备-表征技术形成补充,材料基因组工程对于材料科学的进一步发展具有明确需求,需要开展高通量制备、高通量表征、高通量计算及相关材料数据科学技术的研究。无机非金属类块体和薄膜材料的高通量制备方面有很多科学和技术问题需要解决(见图10.3,包括扩散多元节和组合薄膜技术等)。在高通量材料制备方面,围绕薄膜和连续成分块体材料的问题如下:

(1)高通量块体和薄膜材料制备新技术及新方法。目前,复杂的无机块体材料的高通量制备进展很小,对于具有较强离子键和共价键的无机非金属类材料,基本处于摸索阶段。

(2)高通量材料组合芯片试验技术发展。需要将薄膜组合芯片技术[8]扩展,以适用多种不同材料体系。

(3)连续成分材料高通量制备新技术探索,如基于温度等外场梯度的高通量材料制备技术。

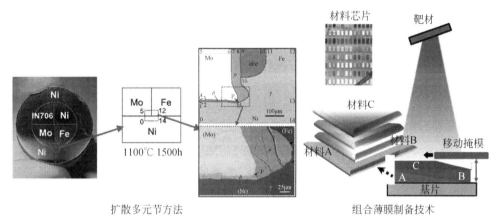

图 10.3　高通量特征的扩散多元节[34]和组合薄膜制备技术[35]示意图

为了实现有限空间的材料高通量制备而获得材料芯片,需要对材料微结构的形成和演化机理具有深入了解,包括材料本征的成分、微结构的非均质性和非均匀成分演变行为规律、热力学与动力学及其尺寸效应、多元多相材料微纳结构的形成与调控以及界面调控原理等,构成了无机非金属材料科学基础研究的重要环节。

传统的材料结构和性能表征一般是在单一外场扰动下单一性能的测量,易于实现精确表征和解析,但不具有高通量的特征。在传统精确表征技术和方法的基础上,进一步发展高通量结构表征、高通量性能表征和高通量结构-性能一体化表征技术具有重要意义。涉及内容包括以下方面:

(1)有本征高通量特征的多场扰动(多场组合,如力-电、电-声、I-V、热-电)下发展材料结构和性能的多尺度综合表征技术及理论方法(见图 10.4);多场耦合环境下"原位"多性能的立体表征技术等。

(2)基于 SPM、AFM、SEM 自动化的具有微区结构-性能表征特征的技术和方法发展、设备研发,多通道微区结构-性能测量与模拟深度结合的测试理论和方法。

(3)空间、时间、能量、动量(单晶)分辨并举的全谱式测量方法。

(4)局域多探针原位表征技术和大数据统计分析的集成;发展基于同步辐射的高通量组合表征技术。

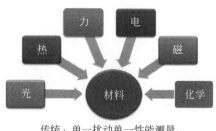

传统：单一扰动单一性能测量，
不具有高通量特征

图 10.4 外场扰动和结构-性能测量：单一扰动与多场组合扰动

10.5.3 结构-性能关系和微结构效应

无机非金属材料的结构-性能关系研究内容繁多，涉及但不限于以下内容：

(1)本征构效关系研究，构成材料"本征性"共性规律研究的基本"路线图"。

(2)缺陷物理和缺陷化学、缺陷结构及作用规律[36]，构成微观层面"非本征性"构效关系基础和性能调控的主要研究内容。多数功能材料的"能带工程"和结构性能调控"能量形貌"思想归根到底就是缺陷调控；结构材料也同样采用掺杂和固溶优化各种力学性能。

(3)各种不同尺度微结构(如畴结构与畴界、孪晶、晶界、同质和异质界面、纳米相和纳米复合结构等)对材料的力、热、光、电、磁和化学等性能的作用及调控机制[37]，微结构效应的系统与精确表征，缺陷与微结构形成之间的关联，多尺度微结构相关结构-性能及原位性能表征和研究等，构成了不同层次结构-性能的关系和跨尺度材料热动力学研究的重要环节。

(4)低维和纳米材料的尺寸效应以及低维材料构效关系研究[38]。

10.5.4 相图-多尺度微结构和介观材料科学

围绕特定无机非金属材料体系的重要问题如下：

(1)多元多相复杂材料体系的热力学和相图研究，包含共晶与包晶关系、亚稳与相变关系等。

(2)热动力学与运动学协同作用的新型相图规律和框架。例如，与材料基本过程(如原子或离子的快速扩散)特征尺度相关联的材料相图的设计，功能相图的设计与应用。

(3)融合量子效应和尺寸效应的结构-性能关系中的新现象和新效应研究。跨越尺度和维度，协调与设计多性能"构效关系"，融合无机功能材料的性能优势与纳米结构的可调控特征，开展系统性的构效关系协同设计。

(4)纳米介观尺度的热动力学研究，结构和结构演化规律探索。例如，结合介观热力学及亚稳相图规律研究,逐步建立"微纳复相/复合关系"规律,尝试协调多相多元化合物体系的相关系与尺度效应;借助复合、界面、扩散和相变等热动力学机理来构建材料的跨尺度协同调控机理。

(5)表/界面科学和工程。例如,依托微观的表/界面结构和功能性规律的深入研究,实现"自下而上"的材料结构-性能一体化设计,尤其是通过"晶界相变工程"和"晶界势垒工程"调控介观尺度构效关系、微结构演变规律和全时效性能等。

(6)跨尺度问题。例如,依托材料热力学和相结构、界面与多尺度微结构的相互作用,"自上而下"协同调控具有材料系统的多尺度相关系与微结构规律以及时效性的构效关系。具有跨尺度特征"涂层"中从表面到内部,包含多种不同的功能涂层,利用各涂层跨尺度微结构及其界面效应,实现整体性能的静态/动态/时效性的协同调控;含多种纳米相的微纳多功能复合材料在很多领域有重要应用,其功能设计和调控也具有同样的特征。

10.6　未来5～10年优先研究方向

10.6.1　计算材料科学

(1)发展具有复杂结构的实际材料体系的结构-性能预测的多尺度计算材料科学的理论、方法及程序;研究原子分子层次与介观-宏观尺度的多种材料模拟的耦合算法和理论。

(2)研究和阐明多功能耦合材料的电-磁极化机制、耦合原理与调控,奠定新应用科学基础。

(3)研究和阐明无机非金属材料的电-热-光-化学场的耦合和各种输运的微观机制,协同调控电子-声子-离子等输运,通过微观设计发展新型能量转换和储存材料(如锂电、热电、光电等材料)。

(4)深入理解超硬材料的晶体结构和微结构机制,设计和制备新型材料。

(5)理解极端条件下使用的材料力学、热学和抗氧化性能的微观机制,综合设计具有良好性能的新材料。

(6)发展亚稳结构和激发态材料的力、热、电、光、磁和化学等性能的计算模拟及材料设计;研究新材料(如拓扑绝缘体材料)、钙钛矿氧化物、多种低维材料(如 C材料)等的结构-性能关系。

(7)结合宏观性能测量、同步辐射光源以及扫描和高分辨率透射电子显微镜等多种原位表征,进行高性能材料和器件的服役及失效过程的计算模拟与寿命预测。

10.6.2　材料基因组工程

(1)研究和阐明大尺度复杂无机材料体系的电子结构和物性可靠计算方法,以及其高通量计算技术和高通量集成设计平台。

(2)研究具有强离子键和共价键的多元多相无机非金属材料体系的高通量制备方法与技术;研究连续成分无机非金属块体样品库的高通量制备技术;研究与集成材料芯片的力学、热学、电学、光学性能高通量检测技术;研究与集成自动化高通量结构、成分、性能的亚微米精度表征技术。

(3)研究准连续成分及扩散组合的二维至三维小样品库设计及其制备技术,研究材料芯片样品库的微结构、成分与性能原位表征技术。

(4)研究能量转换与储存材料的高通量筛选和试验验证。

(5)结合高通量计算-高通量试验的材料数据库技术与应用,研究面向分布式存储的材料大数据的数据库技术和应用。

(6)研究材料大数据的机器学习和人工智能挖掘理论及方法;融合知识库-不完全试验-部分计算的高性能材料智能设计理论和应用。

10.6.3 结构-性能关系和微结构效应

(1)研究面向特定功能(力、热、电、光、磁)应用的复杂化合物体系的筛选准则和材料设计原理。

(2)开展微观非均质材料体系的局域结构-电子结构-物理-化学性质的表征科学研究。

(3)研究新型非线性光学晶体材料结构-性能关系的试验和理论;研究闪烁晶体与闪烁陶瓷中的缺陷物理和化学机制及调控。

(4)研究多元多化学键特征的复杂材料体系的亚晶格特征与材料性能调控;研究能量转换与储存材料的界面设计和跨尺度材料科学问题。

(5)奠定多尺度微结构中纳米相、界面和复合效应的解析及理性设计基础;研究具有特定多尺度微结构特征的材料制备和表征科学;研究纳米复合材料的理性设计和微结构可控制备。

(6)探索低维材料中新物理化学效应和应用;研究低维纳米材料及其组装体系中物理和化学性质调控及突变的科学问题。

(7)解析极端超硬材料的多尺度微结构特征与性能。

(8)研究高性能陶瓷中的多尺度微结构效应。

10.6.4 相图-多尺度微结构和介观材料科学

(1)进行多元复杂无机非金属材料体系的热力学、相图测量与计算[39]。

(2)研究相场模型在化合物微结构、固溶分布、复相/复合行为模拟与试验[40]。

(3)进行具有尺度关联效应或局域构效关系特征新型功能相图的测量与应用。

(4)研究介观热力学及亚稳相图规律、微纳复相关系的协同原理、亚稳性与界面效应的调控机理。

　　(5)进行复相陶瓷新型共晶相图、包晶相图的研究与设计。

　　(6)分析弛豫相变畴的纳米结构行为、畴界作用机理与应力再分配原理。

　　(7)研究烧结陶瓷的晶界液相行为规律、晶界液相的作用机理、微结构演变与调控规律。

　　(8)对复相及共晶陶瓷的多层次结构关系、复相微结构调控、内应力作用规律进行研究及相界工程与设计。

　　(9)研究多功能材料的晶界势垒工程与空间电荷机理、晶格热导与相变等对材料性能的协同作用规律;研究能量转换与储存材料的多级界面工程。

　　(10)对热障涂层及多级界面进行多功能协同设计,对界面反应规律进行探索及调控、自愈合原理研究。

参 考 文 献

[1]　Holdren J P. Materials genome initiative for global competitiveness//National Science and Technology Council. Washington DC,2011.

[2]　中国工程院.《材料系统工程发展战略研究》——中国版材料基因组计划咨询报告,2014 年 6 月.

[3]　中国科学院.《材料基因组计划与高端制造业先进材料》咨询建议报告,2014 年 5 月.

[4]　Hemminger J,Crabtree G,Sarrao J. From quanta to the continuum:opportunities for mesoscale science,a report from the basic energy sciences advisory committee. Washington D C:Department of Energy,2012.

[5]　冯端,师昌绪,刘治国. 材料科学导论——融贯的论述. 北京:化学工业出版社,2002.

[6]　Computational Materials Science:A Scientific Revolution About to Materialize(White Paper),Materials Component Strategic Simulation Initiative(SSI),1999. http://cmcsn. phys. washington. edu/[2014-11-22].

[7]　Integrated Computational Materials Engineering:A Transformational Discipline for Improved Competitiveness and National Security:Washington:Committee on Integrated Computational Materials Engineering,National Research Council,2008.

[8]　Gao S,Lin Y,Jiao X C,et al. Partially oxidized atomic cobalt layers for carbon dioxide electroreduction to liquid fuel. Nature,2016,529(7584):68—71.

[9]　Tian Y J,Xu B,Yu D L,et al. Ultrahard nanotwinned cubic boron nitride. Nature,2013,493(7432):385—388(and references cited therein).

[10]　Tian G,Zhang F,Yao J,et al. Magnetoelectric coupling in well-ordered epitaxial $BiFeO_3/CoFe_2O_4/SrRuO_3$ heterostructured nanodot array. ACS Nano,2016,10(1):1025—1032.

[11]　Hu J M,Chen L Q,Nan C W. Multiferroic heterostructures integrating ferroelectric and magnetic materials. Advanced Materials,2016,28(1):15—39.

[12]　Nan C W,Shen Y,Ma J. Physical properties of composites near percolation. Annual Review of Materials Science,2010,40(1):131—151.

[13] Yang J, Xi L, Shi X, et al. On the tuning of electrical and thermal transport in thermoelectrics: An integrated theory-experiment perspective. NPJ Computational Materials, 2016, 2: 15015.

[14] Wang J Y, Zhou Y C. Recent progress in theoretical prediction, preparation, and characterization of layered ternary transition-metal carbides. Annual Review of Materials Science, 2009, 39(39): 415−443.

[15] Chen C T, Wang Y B, Wu B C, et al. Design and synthesis of an ultraviolet-transparent nonlinear-optical crystal $Sr_2 Be_2 B_2 O_7$. Nature, 1995, 373(6512): 322−324.

[16] Lukas H L, Fries S G, Sundman B. Computational Thermodynamics: The Calphad Method. Cambridge: Cambridge University Press, 2015.

[17] Hu J F, Gu H, Chen Z M, et al. Core-shell structure from solution-reprecipitation process in hot-pressed AlN-doped SiC ceramics. Acta Materialia, 2007, 55(16): 5666−5673.

[18] Hu D L, Zheng Q, Gu H, et al. Role of WC additive on reaction, solid-solution and densification in HfB_2-SiC ceramics. Journal of the European Ceramic Society, 2014, 34(3): 611−619.

[19] Chevalier J, Gremillard L, Virkar A V, et al. The tetragonal-monoclinic transformation in zirconia: Lessons learned and future trends. Journal of the American Ceramic Society, 2009, 92(9): 1901−1920.

[20] Gao X, Gu H, Li Y X, et al. Structural evolution of the intergrowth bismuth-layered $Bi_7 Ti_4 NbO_{21}$. Journal of Materials Science, 2011, 46(16): 5423−5431.

[21] Catalan G, Seidel J, Ramesh R, et al. Domain wall nanoelectronics. Review on Modern Physics, 2012, 84(1): 119−156.

[22] Balke N, Winchester B, Ren W, et al. Enhanced electric conductivity at ferroelectric vortex cores in $BiFeO_3$. Nature Physics, 2012, 8(1): 81−88.

[23] Seidel J, Vasudevan R K, Valanoor N. Topological structures in multiferroics-domain walls, skyrmions and vortices. Advanced Electronic Materials, 2016, 2(1): 1500292.

[24] Xie W J, He J, Kang H J, et al. Identifying the specific nanostructures responsible for the high thermoelectric performance of $(Bi, Sb)_2 Te_3$ nanocomposites. Nano Letters, 2010, 10(9): 3283−3289.

[25] Kang S J L, Lee M G, An S M. Microstructural evolution during sintering with control of the interface structure. Journal of the American Ceramic Society, 2009, 92(7): 1464−1471.

[26] Gu H, Tanaka I, Cannon R M, et al. Inter-granular glassy phases in the low-CaO-doped HIPed $Si_3 N_4$ ceramics: A review. International Journal of Materials Research, 2010, 101(1): 66−74.

[27] Waser R. Electronic properties of grain boundaries in $SrTiO_3$ and $BaTiO_3$ ceramics. Solid State Ionics, 1995(1), 75: 89−99.

[28] Munir Z A, Quach D V, Ohyanagi M. Electric current activation of sintering: A review of the pulsed electric current sintering process. Journal of the American Ceramic Society, 2011, 94(1): 1−19.

[29] Luo J, Chiang Y. Wetting and prewetting on ceramic surfaces. Annual Review of Materials Science, 2008, 38(38): 227−249.

[30] Dillon S J, Tang M, Carter W C, et al. Complexion: A new concept for kinetic engineering in materials science. Acta Materialia, 2007, 55(18): 6208−6218.

[31] Luo J. Interfacial engineering of solid electrolytes. Journal of Materiomics, 2015, 1(1): 22−32.

[32] Clarke D R, Oechsner M, Padture N P. Thermal-barrier coatings for more efficient gas-turbine engines. MRS Bulletin, 2012, 37(10): 891−898.

［33］Hu J B，Dong S M，Feng Q，et al. Tailoring carbon nanotube/matrix interface to optimize mechanical properties of multiscale composites. Carbon，2014，69（4）：621－625.

［34］Zhao J C，Jackson M R，Peluso L A，et al. A diffusion multiple approach for the accelerated design of structural materials. MRS Bulletin，2002，27（4）：324－329.

［35］Xiang X D，Sun X，Bricno G，et al. A combinatorial approach to materials discovery. Science，1995，268（5218）：1738－1740.

［36］Xi L，Qiu Y T，Zheng S，et al. Complex doping of group 13 elements In and Ga in caged skutterudite $CoSb_3$. Acta Materialia，2015，85：112－121.

［37］Nan C W，Jia Q. Obtaining ultimate functionalities in nanocomposites：Design，control，and fabrication. MRS Bulletin，2015，40（9）：719－723.

［38］Geim A K，Grigorieva V. Van der Waals heterostructures. Nature，2013，499（7459）：419－425.

［39］Zhao J C. Combinatorial approaches as effective tools in the study of phase diagrams and composition-structure-property relationships. Progress on Materials Science，2006，51（5）：557－631.

［40］Chen L Q. Phase-field models for microstructure evolution. Annual Review of Materials Research，2002，32（1）：113－140.

（主笔：张文清，顾辉）

第 11 章　无机非金属材料制备科学与技术

11.1　内涵与研究范围

虽然无机非金属材料的应用千变万化,材料形态多种多样,包括体块、厚膜、薄膜、纤维和颗粒等,但就其形态和应用而言,主要仍然是体块、薄膜和厚膜三大类。按照通常的定义,薄膜与厚膜的主要区别在于材料制备过程的动力学机制,如果采用多晶颗粒浆料涂敷并经烧结而形成材料,则通常称为厚膜。从本质上讲,厚膜制备与体块陶瓷制备的过程和微观机制是相同的,本章将主要讨论陶瓷体块和薄膜制备技术科学问题。

11.1.1　陶瓷材料

陶瓷是由离子键或共价键结合形成的一类氧化物或非氧化物多晶材料,与金属和高分子材料相比,它具有优异的力学(高模量、高硬度、耐磨损)和热学(高熔点、耐高温、导热或隔热)性能,同时具有良好的光学(透光、透波和激光)及丰富的电学(电绝缘、半导体特性、介电、压电、热电和铁电)和磁学(磁和铁磁)性能,化学稳定性好(耐腐蚀、抗侵蚀),在航空航天、能源环保、机械、国防军工和生物医疗等领域都有广泛应用,成为现代工业与尖端科技中不可或缺的关键材料。但是陶瓷材料塑性变形能力差、韧性低、不易加工成型,材料制成后,难以通过形变改善其显微结构,特别是很难通过形变改变其缺陷(如气孔、微裂纹和有害夹杂)形态,或消除缺陷,因此强韧化和缺陷调控在陶瓷制备技术科学中处于非常重要的地位。

陶瓷制备是一门多学科交叉的综合性技术科学,既涉及物理和化学等基础学科,又与化工、材料科学、结晶学和机械学等技术学科有关。例如,粉体合成就与化学化工及结晶学相关,粉体与低维纳米相(碳纳米管、晶须、石墨烯)的分散及胶态成型又涉及胶体化学;陶瓷致密化烧结过程则涉及高温物理化学、动力学和热力学,而陶瓷材料研磨抛光则涉及机械学和摩擦学。因此,陶瓷制备不是单一的技术科学,而是多学科交叉、不同学科和专业知识的集成。

陶瓷制备技术与金属及高分子材料制备有很大差别,其基本工艺技术主要有高纯超细(纳米或亚微米级)陶瓷粉体的化学合成、陶瓷化学成分的精密调控与粉末分散技术、均匀显微结构的陶瓷坯体成型技术、陶瓷的先进烧结技术及陶瓷零部件的精密加工及后处理技术等。以上各项工艺技术密切相关、环环相扣。例如,粉体中的团聚体、杂质及分散不均匀性导致烧结后在陶瓷内部产生缺陷;成型过程中隐含的不均匀性或烧结工艺不当也都会形成缺陷,直接影响陶瓷性能[1]。因此,高性能陶瓷粉末合成、均匀分散、成型技术和先进的烧结技术一直是科学家关注研究的重点。通过深入理解和解决陶瓷制备技术中的关键科学问题,实现陶瓷显微结构的调控和材料性能的裁剪,同时降低制造成本,获得所需要的性能优异的高可靠性陶瓷材料。主要研究工作包括以下方面:

(1) 陶瓷粉末制备技术研究。陶瓷粉末的特性,如纯度、粒径大小及分布、比表面积、烧结活性和团聚度等,对陶瓷成型和烧结都有直接影响,特别是对陶瓷最终显微结构和性能有重要作用。陶瓷粉末制备主要采用固相反应法、液相反应法和气相反应法,但重点是液相反应法和固相反应法。固相反应法是以固态物质为原料制备超细粉体,如高温固相反应法、碳热还原反应法、盐类热分解法和自蔓延燃烧合成法等,特点是便于批量化生产、成本低,但存在杂质较多、烧结活性和晶粒细度不易控制等问题。液相反应法包括化学沉淀法、溶胶-凝胶法、醇盐水解法和水热法等,特点在于便于控制化学组成,元素可在原子分子尺度上均匀混合,便于制备亚微米级和纳米级陶瓷粉末,且纯度高、烧结活性好,特别适合各种单一氧化物或复合氧化物粉末的合成,因此是陶瓷粉末制备研究的重点。目前存在的关键问题是粉末易团聚,特别是硬团聚,在后续成型与烧结过程中难以消除,从而产生缺陷并影响陶瓷材料的微观结构与性能。

(2) 陶瓷成型技术研究。成型是为了得到内部均匀且密度较高的陶瓷坯体,是陶瓷制备工艺中的重要环节。陶瓷成型技术在很大程度上决定了坯体均匀性和制备复杂形状部件的能力,并直接影响材料的可靠性和陶瓷部件的制造成本。

成型技术主要可以归纳为以下四类:①干法成型,如干压成型和冷等静压成型;②黏塑性成型,如挤压成型、注射成型、热压铸成型;③浆料成型,如注浆成型、流延成型、凝胶注模成型[2]、直接凝固注模成型[3];④3D打印成型。重点关注以均匀致密和缺陷少的陶瓷坯体来制备形状复杂陶瓷部件的先进成型技术的研究,如胶态原位固化成型新工艺、精密注射成型和无需模具的光固化 3D 打印成型。通过创新原位固化机理、优化与控制成型过程,有效控制和消除陶瓷坯件成型过程中的应力与各种缺陷。

(3) 陶瓷烧结技术研究。陶瓷烧结是制备高性能陶瓷最重要和关键的一步,涉及温度、气氛和压力等因素及其调控,由此发展了目前常用的常压烧结、真空烧结、反应烧结、气氛烧结及热压烧结等各种压力烧结技术。特别需要关注的重点是近年发展的一些采用特殊加热原理实现纳米晶结构的陶瓷快速烧结新方法和新技术,如放电等离子烧结[4]、超重力燃烧合成[5]、两步烧结[6]、闪烁烧结[7]和振荡压力烧结[8]等新技术。

经典的陶瓷烧结驱动力是粉末系统表面能的减小,烧结过程由低能量晶界取代高能量晶粒表面和坯体体积收缩引起总界面面积减小;坯体致密化烧结机理包括蒸发-凝聚、晶格扩散、晶界扩散和黏滞流动等传质方式。采用电场或力场等外场与热场结合发展新的烧结技术,导致致密化烧结过程中还会产生晶粒滑移、重排、塑性流动等新机制,其烧结原理与传统烧结原理不尽相同。因此,研究新的烧结技术和原理及其对显微结构和性能的影响是当前的重点,同时应尽快将烧结新技术转化为实际应用。

(4) 陶瓷精密加工技术研究。目前,工程应用对陶瓷零部件的尺寸精度和表面光洁度要求越来越高,许多情况下需要达到超镜面或表面加工无缺陷。现有陶瓷精密加工技术中应用最多的还是机械加工,如磨削、研磨和抛光加工等。但是一些新的加工技术也在快速发展,如化学加工、激光加工和超声波加工等技术也得到了应用,研究和发展新的精密加工技术是高性能陶瓷制备技术科学的重要方向之一[9]。

(5) 陶瓷材料显微结构调控技术研究。陶瓷材料由离子键和共价键构成,材料一经制成,就难以通过变形来改善其显微结构、消除缺陷,特别是其中的孔洞、微裂纹和团聚体等。同时,陶瓷力学性能的结构敏感性比金属和合金强得多,因此陶瓷材料受力时易产生突发性脆断。为此,在陶瓷制备的全过程中控制缺陷产生至关重要,因为粉末的团聚体成型过程中产生应力、裂纹和孔洞,以及烧结过程中未能排除的晶界气孔都可能最终影响陶瓷材料的显微结构及其性能。因此,陶瓷制备过程中陶瓷材料显微结构和性能与制备工艺内在关联性研究具有重要的理论意义和应用价值,包括从粉末到成型、烧结阶段缺陷的形成、遗传和消除的原因与机理。

(6) 陶瓷材料强韧化技术研究。超高强度及高韧性(准塑性)陶瓷材料的组成、结构设计及制备技术是当前陶瓷材料的一个重要研究方向。这项研究通过晶相、晶界和微观结构的设计与调控,采用多层级增韧的材料设计与复合制备技术,制备出无气孔纳米晶或亚微米晶陶瓷材料与部件,获得超高强度或准塑性,分析陶瓷强韧化机理,揭示超高强度高韧性陶瓷与组成(化学组成、晶相组成)、结构(晶粒、晶界、缺陷)和制备技术的内在关联性。

11.1.2　薄膜材料

与陶瓷制备不同,在薄膜材料制备过程中,向衬底转移的物质基本上处于原子、分子或原子团簇层次,并经历成核、扩散迁移和晶粒长大等微观过程。因此,薄膜制备技术科学的研究范围主要包括以下方面:

(1) 薄膜制备方法研究。这类研究主要实现物质向衬底的转移。根据物质转移过程的不同,薄膜制备方法大致可分为物理气相沉积(physical vapor deposition, PVD)、化学气相沉积(chemical vapor deposition,CVD)及软化学沉积等,虽然薄膜制备方法已经基本成熟,但根据不同材料制备的要求和应用对材料的需求,薄膜制备方法仍在不断发展。

(2)薄膜制备过程中组织结构演化动力学研究。在薄膜制备过程中,成核、扩散迁移和晶粒长大等微观过程对薄膜组分、结构和性能都起着决定性作用,成为薄膜制备的主要研究内容。早期研究多处于经验层面,通过建立工艺参数与薄膜微观结构的关系,反推薄膜制备过程中的组织结构演化动力学行为。随着研究工作的深入和研究方法的不断发展,逐渐向理论模拟和原位监控等更高层次发展,为控制薄膜微观结构及其性能奠定了基础。

(3)界面特性控制研究。通常情况下,薄膜都要附着在特定衬底表面。对于单一薄膜材料,衬底表面状态直接影响薄膜微观结构和性能,以第二代高温超导带材制备为例[10],由于 Ni-W 金属薄带与钇钡铜氧之间存在严重的晶格失配、热应力失配和互扩散等问题,严重影响所制备钇钡铜氧薄膜的超导转变性能,降低所制薄膜的电流承载能力。为此,必须引入缓冲层并控制其界面特性。随薄膜材料应用领域的不断扩大,材料形态从单一薄膜材料向多层膜、异质结和超晶格等复杂形态发展,不仅界面特性更加复杂,而且界面对薄膜性能的影响也越来越大,界面特性控制成为薄膜制备技术科学的重要研究内容。

11.2　科学意义与国家战略需求

材料科学是关于材料制备工艺、组织结构、基本性质及其使役性能关系的学科,制备技术是材料科学与工程的重要组成部分。无机非金属材料种类繁多、性质丰富、结构复杂,制备技术更是其研究重点。从科学角度来看,材料制备过程中的微观组织演化过程决定其使用效能,通过材料制备技术研究,认清制备过程的微观机制,才能有效控制材料性能,为其应用提供科学依据。从技术角度来看,材料研究水平的提升大多是由制备技术推动的,正是由于分子束外延(MBE)技术和金属有机化学气相沉积(MOCVD)技术的发展,才有可能制备半导体超晶格、量子阱、量子级联等材料,从而诞生了光电子产业和光通信产业。因此,制备技术不仅是材料科学与工程研究的基本内容,也是推动科学技术和社会发展的重要因素。

从国家战略需求来看,陶瓷制备技术决定了一个国家先进陶瓷材料的发展水平和陶瓷部件的核心制造能力,直接影响航空航天、国防军工、机械化工、生物医疗、电子信息和核电等国家重大战略工程的实施。例如,在无润滑状态下高速运转的液氢液氧火箭涡轮泵用氮化硅陶瓷轴承,要求强度高、韧性好、耐磨损和寿命长,对其表面加工精度要求特别高;激光武器所用大尺寸大功率 Nd：YAG 激光透明陶瓷及导弹天线罩用的透波陶瓷制备技术;核电站主泵用的大尺寸陶瓷密封环制备技术,特别是用于地球卫星拍摄地面目标的碳化硅陶瓷反射镜,除要求高弹性模量、低热膨胀系数和轻量化外,还要求高精度超镜面和大尺寸(直径 1m 至数米),对陶瓷材料的成型、烧结和加工技术都是重大挑战;在微电子工业中使用的微型陶瓷劈刀,其内孔径只有 $30\mu m$;光通信中的光纤连接器陶瓷插芯,其内孔径为 $125\mu m$,并要求极高的表面光洁度、尺寸精度及同心度。因此,世界上发达国家高度重视先进陶瓷材料制备技术,从 2000 年开始,美国自然科学基金会、美国国家能源部与美国陶瓷协会联合资助并实施了为期 20 年的美国先进陶瓷发展计划,将基础研究、技术开发和产品应用环节有机结合起来,共同推进先进陶瓷材料制备技术的发展,包括用于国防的激光透明陶瓷材料和导弹用透波陶瓷材料的制备技术。欧盟第六次框架计划广泛支持多领域课题研究,包括专门用于高性能陶瓷及其陶瓷复合材料的先进制备技术,特别是法国、英国和德国,以航空航天应用为背景加强陶瓷基复合材料和超高温陶瓷材料的制备技术研究。德国已开发出可以连续烧结大型致密高温陶瓷部件的脉冲电流烧结技术与装备。在先进陶瓷制备技术方面具有优势的日本更是组织国立研究机构、大学及一些世界 500 强企业(如日本京瓷公司),加大力度发展陶瓷制备新技术和新工艺。研究内容之一就是下一代耐热结构陶瓷材料的制备技术,要求在 1500℃高温下能承受 1400MPa 的压力,以满足飞机和汽车耐热零部件的要求,而所有这些需求都与陶瓷制备技术的发展密切相关。

与陶瓷一样,薄膜制备技术也是确保国家重大战略自主可控实施的关键。当前,我国绝大部分领域都已具备参与国际竞争的技术实力,但航空发动机、高端集成电路等少数技术领域仍与国际水平有很大差距。在这些领域,薄膜制备技术都有着重要作用。以航空发动机为例,其工作环境非常恶劣,为减小涡轮叶片的烧蚀,需在涡轮叶片表面沉积一层无机非金属热障涂层[11],要耐受极强的高低温热循环冲击,除保证工作温度足够高外,还要有合适的热应力释放机制,以免巨大的热应力使热障涂层脱落失效。因此,除筛选合适的材料体系外,最重要的还是研究其制备技术。同样,在当今社会,信息安全是国家安全的基础,除系统软件外,我国最大的信息安全隐患就是集成电路。我国集成电路产业起步晚,与国际先进水平差距大,为确保我国集成电路技术的可持续发展,必须根据集成电路的技术发展趋势,提前布局未来可能的技术路线。其中,多功能集成将是我国面临的新机遇[12],中短期内可缩小与国外的技术差距;二维材料也是未来集成电路最可行的技术路线,并成为无机非金属材料的前沿研究热点[13,14];拓扑绝缘体将为量子信息处理提供新的技术平台,将为我国集成电路可持续发展提供新契机[15,16],而所有这些技术方向的发展都与薄膜制备技术密切相关。

11.3　研究现状、存在问题与发展趋势分析

11.3.1　陶瓷制备技术

我国的先进陶瓷制备技术研究开始于 20 世纪 70 年代,特别是在"七五"和"八五"期间,以高效发动机和燃气轮机中高温陶瓷关键零部件为导向,开展了陶瓷材料组成设计、晶界工程、复杂形状陶瓷部件压滤成型和注射成型等先进成型工艺,以及气压烧结、热压烧结、热等静压等先进烧结技术的研究,为我国先进陶瓷材料研究与发展培育了人才队伍,奠定了技术基础。此后,我国在先进陶瓷材料制备技术,包括高纯陶瓷粉末合成、先进成型工艺、各种烧结新技术等方面都取得快速发展。目前,我国从事先进陶瓷及陶瓷复合材料研发的高等院校和科研院所已达100 多家,涵盖了高性能结构陶瓷、功能陶瓷、生物陶瓷、陶瓷基复合材料及其原材料制备技术科学,涉及超细陶瓷粉末(亚微米和纳米级)的合成技术、粉末的掺杂及分散复合技术、先进成型技术和快速烧结技术等;某些技术成果已达到或接近国际先进水平,在国际上发表了一批有影响力的高水平论文,受邀作重要国际会议的邀请报告,国际地位和影响力不断提升。

在陶瓷粉体制备方面,通过湿化学法(化学共沉淀法和水热法等)成功制备出用途广泛的钛酸钡系列纳米电子陶瓷粉末,稀土掺杂氧化锆的结构陶瓷与生物陶瓷系列氧化锆纳米粉末,粉末粒径为 20~30nm,粉末质量达到或接近日本与美国水平,并已形成一定规模的生产。发展出了非水解溶胶-凝胶法,不经过金属醇盐水解形成 MOH 的过程,直接由前驱体缩聚为金属桥氧键 M—O—M,不仅简化了工艺,显著降低了材料的合成温度(从 1300℃降至 700℃),而且从根本上消除了以水为溶剂由表面张力和介电常数大造成的团聚、组分易偏析等问题,已在莫来石和钛酸铝粉体制备上获得很好应用[17]。

在陶瓷成型新技术方面,因为陶瓷净尺寸胶态成型技术可有效消除团聚,获得高均匀性的陶瓷素坯和复杂形状陶瓷部件而在我国发展较快,包括多种固化原理的凝胶注模成型、胶态注射成型等技术。这些技术已成功应用于涡轮叶片、透明透波陶瓷、小尺寸陶瓷插芯和大尺寸曲面太空反射镜陶瓷坯体的成型,制备出可用于太空远程拍摄的曲面反射镜陶瓷结构件等。此外,我国学者提出的场辅助胶态成型技术已应用于透明氧化铝陶瓷的制备,通过磁场作用使氧化铝分子按照光轴取向,显著提高了透光性和透明度[18]。近几年,国内多家大学和研究单位都开展了3D 打印成型设备、打印材料制备、打印成型工艺技术研究,并开展了生物陶瓷和复杂形状精密零部件的制备探索。以陶瓷浆料光固化成型技术为代表的陶瓷 3D 成型快速发展,由 3D 打印成型技术制备的氧化铝陶瓷的四点抗弯强度已经达

到 400MPa。

陶瓷烧结新技术和新理论也不断发展,除放电等离子快速烧结技术外,最新成果主要有两步烧结法、闪烁烧结、振荡压力烧结等新技术。两步烧结法由美国宾夕法尼亚大学和我国清华大学合作研究提出[6,19],通过合理地选择与调控 T_1 和 T_2 两段温度点,可有效促进陶瓷致密化而不发生晶粒尺寸明显生长,已成功用于氧化钇和钛酸钡等纳米晶陶瓷的制备;闪烁烧结是由美国科罗拉多大学提出的[20],属于场辅助烧结方法,指试样在一定温度和临界电场下实现材料的低温极速烧结,烧结时间一般是几秒,已成功应用于 ZrO_2(3Y-TZP 和 8Y-TZP)、ZrO_2/SiC_w 等陶瓷的快速烧结。清华大学在国际上率先探索振荡压力烧结新技术,研制开发出振幅和频率可调的振荡压力烧结设备和技术,采用这种技术制备的钇稳定氧化锆陶瓷(3Y-TZP)密度接近理论密度,晶粒更细小均匀,团聚等缺陷显著减少,普通商业氧化锆材料抗弯强度达 1600MPa,与常压烧结比较强度提高近一倍[21]。

在陶瓷基复合材料制备技术方面,广泛用于航空航天的陶瓷基复合材料,如连续碳纤维增强碳化硅(C_f/SiC)取得重要进展。以西北工业大学、中国科学院上海硅酸盐研究所、国防科技大学为代表,通过化学气相渗透(chemical vapor infiltration,CVI)法、有机前驱体浸渍-裂解(precursor infiltration pyrolysis,PIP)法、反应性熔体浸透(reactive melt infiltration,RMI)法的技术创新,并设计与优化组成和界面,获得了耐高温、抗氧化和耐腐蚀的复合材料,成功应用于新一代航天飞行器防护材料和热结构部件,如空间发动机喷管、喷气式飞机的尾椎、火箭引擎推力燃烧室,以及航天飞行器涡轮罩、尾气引导叶片和汽轮机盘叶片等。

总体而言,美国、欧洲和日本等发达国家及地区在陶瓷材料制备技术方面的研究深度和工程化实际应用方面仍保持着竞争优势,特别是在陶瓷材料制备新工艺、新技术、新方法、新理论方面发挥着引领作用。近二十年来,我国陶瓷材料制备技术有长足进步,拥有众多研究单位和庞大的研究群体,研究活动几乎涵盖所有先进陶瓷材料及其制备技术,但不少关键制备技术与发达国家相比仍有一定差距,在制备技术的应用工艺和理论研究深度上明显不够,对核心技术和关键科学问题的理解也有差距,特别是在高性能陶瓷粉末制备、航空航天用大尺寸陶瓷结构件的成型与烧结、微电子工业用微型陶瓷零部件的制备与精密超镜面加工、电子陶瓷小型化薄型化的高性能稳定化制备及从实验室到规模化批量制造的关键工艺技术这些方面均明显落后。我国所制备陶瓷材料性能不如先进发达国家,许多涉及重大工程和尖端技术应用的陶瓷零部件与结构件的稳定批量制造还有困难,有些甚至还依赖进口;同时,制备技术落后,实际制备的陶瓷材料性能与其理论值相差大,例如,氧化铝、氧化锆、氮化硅和碳化硅材料的理论断裂强度为 20～40GPa,但实际陶瓷材料的抗弯强度为 0.4～1.2GPa[22]。总之,与日本、美国和欧洲发达国家及地区相比,在前端的初始粉体原料制备和后端的高质量陶瓷批量化制造方面,我国陶瓷

材料制备技术科学都存在突出的差距,存在如下问题:

(1)超细陶瓷粉末(纳米和亚微米级)的性能。虽然多种结构陶瓷和功能陶瓷的纳米和亚微米陶瓷粉末都能制备,但粉末的性能(如粒径及分布、比表面积和烧结活性等)不尽如人意,粉末团聚现象依然存在,特别是一些硬团聚体在后续的研磨过程中很难消除,这些团聚体内颗粒在烧结过程中难以正常扩散传质与致密化收缩,从而形成孔洞缺陷聚集体,严重影响材料的性能。

(2)陶瓷材料的掺杂及复合分散不均匀。功能陶瓷(如电子陶瓷、传感器陶瓷)掺杂,即将微量添加物以原子或分子形态掺入晶格中是提高功能的常用方法,如何控制掺杂物的均匀分布仍然面临许多困难;在结构陶瓷增韧技术中,需将高性能的晶须、碳纳米管、石墨烯等增韧相添加到氧化铝和氮化硅等陶瓷基体中,还难以达到高度均匀分散,导致增韧效果大受影响。

(3)超大尺寸和微小尺寸陶瓷部件的成型与烧结加工能力欠缺。我国基本可以满足对常规尺寸先进陶瓷零部件的成型烧结与精加工要求,但是在制备重大工程中所需超大尺寸大型陶瓷结构件时还存在技术瓶颈,例如,航天工业火箭动力燃烧系统使用的高温陶瓷尾喷管和太空对地观测所使用的碳化硅陶瓷反射镜等;对于微电子工业中需要的一些微小尺寸陶瓷精密零部件的制备技术,如电子封装中使用的圆锥形陶瓷劈刀等,尚未突破。

(4)小型化电子陶瓷材料的稳定化制备技术问题有待解决。电子元器件的小型化、薄型化及高性能化发展,对电子陶瓷材料和产品提出越来越高的要求,特别是稳定性要求很高,涉及陶瓷粉末表面改性和浆料的均匀分散、超薄化的流延成型和小尺寸精密注射成型等技术,还有许多问题有待解决。

(5)陶瓷制备新工艺新技术的原始创新少。尽管我国陶瓷制备技术有一定创新,但大多还是跟踪国外技术,缺少对前沿制备技术的持续探索和深入研究,特别是高端陶瓷材料和零部件的制备技术明显落后,原因在于陶瓷粉末性能及处理技术较差,批量化成型与烧结的精准与稳定控制技术不够完善,从粉末分散处理技术到成型烧结装备不够先进。

(6)陶瓷制备新技术转化为实际应用的过程迟缓。许多陶瓷材料制备技术仍然停留在实验室,研究工作与生产及最终产品制备技术脱节较严重,导致产品可靠性和重复性差;许多陶瓷制备技术的工程化应用严重滞后,不能很好地过渡到规模化稳定化生产阶段。

虽然存在不少问题,但只要紧密结合国家战略需求,瞄准国际研究热点,持续投入人力、物力,在 5～10 年内,这些问题都是可能解决的。

近年来,国际上陶瓷材料制备技术科学的研究热点主要聚焦在以下方面:

(1)高纯无团聚纳米及亚微米陶瓷粉体的软化学法制备及分散技术。这项技术包括化学共沉淀法、水热或水解法、溶胶-凝胶法和低温界面反应法等,涉及的材料包括氧化物陶瓷纳米粉末(如 Al_2O_3、ZrO_2、$BaTiO_3$)、透明及激光陶瓷粉末(如 $Nd：YAG$、$MgAl_2O_4$、$AlON$)、非氧化物高温及超高温陶瓷粉末(如 Si_3N_4、SiC、ZrB_2、HfB_2),其关键是解决合成过程中粉末的团聚,获得分散性好、烧结活性高的纳米或亚微米粉末。

(2)块体陶瓷材料增韧制备技术。针对陶瓷材料脆性问题,发展多层级的各种增韧技术,包括纳米颗粒、碳纳米管、SiC晶须、各种高强度陶瓷纤维与陶瓷基体复合技术,以及仿生高韧性陶瓷制备技术。例如,法国研究者将单壁碳纳米管(SWNT)分散在 Al_2O_3 陶瓷基体中[23],使其断裂韧性达到 $9.7MPa \cdot m^{1/2}$(纯 Al_2O_3 陶瓷断裂韧性为 $3.7MPa \cdot m^{1/2}$)。

(3)缺陷控制与高强度高可靠性陶瓷制备技术。目前,陶瓷材料的抗弯强度通常只有 $0.4～1.2GPa$,远低于其理论断裂强度($20～40GPa$),主要原因就是材料在制备过程中容易引入气孔、团聚、杂质和微裂纹等各种缺陷,陶瓷材料对缺陷高度敏感,导致陶瓷强度显著下降。英国科学家发现,通过控制材料缺陷,亚微米晶 Al_2O_3 致密陶瓷的抗弯强度可达到 $4GPa$,这表明目前陶瓷材料强度具有极大的提升空间。

(4)陶瓷材料的增塑及其制备技术。随着纳米晶陶瓷材料的发展,许多具有纳米晶的陶瓷材料在高温下显示出塑性甚至超塑性,包括 ZrO_2、SiC、Si_3N_4/SiC。例如,日本学者报道 Al_2O_3-$MgAl_2O_4$-ZrO_2 复相陶瓷在高温下显示出优异的超塑性,拉伸长度可达 1050%;瑞典学者制备出在 $700℃$ 下($0.31T_m$)具有超塑性的纳米 MgO 陶瓷。如果在室温下具有塑性形变的陶瓷材料取得突破,将是陶瓷材料科学技术史上的一次颠覆性革命。

(5)外场与热场耦合的新型快速烧结技术。传统烧结技术仅依赖热场效应和陶瓷粉末表面自由能下降的驱动力,因而烧成时间长、晶粒生长大,很难获得具有纳米结构的高性能陶瓷材料。近年来,电场与热场结合的烧结技术(如放电等离子烧结和闪烁烧结)以及波动力场与热场结合的烧结技术(如振荡压力烧结)显示出快速加热和抑制晶粒生长的独特优势,已成为纳米晶陶瓷材料制备的有效方法,在此基础上,其他各种外场与热场结合的烧结技术仍有待开发。

(6)功能陶瓷薄型化小型化稳定化制备技术。随着电子元器件的小型化薄型化发展,要求功能陶瓷和电子陶瓷部件越来越小,但是性能参数要求稳定,这就要求精确的化学组成和材料微观结构的控制,取决于制备技术和装备的精密可控。

(7)场辅助胶态成型与 3D 打印成型技术。通过外场作用有助于陶瓷悬浮体的原位固化和显微结构的调整,制备出高性能陶瓷材料与部件;通过陶瓷浆料光固化原理发展高精度 3D 打印,可望制备出不受维度和空间形状限制的陶瓷零部件。

11.3.2　薄膜制备技术

得益于过去 30 多年的基础研究,我国在力学和防护领域的无机非金属薄膜制备技术已基本成熟,各种装饰性镀层已开始采用 TiN、TaN 等耐磨、耐腐蚀的无机非金属薄膜,超硬薄膜已在我国精密切削刀具中起到关键作用;在电子信息技术领域,无机非金属薄膜制备技术科学也取得了长足进展,GaAs 异质结、超晶格和量子级联材料的制备已达到国际先进水平,宽禁带 GaN 薄膜及异质结材料的制备也取得了重大进展,基本满足 GaN 高频功率器件及 GaN 发光器件的材料需求,并形成国际最大规模的半导体照明产业;根据薄膜太阳能电池发展的需要,无机非金属光电转换薄膜制备也取得了很大成绩,以 CuInGaSe、CdTe、非晶硅为代表的薄膜太阳能电池及染料敏化太阳能电池都已进入产业中试;我国的高温超导薄膜制备也达到国际先进水平,大面积高温超导薄膜形成小批量生产能力,保障了高温超导微波电路及其设备研制对材料的需求,第二代高温超导带材制备的关键技术已获突破,建成了多个研发和制造基地;围绕航空发动机及燃气轮机的研制,我国在热障涂层体系设计、界面特性控制、服役过程中材料特性变化等都取得了重大进步,部分成果已实现产业化,成为我航空发动机叶片的标准配置;在建筑节能的巨大需求牵引下,我国的无机非金属透明导电薄膜制备技术已经成熟,形成了 Low-E 玻璃产业,还形成了支撑薄膜太阳能电池和平板显示器等产业的技术。

我国无机非金属薄膜制备技术科学薄弱环节,表现在研究层面偏重基础的效应研究,对应用关注不够,研究成果转化难;同时,对技术发展趋势的预判能力偏弱,跟踪研究多,核心工艺受国外专利制约;在管理层面缺乏顶层设计及统筹安排,研究工作分散,成果集成难,核心原材料和部分关键设备长期依赖进口,受制于人,且难有竞争力。

未来 5～10 年,无机非金属薄膜制备技术科学呈现以下发展态势:

(1)无机非金属薄膜向特种应用领域拓展和延伸,对制备技术科学提出了新的要求。长期以来,集成电路不断缩小晶体管特征尺寸得到发展,而特征尺寸的缩小已近极限。当前集成电路发展方向之一是一体化集成更多功能,采用集成电路的设计思路和制造技术,将射频电路、高压电路、无源网络、生物芯片和传感器等与信号处理电路集成,实现多功能化,并超越摩尔定律[12]。未来体材料越来越难以满足要求,无机非金属薄膜与半导体的集成起关键作用,其工艺兼容性成为制备技术需要解决的主要问题。

除多功能集成外,柔性电子技术也获得了迅速发展,应用范围逐渐扩大,柔性显示器件和柔性太阳能电池已取得突破,可穿戴电子产品正稳步推进。在塑料等柔性衬底上制备高性能无机非金属薄膜是柔性电子器件发展的关键,塑料承受高温处理的能力差,因此无机非金属薄膜低温制备就成为柔性电子器件研制的核心技术。

近年来,结构功能一体化成为重要发展趋势,并从复合材料向其他领域延伸。随着航空发动机、燃气轮机性能的不断提高,高温合金部件的运行越来越趋于极限,对高温合金部件服役过程中特性变化的在线监测和评估需求更加迫切,将具有传感功能的无机非金属材料以薄膜形式沉积到金属结构件表面,并研制成相应的传感器,使金属结构件具有感知外界环境及自身状态的能力是可行的方案[24]。由于航空发动机、燃气轮机的工作环境非常恶劣,且高温合金与无机非金属材料性质差异大,在高温合金表面制备无机非金属薄膜方面面临巨大的技术困难。

(2)新兴无机非金属材料不断涌现,对薄膜生长过程的控制提出了新的挑战。近年来,一系列新兴无机非金属材料不断涌现,并成为研究热点,如与薄膜相关的有二维材料[13,14]和拓扑绝缘体[15,16]。二维材料是指单原子层或单分子层厚度的薄膜,具有真正的二维结晶学原胞。继石墨烯之后,大量二维材料不断涌现,其共同特征是母体材料的层间为范德瓦耳斯力,结合较弱,目前可通过机械剥离法从单晶母体材料中制备出单原子层或单分子层厚度的薄膜。其中,二维化合物材料以六方氮化硼和过渡金属二硫族化合物为代表,这类材料有可能成为后硅时代集成电路的重要材料基础;同时可通过"范德瓦耳斯外延"实现不同二维材料的异质集成,有可能观察到一些新奇的物理效应,并发展新概念器件[25,26]。器件研制要求实现高质量晶圆级二维材料的可控制备,这就需要采用薄膜技术制备出单分子层厚度的连续单晶薄膜,这是薄膜制备从未面临的科学难题和技术挑战。

(3)无机非金属薄膜微观结构的精细控制成为制备技术科学的关注重点。伴随着太阳能电池的研究热潮,基于量子点的激子太阳能电池正成为重要方向,量子点的制备控制成为研究重点。而基于失配应力模式所制备的量子点缺陷密度高,效率与寿命将成为量子点器件所面临的主要难题,为此,有必要发展出无应力模式下量子点的制备新技术。

随着 GaAs 半导体激光器、太赫兹源、红外探测器的成功和产业化推进,人们开始发展基于 GaN 的量子阱和量子级联材料。由于 GaN 的制备温度高,GaN 量子阱和量子级联材料的界面特性控制仍有待解决。

拓扑绝缘体是近十年来物理学的重要发现之一,它具有独特的能带结构和新颖的物理性质,承载着人们对量子信息的重托,人们开始关注其应用。拓扑绝缘体的许多新奇性质与其边沿态或表面态有关。从器件角度来看,对 3D 拓扑绝缘体表面态的电场调控难以实现,异质结或超晶格将成为拓扑绝缘体器件研制的主要材料形式,这就必然涉及拓扑绝缘体异质结界面的电子能带特性。与常规半导体异质结不同,3D 拓扑绝缘体的表面能带与体能带存在巨大差异,拓扑绝缘体异质结界面的电子能带有可能具有特殊性,而拓扑绝缘体的许多新奇性质都与其特殊的表面能带密切相关,因此,拓扑绝缘体异质结界面能带特性的有效调控是其器件研制的关键[27,28]。最终需要从制备角度实现其界面能带的有效控制。将表面能带测量手段(如角分辨光电子能谱,angle resolved photoemission spectroscopy,

ARPES)引入拓扑绝缘体薄膜制备,就可实现拓扑绝缘体异质结界面能带特性的原位监控,从而为拓扑绝缘体异质结界面能带控制提供试验技术支持。

(4)薄膜制备方法仍在不断进步和发展。薄膜制备方法仍在不断发展,各种制备技术相互交叉融合,例如,脉冲磁控溅射兼具脉冲激光沉积与磁控溅射的优点。一些新技术也引入薄膜制备工艺中,例如,针对无机非金属与半导体集成的需求,人们将离子束剥离转移技术引入无机非金属薄膜制备中,并成为解决大失配体系高质量异质外延薄膜制备的重要技术。

近年来,除传统物理气相沉积(PVD)及化学气相沉积(CVD)外,为满足柔性显示屏及太阳能电池低成本制造的技术要求,薄膜软化学制备受到人们重视,并取得了良好进展。韩国电子技术研究院通过深紫外光辐照,极大地改善了溶胶-凝胶法制备薄膜的性能,成功地在塑料表面制备出高迁移率的 InGaZnO 薄膜,演示了该方法在薄膜场效应晶体管及其集成电路制备中的潜力[29]。针对低成本薄膜太阳能电池的技术需求,美国沃森研究中心选择了资源丰富的 CuZnSnS 体系作为太阳能吸收材料探索软化学制备技术,通过纳米颗粒浆料与溶液前驱体复合,成功地将 CuZnSnS 薄膜太阳能电池的能量转换效率提高到 10% 的水平[30]。随着有机-无机杂化钙钛矿薄膜太阳能吸收材料的崛起,软化学方法更成为主要技术手段,美国华盛顿大学采用软化学方法制备了 Cu 掺杂的 NiO_x 空穴传输层薄膜,并应用于钙钛矿结构 $CH_3NH_3Pb(I_{1-x}Br_x)_3$ 薄膜太阳能电池的研制,其能量转换效率超过了 15%[31]。预期在柔性电子产品低成本制造的需求驱动下,软化学方法将成为无机非金属薄膜制备的重要手段之一。

(5)基于薄膜技术的高通量制备逐渐成为新材料探索的有效研究方法。近年来,人们提出了材料基因组概念(详见第 10 章),即融合材料高通量计算及高通量试验,改变传统试错法的多次顺序迭代试验方法,建立起以计算设计为指导,以高通量并行迭代试验为手段,形成数据驱动的材料研发新理念、新方法和新技术。其中,高通量试验起着承上启下的作用,既能验证高通量计算的结果,充实材料数据库,又直接面向应用需求。高通量试验包括高通量表征和高通量制备。前者需要通过多种技术方法实现材料特性的快速表征,例如,采用同步辐射光源技术可以实现材料组成、微观结构的快速表征;采用纳米压痕技术可以实现材料力学性能的快速表征;采用微波探针、微尺度四探针等技术可以实现材料电学性能的快速表征;采用扫描微束分光光度计、超快紫外光激发电荷探针可以实现材料光学性能的快速表征。后者也需要发展一系列技术方法[32,33],如分立模板镀膜技术、连续相图模板镀膜技术、喷射合成技术、多元体材料扩散技术和微机电结构技术等。

虽然材料基因组技术刚刚起步,但已获得许多成功,随着材料计算能力的提高和高通量试验技术的完善,材料基因组的发展空间将更加广阔,由于组分调控灵活,基于薄膜技术的高通量制备将成为重要方法,并在未来的材料研究中占据重要地位。

11.4　发 展 目 标

　　陶瓷材料制备技术的发展目标是:发展高性能陶瓷粉末的制备与处理技术,以达到均匀分散并消除团聚,实现粉末的物理特性、化学特性及烧结活性可调控,减少材料的缺陷浓度和缺陷尺寸;发展陶瓷材料的高度分散与复合技术,实现低维纳米材料与陶瓷基体的均匀分散,烧结制备出结构均匀致密的复相陶瓷,显著提高陶瓷断裂韧性;完善完全致密无气孔细晶陶瓷材料和零部件的成型与烧结技术以及晶粒尺寸和晶界强度的调控技术,获得超高强度(比现有强度提高一倍)和高可靠性(韦布尔模数大于20)陶瓷材料;重视纳米晶结构的塑性陶瓷材料先进烧结与制备技术,获得在室温或略高于室温度条件下具有小塑性或准塑性的陶瓷材料与零部件;开展高均匀性无缺陷陶瓷材料和零部件的精密成型技术与3D打印制备技术的研究,满足不同尺寸和复杂形状陶瓷部件的可靠制备;继续发展满足现代电子元器件小型化、薄型化、高性能化电子陶瓷材料与零部件需求的粉末分散技术、成型技术、烧结技术及后处理技术,显著降低材料失效性,提高其寿命与可靠性。

　　薄膜制备技术的发展目标是:紧密结合国家发展规划,依托前期研究成果,根据产业的具体要求,发展相关薄膜制备方法,开发相关技术装备,推进成熟薄膜制备技术的产业化转移;将我国无机非金属薄膜制备技术在铁电薄膜、压电薄膜、热释电薄膜的制备及性能调控方面的成果和研究积累,用于满足当前集成电路多功能化的发展需求,如基于压电薄膜电声转换特性实现高频电路与低频信号处理电路的一体化集成;基于传感功能薄膜对物理量和化学量的信号转换特征实现传感器与信号处理电路的一体化集成。做好产业转移,推进成熟技术的产业化转移;针对新需求所面临的问题,发展先进薄膜制备技术和方法,为新产业的发展提供技术支持,例如,发展薄膜软化学制备技术,以应对柔性显示屏技术发展对无机非金属薄膜制备所提出的新技术挑战;开展无机非金属薄膜制备基础研究和技术研发,为新产业的发展提供技术支持;针对新兴材料及前沿热点技术,开展相关薄膜生长机制研究,实现其可控制备,为基础效应及应用研究提供科学支持;在晶圆级石墨烯制备技术已基本解决的基础上[34,35],开展针对以 MoS_2 为代表的化合物二维材料制备研究,重视二维材料层间范德瓦耳斯键的结构特点,加强范德瓦耳斯外延机理研究,发展生长动力学过程控制方法,为晶圆级化合物二维材料的可控制备提供科学支持,掌握生长规律,确保我国科技及产业技术的可持续发展能力。

11.5　未来 5～10 年研究前沿与重大科学问题

11.5.1　陶瓷制备技术

随着纳米陶瓷材料及其先进制备技术的发展,制备超高强度(强度提高一倍)的陶瓷材料和具有高韧性甚至准塑性的陶瓷材料是重要发展方向。针对挑战和机遇,陶瓷制备技术科学研究前沿如下:

(1)高性能陶瓷粉末的湿化学法制备技术,如化学共沉淀法、水解法、水热法、溶胶-凝胶法和液相界面反应法等技术;实现粉末粒径尺度、粒径分布、比表面积和烧结活性的可控;有效控制和消除粉末团聚体,特别是硬团聚;实现高分散、高均匀掺杂,以利于制备功能陶瓷;通过粉体表面改性达到高度分散,以利于后续的成型与致密化烧结。

(2)陶瓷胶态柔性净尺寸成型与 3D 打印成型技术,包括有模具的胶态原位固化成型和无模具的 3D 打印成型。这两类胶态柔性成型技术都涉及低黏度、高固相和无团聚陶瓷悬浮体(或浆料)的调制、均匀固化原理与方法,以及低应力高均匀性陶瓷坯体的制备等。

(3)外场与热场耦合的快速致密化烧结技术,主要是通过外场(包括力场、电场、磁场)与热场的耦合或结合,显著增强粉末颗粒的烧结驱动力,在传统烧结扩散传质基础上引入颗粒滑移、重排和塑性流动等新烧结机理,加速致密化,抑制晶粒生长,制备出高性能纳米晶陶瓷或复相陶瓷材料。目前有热等静压、放电等离子烧结、闪烁烧结、振荡压力烧结等技术。

(4)无缺陷超镜面陶瓷表面加工技术,除达到零部件尺寸精度和表面光洁度要求外,陶瓷精密加工还可以除去表面缺陷,在目前的磨削、研磨和抛光等机加工基础上,需要发展化学法、光学法和激光法等精密陶瓷加工技术。陶瓷材料制备技术发展路线可参看图 11.1。

围绕以上前沿研究方向,需要解决的重大科学技术问题如下:

(1)通过陶瓷内部缺陷(包括气孔、微裂纹、团聚体等)产生和遗传过程的分析,从粉末合成开始,实现成型、烧结等全工艺技术链上的有效调控,切断陶瓷缺陷的发源地和遗传链;采用外场与热场耦合烧结等新技术,有效消除材料内部缺陷,获得近无缺陷的完全致密陶瓷材料,使制备的陶瓷材料和零部件具有优异性能的同时达到高可靠性、高稳定性和高度一致性,满足国家重大工程和关键技术领域对陶瓷材料及结构件的需求。

(2)通过晶相、晶界、微观结构的设计与调控,采用材料高度均匀分散与复合方法,探索先进成型与烧结技术,制备出无气孔纳米晶或亚微米晶的单相或复相超高强度或准塑性陶瓷材料与部件,分析陶瓷强韧化机理,揭示超高强度高韧性陶瓷组成(化学组成、晶相组成)、结构(晶粒、晶界、缺陷)和制备技术的内在关联性。

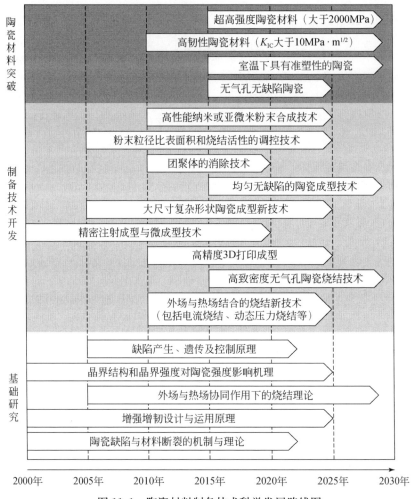

图 11.1　陶瓷材料制备技术科学发展路线图

11.5.2　薄膜制备科学与技术

未来5～10年,无机非金属薄膜制备科学与技术的研究前沿如下:

(1) 晶圆级二维材料生长机制及其微观结构演化过程控制研究。作为一种新的材料形态,二维材料是无机非金属材料的前沿热点。继石墨烯之后,大量二维材料不断涌现。不同二维材料各有优缺点,在不同方面显示其应用价值,例如,石墨烯载流子迁移率高,在模拟电路、高频器件等方面有重要价值;MoS_2有合适的禁带宽度,器件开关比高、亚阈值斜率小,在低功耗数字逻辑电路应用上具有优势。为此,人们关注由不同二维材料构造的范德瓦耳斯异质结[25]。初步研究表明,范德瓦耳斯异质结及超晶格将成为未来器件研发的重要材料形态[26]。

从薄膜制备科学与技术的角度看,对化合物二维材料生长机理的认识在近两年取得了一定进展[36,37],但仍然缺乏广泛认可的晶圆级化合物二维材料制备技术。未来 5～10 年,要不断深入研究范德瓦耳斯外延机制,突破晶圆级化合物二维材料的制备技术,为范德瓦耳斯异质结及超晶格的研究奠定技术基础。

(2)发展基于薄膜技术的材料基因组研究方法。材料基因组技术改变了材料研究方式,是材料研究领域的热点。由于薄膜技术组分调控灵活,有可能成为材料基因组技术具有一定普适性的高通量制备方法。将高通量表征技术引入薄膜制备工艺中,实现薄膜制备过程微观结构、电子能态和材料性质的原位、实时在线监控,可满足对工艺参数的反馈控制需要,解决由材料组分不同所导致的合成工艺参数差异问题,并建立材料组分、结构、性质随温度和时间的演化关系,为材料研究提供完整、丰富的热力学和动力学信息;同时,有利于观察材料合成及相变过程中的亚稳态和中间相,发现新的物理现象,是材料高通量试验的重要发展趋势。未来 5～10 年,与高通量原位在线表征相结合的高通量薄膜制备技术将获得巨大发展空间,并在材料研究中发挥越来越重要的作用。

(3)拓扑绝缘体异质结制备及界面控制研究。拓扑绝缘体的研究和应用引起越来越多的关注。从器件角度来看,理想的载体是拓扑绝缘体异质结的界面电子。界面结构特性必然对异质结界面电子能态产生影响[11,12],选择合适的异质结材料体系后,在制备过程中控制界面结构的特性也至关重要。未来 5～10 年,拓扑绝缘体异质结界面控制将成为薄膜制备研究的前沿之一。

(4)柔性电子器件用无机非金属薄膜的软化学制备研究。近年来,随着可穿戴电子产品、柔性显示屏、柔性薄膜太阳能电池板等新的应用需求,与传统刚性电子器件对应,发展了柔性电子产品。柔性电子器件通常制作在塑料等柔性衬底表面,是典型的薄膜产品,无机非金属薄膜在柔性电子产品中占据重要地位,柔性薄膜并不强调高频、高速和高度集成,而是追求大面积、低成本制造。由于在大面积、低成本方面的天然优势,未来 5～10 年,利用软化学方法制备柔性薄膜将成为无机非金属薄膜制备技术的前沿之一。

(5)与 Si 基电路一体化集成的无机非金属薄膜制备技术研究。无机非金属薄膜与 Si 基电路的集成一直是人们追求的目标,无论高 k 栅介质还是铁电薄膜,都是如此。目前,Si 基集成电路的发展已到关键节点,集成电路的多功能化发展需求空前紧迫,为无机非金属薄膜制备提供了技术需求和机遇。由于在无机非金属薄膜制备科学与技术的深厚积累,为提升我国集成电路整体技术水平提供了良好机会,未来 5～10 年,与 Si 基电路的一体化集成将获得巨大发展空间,体现出无机非金属薄膜制备科学与技术的研究价值。

无机非金属薄膜制备技术科学重要前沿研究方向的发展路线可参看图 11.2。

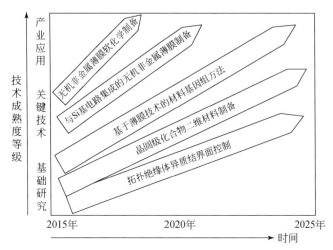

图 11.2　无机非金属薄膜制备技术科学重要前沿研究方向的发展路线图

11.6　未来 5～10 年优先研究方向

围绕前沿热点,考虑共性特点,未来 5～10 年,在无机非金属材料制备科学与技术发展中应优先发展以下几个方向的研究:

(1)高性能陶瓷粉末的湿化学法合成与分散及复合技术研究。通过化学共沉淀法、水热法、非水解溶胶-凝胶法、液相界面反应法等制粉技术研究,实现粉末粒径、尺寸分布、比表面积、烧结活性的有效调控,并辅以粉末化学均匀掺杂、表面改性、高分散无团聚处理,探索纳米相复合的液相法、前驱体法等高度均匀复合技术。

(2)高均匀性无缺陷的陶瓷成型新工艺与原理研究。掌握原位均匀固化胶态成型新工艺,如新型凝胶注模成型、精密注射成型等,探索基于陶瓷浆料光固化原理的高精度 3D 打印成型技术,解决大型复杂形状陶瓷结构件的无变形高均匀性成型制备技术,突破微型陶瓷零部件(细节尺寸在 $100\mu m$ 以内)精密成型技术。

(3)高密度细晶粒的陶瓷快速致密化烧结技术研究与设备研制。深入系统地开展外场与热场耦合快速致密化烧结的研究,如热等静压烧结、放电等离子烧结、两步烧结法、闪烁烧结和振荡压力烧结等新技术研究,探索外场作用下的烧结机理,研究材料显微结构的调控技术,研制新的烧结工艺设备。

(4)超高强度或高韧性(准塑性)陶瓷材料的制备技术研究。通过陶瓷制备全过程的缺陷控制以及晶界结构、晶界强度的调控与优化,制备出亚微米或纳米级无气孔的致密陶瓷,使其强度提高一倍以上;通过多层级增韧的材料设计与复合制备技术研究,大大提升陶瓷断裂韧性;通过纳米和亚微米结构的陶瓷在室温或较低温度下晶界滑移与位错运动的研究,探索准塑性陶瓷的制备技术。

(5)基于薄膜技术的高通量制备及高通量表征研究。结合国家材料基因组计划,发展高通量检测与表征方法,应用于薄膜材料的制备研究,实现薄膜制备过程微观结构、电子能态和性质的原位监测。在此基础上,利用所发展的薄膜制备技术,开展新材料探索研究,为新型功能材料、新能源材料的探索提供技术支撑,也为拓扑绝缘体异质结界面特性控制提供最直接的试验技术手段。

(6)范德瓦耳斯外延机制及其生长动力学过程控制方法研究。以后硅时代的集成电路为背景,结合我国集成电路发展战略,开展范德瓦耳斯外延机理研究,实现晶圆级化合物二维材料及其异质结的可控制备,为我国集成电路可持续发展提供科学支持和技术储备,并在此基础上,结合高通量原位表征技术,探索二维材料异质结和超晶格界面特性控制方法,为新效应、新器件研究提供材料支撑。

(7)无机非金属薄膜制备新技术、新方法研究。结合多功能集成、柔性电子显示、柔性太阳能电池等新产业需求,开展无机非金属薄膜制备研究。其中,多功能集成研究的重点应放在与 Si 基集成电路的工艺兼容性方面;围绕柔性电子器件的大面积、低成本制备需求,研究重点为软化学制备技术科学,兼顾真空沉积技术。

参 考 文 献

[1] Lange F F. Powder processing science and technology for increased reliability. Journal of the American Ceramic Society,1989,72(1):3—15.

[2] Janney M A,Omatete O O. Method for molding ceramic powder using a water-based gelcasting: USA,US 5028362. 1991.

[3] Gauckler L J,Gaule T J. Process of fabrication of ceramic green bodies:Switzerland,02377. 1992.

[4] Shen Z J,Zhao Z,Peng H,et al. Formation of tough interlocking microstructure in silicon nitride ceramics by dynamic ripening. Nature,2002,417(6886):266—269.

[5] Liu G H,Li J T,Chen K X. Review of melt casting of dense ceramics and glasses by high-gravity combustion synthesis. Advances in Applied Ceramics,2013,112(3):109—124.

[6] Chen I W,Wang X H. Sintering dense nanocrystalline ceramics without final-stage grain growth. Nature, 2000,404(6774):168—171.

[7] Cologna M,Rashkova B,Raj R. Flash sintering of nanograin zirconia in <5s at 850℃. Journal of the American Ceramic Society,2010,93(11):3556—3559.

[8] Li S,Xie Z P,Xue W J,et al. Sintering of high-performance silicon nitride ceramics under vibratory pressure. Journal of the American Ceramic Society,2015,98(3):698—701.

[9] 谢志鹏. 结构陶瓷. 北京:清华大学出版社,2011.

[10] Norton D P,Goyal A,Budai J D,et al. Epitaxial YBa$_2$Cu$_3$O$_7$ on biaxially textured nickel(001):An

approach to superconducting tapes with high critical current density. Science,1996,274(5288):
755—757.

[11] Padture N P,Gell M,Jordan E H. Thermal barrier coatings for gas-turbine engine applications. Science,
2002,296(5566):280—284.

[12] Hoefflinger B. ITRS:The international technology roadmap for semiconductors. Chips 2020,2011:
161—174.

[13] Geim A K,Novoselov K S. The rise of graphene. Nature Materials,2007,6(3):183—191.

[14] Radisavljevic B,Radenovic A,Brivio J,et al. Single-layer MoS_2 transistors. Nature Nanotechnology,2011,
6(3):147—150.

[15] Zhang H,Liu C X,Qi X L,et al. Topological insulators in Bi_2Se_3 ,Bi_2Te_3 and Sb_2Te_3 with a single
Dirac cone on the surface. Nature Physics,2009,5(5):438—442.

[16] Chang C Z,Zhang J S,Feng X et al. Experimental observation of the quantum anomalous Hall
effect in a magnetic topological insulator. Science,2013,340(6129):167—170.

[17] Jiang W,Xu X,Chen T,et al. Preparation and chromatic properties of $C@ZrSiO_4$, inclusion
pigment via non-hydrolytic sol-gel method. Dyes and Pigments,2015,114(8):55—59.

[18] Mao X,Wang S,Shimai S,et al. Transparent polycrystalline alumina ceramics with orientated
optical axes. Journal of the American Ceramic Society,2008,91(10):3431—3433.

[19] Wang X H,Chen P L,Chen I W. Two-step sintering of ceramics with constant grain-size,I. Y_2O_3.
Journal of the American Ceramic Society,2010,89(2):431—437.

[20] Raj R,Rehman A. Can die configuration influence field-assisted sintering of oxides in the SPS
process. Journal of the American Ceramic Society,2013,96(12):3697—3700.

[21] Xie Z,Li S,An L. A novel oscillatory pressure-assisted hot pressing for preparation of high-
performance ceramics. Journal of the American Ceramic Society,2014,97(4):1012—1015.

[22] Richerson D W. Modern Ceramic Engineering. New York:Marcel Dekker Inc,1992.

[23] Peigney A. Tougher ceramics with nanotubes. Nature Materials,2003,2(1):15—16.

[24] Wrbanek J D,Fralick G C. Thin film physical sensor instrumentation research and development at
NASA Glenn Research Center. Washington,D C:NASA,2006:TM—2006—214395.

[25] Geim A K,Grigorieva I V. Van der Waals heterostructures. Nature,2013,499(7459):419—425.

[26] Withers F,Del P O,Mishchenko A,et al. Light-emitting diodes by band-structure engineering in
van der Waals heterostructures. Nature Materials,2015,14(3):301.

[27] Fan Y,Upadhyaya P,Kou X,et al. Magnetization switching through giant spin-orbit torque in a
magnetically doped topological insulator heterostructure. Nature Materials, 2014, 13 (7):
699—704.

[28] Xu J P,Wang M X,Liu Z L,et al. Experimental detection of a Majorana mode in the core of a magnetic
vortex inside a topological insulator-superconductor Bi_2Te_3/$NbSe_2$ heterostructure. Physical Review
Letters,2015,114(1):017001-1—017001-5.

[29] Kim Y H,Heo J S,Kim T H,et al. Flexible metal-oxide devices made by room-temperature photo-
chemical activation of sol-gel films. Nature,2012,489(7414):128—132.

[30] Todorov T K,Reuter K B,Mitzi D B. High-efficiency solar cell with earth-abundant liquid-processed
absorber. Advanced Materials,2010,22(20):156—159.

[31] Kim J H,Liang P W,Williams S T,et al. High-performance and environmentally stable planar heterojunction perovskite solar cells based on a solution-processed copper-doped nickel oxide hole-transporting layer. Advanced Materials,2015,27(4):695—701.

[32] Sun X,Briceño G,Lou Y,et al. A combinatorial approach to materials discovery. Science,1995, 268(5218):1738—1740.

[33] Potyrailo R,Rajan K,Stoewe K,et al. Combinatorial and high-throughput screening of materials libraries:review of state of the art. ACS Combinatorial Science,2012,43(11):579—633.

[34] Li X,Cai W,An J,et al. Large-area synthesis of high-quality and uniform graphene films on copper foils. Science,2009,324(5932):1312—1314.

[35] Wu T,Zhang X,Yuan Q,et al. Fast growth of inch-sized single-crystalline graphene from a controlled single nucleus on Cu-Ni alloys. Nature Materials,2016,15(1):43—48.

[36] Kang K,Xie S,Huang L,et al. High-mobility three-atom-thick semiconducting films with wafer-scale homogeneity. Nature,2015,520(7549):656—660.

[37] Rhyee J,Kwon J,Dak P,et al. High-mobility transistors based on large-area and highly crystalline CVD-grown MoSe$_2$ films on insulating substrates. Advanced Materials,2016,28(12):2316—2321.

（主笔：谢志鹏，刘兴钊，李言荣）